植物快速识别丛书

相似树种的辨证识别

高 杰 高椿翔 编著

中国林业出版社

图书在版编目（CIP）数据

相似树种的辩证识别 ／ 高杰，高椿翔 编著. — 北京：
中国林业出版社，2016.9
ISBN 978-7-5038-8699-7

Ⅰ. ①相… Ⅱ. ①高… ②高… Ⅲ. ①树种－识别
Ⅳ. ①S79

中国版本图书馆CIP数据核字(2016)第217270号

责任编辑　刘开运　李春艳
出　　版　中国林业出版社（100009　北京市西城区德胜门内大街刘海胡同7号）
E-mail　　Lucky70021@sina.com
电　　话　010-83143520
印　　刷　北京卡乐富印刷有限公司
发　　行　新华书店北京发行
印　　次　2016年10月第1次
版　　次　2016年10月第1版
开　　本　787mm×1092mm　1/16
印　　张　19.25
字　　数　400千字
定　　价　128.00元

前　言

　　大千世界无奇不有，生物间存在着很多相似现象。比如人类，不仅孪生兄弟、姐妹间有长相相似者，相互间无任何亲缘关系且天南地北相距甚远的人，也有长相相似者。树木间也有同类现象，不仅种内各品种、品系、栽培变种间形态特征有相似者，而且种间、属间，甚至科间，形态特征相似者也比比皆是，有的树皮相似，有的树叶相似，有的花相似，有的果相似，有的单器官相似，有的多器官相似。

　　这些相似现象在增加自然界色彩的同时，也给人们认识树木，识别树木，利用树木造成一定的困难。误识、错辨、乱用者甚多。比如，当看到一种新树木时，第一印象使你不自觉地叫出它的名字，但相似现象常会使你误识错认；有些树木的叶片、花、果是可食的，若在误识的情况下采集食用，将会引起不良后果，如楝科的香椿树与苦木科的臭椿树，羽叶很相似，但香椿叶具有清香味可食，臭椿则具有异臭味不可食，若误用会使你受害；有些树木器官可以做药材，若错采误用则会将治病的方剂变成致病的药剂。

　　随着绿色产业的不断发展，树木新品种不断增多，人们在识别树种上的难度也会不断加大，因此，准确地识别树木，才能正确地保护和利用树木。

　　我国幅员辽阔，地大物博，生物资源十分丰富，树种的分布不仅地带性强，而且品系繁多。我们近几年跑遍了近半个中国，搜集到树种资源1000余种，体会最深的就是树种间的相似现象，大有"以假乱真"之势。稍不留意，就会将树种搞混弄错，张冠李戴的现象经常出现，因此萌生了辨识相似树种的念头。

　　有比较才会有鉴别，本书采取相似树种辨证识别的方法，形式上以科、属、种为界限，内容上则打破科、属、种间的界限，完全以"形似"作为标准，2~3个树种间只要有一个以上特征相似即组成相似组合。在特征分析上，采取辨析考证的方法，在对比中寻求对立（不同特征）和统一（相似特征）。文字叙述上不存在模棱两可，真伪分明。避免了一些常规识别树木的弊端，从而在树种识别上向前迈进了一大步，使识别的准确性大大提高。

　　本书科、属名称的界定，以《中国树木志》为依据，裸子植物按郑万钧分类系统分类，被子植物采用"克朗奎斯特"分类系统。本书中内容分两部分：一是形态特征部分，对树种的各主要器官作具体的描述；二是辨证识别部分，利用图片加文字说明的方法，对相似特征与不同特征加以描述。为使两部分内容有机结合，避免形态特征的重复叙述，分以下情况做不同处理。

　　（1）种间2个树种相似，各做形态特征与辨证识别的叙述描述。

　　（2）种间有3个树种相似，分以下两种情况处理。

　　① 三者有相似特征的，放在一栏中作比较鉴别，并依此叙述形态特征。如悬铃木等。

　　② 三者中有两个树种相似，则放在两栏中做比较鉴别，并依此叙述形态特征。如山梅花、东北山梅花、太平花。

　　（3）种间有3个以上树种近相似，选极相似的二者，放在一栏中做比较鉴别，并依此叙述形态特征。如锦带花、毛叶锦带花、红王子锦带花、海鲜花。

　　（4）科间相似树种的处理如下。

　　两个树种都在本科内无相似树种的，采取上拉动的方法，即将下面科的树种拉动到上面科做介绍和鉴别；两个相似树种中有 1 个在本科内有相似树种的，将另一科的相似树种拉动到该科；两个树种都在本科内有相似树种的，采取上拉动的方法做比较鉴别，形态特征则在本科内描述。科内无相似树种的单一树种，与其他科树种作相似组合时可随机移动。

　　本书共描述了 298 组相似组合。由于树木的各生育期不同，加之分布分散，编著者很难全面搜集到各个时期的生态特征，因此，尚有多个相似组合由于缺少资料未能列入书中。同时所列入的组合也由于缺少部分资料而不能完全地进行辩证识别，这些有待于今后完善。本书侧重于北方树种，对南方树种涉及不多，也有待于继续完善。特别说明的是，本书的分布图是主要分布区，并非精准统计。

　　书中语言通俗易懂，图文并茂，可供植物爱好者、林业工作者、基层林业技术人员与林业院校师生阅读与参考。本书在编写过程中，参考了有关作者的著述，在此致以诚挚的感谢。由于作者水平所限，书中不妥之处，敬请广大读者不吝赐教。

编著者

2016 年 5 月 1 日

目 录

注：带 * 为科间相似树种，全书目录同。

银杏 VS 裂叶银杏

银杏（白果）　*Ginkgo biloba* Linnaeus　银杏属

树形

树皮

叶

果

形态：落叶乔木，高达40m，冠圆锥形至广卵形。**树皮：**灰褐色纵裂。**枝条：**大枝斜上伸展，灰色，幼枝淡褐黄色。**叶：**折扇形，上部宽5~8cm，上缘有波状缺刻，叶基楔形，具长柄，叶色淡绿，长枝叶互生，短枝叶3~5（8）簇生。**花：**雌雄异株，球花均生于短枝顶端叶腋及苞腋，雄球花有梗，花序柔荑状，淡黄色；雌球花有长梗，顶端具2珠座，淡绿色。**果：**种子核果状，具肉质外种皮，中种皮膏质，内种皮膜质。**花果期：**花期3~4月，果期8~10月。**分布：**为中国特产，北自沈阳，南至广州，东自沿海，西至川、甘均有分布。

快速识别要点

乔木。叶折扇形，上缘有波状缺刻，叶基楔形，具长柄，长枝叶互生，短枝叶簇生，种子核果状，熟时黄色。

裂叶银杏　*Ginkgo biloba* Linnaeus 'Lacinata'　银杏属

树形

叶枝

叶

果

树皮

形态：落叶乔木，高达30m，冠圆锥形。**树皮：**浅灰褐色，浅纵裂。**枝条：**枝较粗而斜上举。**叶：**折扇形，上部宽8~12cm，有数条深裂，达1/2以上；叶基楔形，较宽，具长柄；叶色浓绿，长枝叶在枝上螺旋状互生，短枝叶簇生。**果：**大而少。
注：花果期及分布同银杏。

快速识别要点

乔木。叶折扇形，上部宽8~12cm，具数条深裂，达1/2以上，故名"裂叶银杏"，叶基截形较宽，具长柄。

相似特征	不同特征	
银杏	 果	 树皮

银杏

果

树皮

树皮灰色，纵裂

叶折扇形，上部宽，具波状缺刻，叶基楔形

裂叶银杏

果

树皮灰色，浅纵裂

叶扇形，上部具数条裂，中间深裂，叶基截形

1

落叶松 VS 华北落叶松

落叶松（兴安落叶松）　　*Larix gmelinii* (Ruprecht) Kuzeneva　　落叶松属

树形

大枝

花

形态：落叶乔木，高达 20~35m，胸径 90cm，冠卵状圆锥形。**树皮**：暗灰或灰褐色，纵裂成鳞状块片剥落，内皮紫红色。**枝条**：大枝斜展或近平展，小枝下垂，一年生枝细，径约 1mm，淡黄褐色，基部具毛，二至三年生枝褐色。**芽**：冬芽近球形。**叶**：倒披针状条形，长 1.5~3cm，宽约 1mm，先端尖，面平，短枝叶簇生，长枝叶螺旋状互生。**花**：球花单性，雌雄同株，雌、雄花均单生于短枝顶。**果期**：球果幼时紫红色，熟前卵圆形，熟时成杯状，黄褐色，长 1.2~3cm，径 1~2cm，种鳞 14~30，有光泽，中部种鳞五角状卵形。**种子**：斜卵圆形，长 3~4mm，连翅约 1cm，苞鳞不露。**花果期**：花期 5~6 月，球果 9 月成熟。**分布**：东北地区高山区居多，华北、西北地区也有分布。

快速识别要点

落叶乔木。冬季落叶故称"落叶松"，大枝斜展或近平展，小枝细而下垂，叶倒披针状条形，短枝叶簇生，长枝叶螺旋状互生。

华北落叶松　　*Larix gmelinii* var. *principis-rupprechtii* (Mayr) Pilger　　落叶松属

树形

大枝

花

形态：落叶乔木，高达 15~30m，胸径 1m，冠圆锥形。**树皮**：暗灰褐色，不规则纵裂成小块状脱落。**枝条**：大枝平展，一年生小枝淡黄褐色，幼时有毛，不下垂，径 1.5~2.5mm，二至三年枝灰褐色。**叶**：窄条形，长 2~3cm，宽约 1mm，上面平，下面中脉处隆起，两侧有气孔线；在长枝上螺旋状互生，短枝叶簇生。**花**：球花单性，雌雄同株，单生于短枝顶；雄球花有多数雄蕊；雌球花有多个珠鳞。**果期**：球果直立，卵球形或长卵球形；成熟后淡褐色，有光泽，中部种鳞五角状卵形；种鳞数 26~45，果长 2~3.5cm，苞鳞暗紫色，长圆形，中肋伸长成层状尖头，微露出。**种子**：斜卵形，长 3~4mm，连翅约 1~1.2cm，灰白色。**花果期**：花期 4~5 月，果期 10 月。**分布**：华北山区。

快速识别要点

落叶乔木。多分布于华北地区故名"华北落叶松"，大枝平展，小枝较粗而不下垂，分长、短枝叶，球果直立卵球形或长卵球形。

相似特征	不同特征		
落叶松			

叶	花	大枝	树皮
 短枝叶簇	 球花卵圆形	 大枝斜展	 灰褐色，纵裂成鳞状块片剥落
 短枝叶簇	 球花长卵形	 大枝平展	 暗灰褐色，纵裂成小块状剥落

落叶松（左列）　华北落叶松（下列）

雪松 VS 金钱松

雪松 *Cedrus deodara* (Roxburgh) G. Don 雪松属

树形

树皮

球花

叶

形态：常绿乔木，在原产地高达75m，冠圆锥形。**树皮：**深灰色，裂成不规则鳞状块片。**枝条：**分枝点低，大枝平展，小枝微下垂，一年枝灰黄褐色。**叶：**针叶长3~5cm，宽1~1.5mm，3棱状，灰绿色，长枝叶螺旋状散生，短枝叶簇生。**花：**雌雄异株，雌、雄球花单生于短枝顶端，直立。**果：**球果翌年成熟，长7~12cm，直径5~9cm，果鳞脱落，卵圆形或宽椭圆形，熟时褐色或栗褐色。**花果期：**花期10~11月，果期翌年10月。**分布：**原产喜马拉雅山，现长江流域及以北至华北、东北南部地区均有栽培。

快速识别要点

常绿乔木。树体高大而端直，大枝平展，小枝微下垂，长枝叶螺旋状散生，雌、雄球花单生于短枝顶端直立，球果翌年成熟。

金钱松 *Pseudolarix amabilis* (J. Nelson) Rehder 金钱松属

树形

球花

叶枝

叶

形态：落叶乔木，高15~40m，干通直，冠圆锥形至宽塔形。**树皮：**灰褐色，粗糙，裂成不规则鳞状块片。**枝条：**大枝平展，幼枝淡红褐或淡红黄色，有光泽，具长短枝。**叶：**针叶长3~6.5cm，宽1.5~4mm，上部稍宽，先端钝尖，柔软而鲜绿色；长枝叶螺旋状排列，短枝叶轮状簇生，秋季变黄。**花：**雌雄同株，雄球花簇生于短枝顶端，具细短梗，雌球花单生短枝顶端具短梗。**果：**球果当年成熟，直立，果鳞木质。**花果期：**花期4~5月，果期10~11月。**分布：**产于长江中下游以南地区，秦淮一线也有分布。

快速识别要点

落叶乔木。短枝叶轮状簇生，秋季变黄如金钱，故名"金钱松"。雄球花簇生于短枝顶端，雌球花单生短枝顶端具短梗。

	相似特征	不同特征		
雪松	 叶	 常绿乔木，冬季叶不变色	 针叶较短，长3~5cm	 球花绿白色
金钱松	 叶	 落叶乔木，冬季叶由绿变黄，后变白脱落	 针叶较长，长3.5~6.5cm	 球花黑褐色

乔松 VS 北美乔松

乔松　*Pinus wallichiana* A. B. Jackson　松属

树形

叶枝

果枝

树皮

形态：常绿乔木，高25~50m，胸径1m；冠宽，塔形。**树皮**：暗灰褐色，裂成小块片脱落。**枝**：大枝广展，小枝绿色，无毛，微被白粉。**芽**：冬芽红褐色，圆柱状倒卵形，微被树脂。**叶**：针叶5针一束，细柔下垂，长10~20cm，蓝绿色，有细齿，树脂道3，边生。**果**：球果圆柱形，长15~25cm，径3~5cm，种鳞张开后径5~9cm，下垂，鳞盾淡褐色，菱形，有光泽，无毛有白粉，不反曲。**种子**：椭圆状倒卵形，长7~8mm，翅长2~3cm。**花果期**：花期4~5月，球果翌秋成熟。**分布**：产我国西南部，北京有引种。

快速识别要点

常绿乔木。树皮暗灰褐色，裂成小块片脱落；针叶5针一束，细柔下垂，细长；球果圆柱形。

北美乔松　*Pinus strobus* Linnaeus　松属

树形

叶

果枝

形态：常绿乔木，高达25~50m。**树皮**：灰褐带紫色，厚，深裂。**枝**：幼枝被柔毛，后渐脱落，无白粉，分枝低，分层明显，绿褐色。**芽**：冬芽椭圆形，微被树脂。**叶**：5针一束，长6~14cm，细柔，不下垂，树脂道2，边生于背部。**果**：球果窄圆柱形，长8~12cm，稍弯，被树脂，种鳞边缘不反卷，种子有结合而生的长翅，较小。**花果期**：花期5月，果期翌年10月。**分布**：原产北美洲，我国北京、南京、旅顺、熊岳等地引种栽培。

快速识别要点

常绿乔木。原产北美洲，故名"北美乔松"。树皮灰褐带紫色，深裂，分枝低，分层明显；叶5针一束，细柔不下垂或略下垂；球果窄圆柱形。

	相似特征	不同特征		
	叶	树皮	枝	果
乔松	 叶5针一束	 树皮暗灰褐色，裂成小块片脱落	 分枝点高，小枝绿色无毛，微被白粉	 球果圆柱形，下垂，长15~25cm 种子有翅
北美乔松	 叶5针一束	 树皮褐带紫色，块状剥裂	 分枝点低，分层明显，小枝绿褐色，幼有毛无白粉	 球果长8~12cm，种子小，有长翅

红松 VS 华山松

红松 *Pinus koraiensis* Siebold & Zuccarini 松属

树形

叶

叶枝

形态：常绿乔木，高 25~50m，胸径 1m，冠圆锥形。**树皮：**幼皮灰褐，近平滑；大树皮纵裂成不规则长方形鳞状块片脱落；内皮红褐色。**枝：**大枝近平展，小枝灰褐色，密生黄褐色毛。**芽：**冬芽淡红褐色，长圆状卵形，微被树脂。**叶：**针叶 5 针一束，长 6~12cm，粗硬，蓝绿色，树脂道 3，中生。**花：**球花单性，雌雄同株，雄球花多数，生于一年生枝基部，雌球花生于枝顶。**果：**球果圆锥状卵形，长 9~14cm，径 6~8cm，较大，熟时种鳞不张开，种鳞菱形，向外反卷，鳞脐顶生，不显著。**种子：**倒卵状三角形，长 1.2~1.6cm，微扁，无翅，暗紫褐色。**花果期：**花期 6 月，球果翌年 9~10 月成熟。**分布：**我国东北地区林区。

快速识别要点

常绿乔木。内皮红褐色故名"红松"。大枝近平展，小枝灰褐色；叶 5 针一束，较粗硬而不下垂，蓝绿色；球果圆锥状卵形。

华山松 *Pinus armandii* Franchet 松属

树形

花

树皮

叶

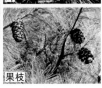

果枝

形态：常绿乔木，高达 25m，胸径 1m，冠圆锥形或柱状塔形。**树皮：**幼皮灰绿，平滑，老则灰褐，裂成长方形厚片块状，固着在树干上或脱落。**枝：**大枝平展，一年生枝绿或灰绿色，被白粉，无毛。**芽：**冬芽绿色，近圆柱形，微被树脂。**叶：**5 针一束，长 8~15cm，径 1~1.5mm，较细软，灰绿色，树脂道 3，中生，叶鞘早落。**果：**球果圆锥状长卵形，长 10~20cm，径 5~8cm，为松属中最大，熟时褐黄色，种鳞张开，种子脱落，种鳞无纵脊，鳞脐顶生，形小，先端不反曲。**种子：**种子无翅，倒卵圆形，长 1~1.5cm，黄褐色。**花果期：**花期 4~5 月，球果翌年 9~10 月成熟。**分布：**京、豫、晋、陕、甘、川、黔、滇、藏等地区。

快速识别要点

常绿乔木。大枝平展，小枝绿或灰绿色；叶 5 针一束，较细软下垂；球果圆锥状长卵形，较长、大，居松类之首，熟时褐黄色。

	相似特征	不同特征		
	叶	树皮	小枝	叶
红松	叶 5 针一束	干皮鳞状块片脱落	一年生小枝褐色	叶不下垂，略短
华山松	叶 5 针一束	干皮裂成块状	一年生小枝绿色或灰绿色	叶下垂，略长

油松 VS 马尾松

油松 *Pinus tabuliformis* Carrière 松属

树形

果

花

叶

树皮

形态: 常绿乔木,高 15~30m,老树冠伞形。**树皮:** 深灰褐色或褐灰色,鳞片状裂。**枝芽:** 一年生枝淡红褐色,冬芽红褐色,圆柱形。**叶:** 针叶 2 针一束,较粗硬,长 6.5~15cm,宽约 1.5mm,树脂道 5~8,边生。**花:** 雄球花多个,聚生新枝下部,雌球花单个或几个聚生新枝顶部。**果期:** 球果卵圆形,长 4~9cm,径与长相近,熟时淡橙褐色或灰褐色,有短梗,不脱落。鳞脐凸起有刺尖,种子长 5~8mm,连翅长 1.5~1.8cm。**花果期:** 花期 4~5 月,果期翌年 9~10 月。**分布:** 蒙、辽、冀、鲁、豫、陕、甘、川、京等地。

快速识别要点

　　常绿乔木。针叶 2 针一束,长 6.5~15cm;树皮鳞片状开裂;鳞脐凸起,有刺尖;冬芽红褐色;球果翌年成熟。

马尾松 *Pinus massoniana* Lambert 松属

树形

果

叶枝

树皮

种子

果鳞

形态: 常绿乔木,高达 18~40m,幼冠圆锥形,老树冠广圆形或伞形。**树皮:** 下部灰褐色,上部红褐色,裂成不规则的厚块状。**枝芽:** 具年轮性,幼枝斜展,大枝近平展;幼枝淡黄褐色,无白粉;冬芽褐色,圆柱形。**叶:** 针叶 2 针一束,细柔,下垂或略下垂,长 12~20cm,宽约 2mm,针叶丛在枝上形似马尾。**果期:** 球果卵圆形或圆锥状卵形,长 4~7cm,径 2.5~4cm;有短梗,熟时栗褐色;果鳞的鳞脐微凹,无刺尖。种子卵圆形,长 4~6mm,连翅长 2~2.7cm。**花果期:** 花期 4~5 月,果期翌年 10~12 月。**分布:** 淮河流域以南各地区。

快速识别要点

　　常绿乔木。小枝叶形似马尾,故名马尾松。针叶 2 针一束,长 12~20cm;树皮上部红褐色,下部灰褐色;冬芽褐色;鳞脐微凹。

	相似特征	不同特征			
	针叶	树皮	冬芽	果	种鳞
油松	 针叶 2 针一束	 干皮深灰褐色或褐灰色,鳞片状裂	 冬芽红褐色	球果卵圆形,淡褐色较大	 鳞脐凸起,有刺尖,种子稍短
马尾松	针叶 2 针一束	皮上部红褐色,裂成不规则的厚块状	冬芽褐色	球果卵圆形,栗褐色较小	 鳞脐微凹,无刺尖,种子稍长

黄山松 VS 黑松

黄山松 *Pinus taiwanensis* Hayata 松属

树形

花

果

叶

形态：常绿乔木，高15~30m，胸径80cm，老树冠扁圆形，平顶。**树皮：**深灰褐色，裂成鳞状厚块片或薄片。**枝条：**小枝淡黄褐色或暗红褐色，无毛，无白粉；冬芽深褐色。侧枝平展或稍垂，较长。**叶：**2针一束，长6~13cm，较粗硬，两面有气孔线，树脂道3~7，中生。**花：**雄球花圆柱形，淡红褐色，长约1.5cm，成短穗状，聚生于新枝下部。**果：**球果卵圆形，长3~5cm，径3~4cm，下垂；熟时暗褐色；种鳞短圆形，基部楔形；鳞盾隆起，横脊显著；鳞脐具短刺；种子倒卵形，有红色斑纹；连翅长1.5~1.8cm。**花果期：**花期4~5月，果期翌年10月。**分布：**长江流域、皖南、赣北多栽培，华北有分布。

快速识别要点
常绿乔木。老树冠扁圆形，平顶；侧枝平展或稍垂，较长；叶2针一束，较短而粗硬；球果卵圆形，熟时暗褐色。

黑松 *Pinus thunbergii* Parlatore 松属

树形

叶

果枝

树皮

形态：常绿乔木，高15~30m，树冠广圆锥形或伞形。**树皮：**幼树皮暗灰色，老树皮灰黑色，裂成鳞状厚片裂脱落。**枝芽：**枝开展，一年生枝淡黄褐色，无白粉，冬芽银白色，圆柱形。**叶：**2针一束，长6~12cm，径约1.5mm，深绿色，刚硬，缘有细齿，较弯曲。**果期：**球果圆锥状卵形或圆卵形，长4~6cm，径3~4cm，熟时褐色，有短梗，鳞脐微凹，有短刺，种子倒卵状椭圆形，长5~7mm，连翅长1.5~1.8cm。**花果期：**花期4~5月，果期翌年10月。**分布：**辽东半岛及鲁、苏、浙、闽、台等地。

快速识别要点
常绿乔木。树皮色重，暗灰至灰黑色，故名黑松。叶深绿色，稍曲，较短，粗硬有光泽；冬芽银白色。

相似特征	不同特征		
针叶	树皮	冬芽	果

黄山松	 叶2针一束	 树皮褐色	 冬芽红褐色	 果卵圆形
黑松	 叶2针一束	 树皮黑灰色	 冬芽银白色	 果圆锥状卵形

7

樟子松 VS 美人松

樟子松 *Pinus sylvestris* var. *mongolica* Litvinov 松属

树形

果

叶

树皮上部

树皮下部

形态：常绿乔木, 高 20~40m, 冠塔形。**树皮**：下部灰褐色, 纵裂; 上部淡黄褐色, 裂成薄片脱落。**枝条**：下部侧枝近平展, 上部侧枝斜展, 一年生小枝黄褐色, 冬芽褐色或淡黄褐色。**叶**：针叶 2 针一束, 黄绿色, 粗硬, 微扁, 稍扭转, 长 4~9cm, 径 1.5~2mm, 树脂道 6~15, 边生; 叶鞘宿存。**果**：球果长卵形, 长 3~6cm, 熟时黄绿色, 下垂; 成熟后种鳞紧闭, 翌年 5 月张开; 鳞盾长菱形, 淡绿褐色, 肥厚隆起, 向后反曲, 鳞脐小, 凸起较高, 有短刺; 种子黑褐色, 有种翅。**花果期**：花期 6 月, 球果翌年 9~10 月成熟。**分布**：东北、华北地区。

快速识别要点

常绿乔木。中上部树皮淡黄褐色; 针叶 2 针一束, 稍扁, 硬直, 稍扭曲; 叶鞘宿存; 球果长卵形。

美人松 *Pinus sylvestris* var. *sylvestriformis* (Takenouchi) Cheng & C. D. Chu 松属

树形

叶枝

花

树皮

形态：常绿乔木, 高 20~45m, 树冠卵形。**树皮**：下部稍粗糙, 棕褐带黄色, 有裂, 中上部金黄色, 呈鳞状薄片脱落。**枝条**：侧枝平展, 冬芽红褐色。**叶**：2 针一束, 较细, 直径约 1.5mm, 长 5~8cm, 绿色, 稍硬。**果**：球果卵状圆锥, 种鳞的鳞盾淡褐灰色, 背部深紫褐色, 斜方形, 隆起, 种子连翅长 2cm。**花果期**：花期 5~6 月, 球果翌年 9~10 月成熟。**分布**：东北、华北地区。

快速识别要点

常绿乔木。树皮下部棕褐带黄色, 中上部金黄色; 干细高而直; 针叶 2 针一束, 较细直; 侧枝平展冬芽红褐色。

	相似特征	不同特征			
	针叶	树干	果	侧枝	叶
樟子松	针叶 2 针一束	树干分枝点低	宿存果种鳞紧闭	上部侧枝斜上展开	叶 2 针一束扭转
美人松	针叶 2 针一束	树干分枝点高	宿存果种鳞反卷	上部侧枝平展	叶 2 针一束不扭转

臭冷杉 VS 杉松

臭冷杉　*Abies nephrolepis* (Trautvetter ex Maximowicz) Maximowicz　冷杉属

树形

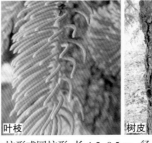
叶枝

树皮

形态: 常绿乔木, 高 25~40m, 胸径 50cm, 树冠尖塔形, 干通直。**树皮:** 平滑或有浅裂纹, 灰色, 常具横列的疣状皮孔。**枝条:** 小枝灰白色, 密生短柔毛。**叶:** 叶长 1~3cm, 宽约 1.5mm, 营养枝先端有凹缺或二裂; 果枝之叶先端尖或有凹缺; 树脂道 2, 中生。**花:** 雌雄同株, 雄球花单生叶腋, 下垂; 雌球花单生叶腋, 直立。**果期:** 球果卵状圆柱形或圆柱形, 长 4.5~9.5cm, 径 2~3cm; 种鳞肾形, 熟时紫褐或黑褐色, 无梗, 苞鳞微露, 种子倒卵状三角形, 长 4~6mm。**花果期:** 花期 4~5 月, 果期 9~10 月。**分布:** 东北、华北地区。

快速识别要点

　　常绿乔木。大枝斜展, 小枝灰白色; 叶较短长 1~3cm; 花雌雄同株, 雄球花下垂, 雌球花直立; 果卵状圆柱形。

杉松(辽东冷杉)　*Abies holophylla* Maxim.　冷杉属

树形

花

树皮

叶枝

形态: 常绿乔木, 高 15~30m, 胸径 1m, 树冠塔形。**树皮:** 幼树皮淡褐色, 不裂; 老树皮灰褐或暗褐色, 浅裂成条片状。**枝条:** 大枝平展, 一年生小枝淡黄灰或淡黄褐色, 无毛, 有光泽; 二至三年生枝灰色。**叶:** 叶长 2~4cm, 宽 1.5~2.5mm, 营养枝先端尖, 无凹缺, 中脉凹下, 枝条下面的叶向上伸展, 叶内树脂道 2, 中生。**花:** 雄球花单生于叶腋, 下垂。**果实:** 球果圆柱形, 长 6~14cm, 径 3.5~4cm, 熟前绿色, 熟时淡褐色, 苞鳞不露出; 种鳞扇状椭圆形, 种子倒三角形, 长 8~9mm, 翅长为种子的 2 倍。**花果期:** 花期 4~5 月, 果期 9~10 月。**分布:** 东北地区东南部, 北京有栽培。

快速识别要点

　　常绿乔木。多分布于辽东, 故又名"辽东冷杉"。一年生枝淡黄褐色; 叶较长 2~4cm; 球果圆柱形, 较长、大, 6~14cm, 熟时淡褐色。

相似特征	不同特征	

臭冷杉	　针叶 针叶在小枝上轮生	叶 叶先端钝	 树皮 树皮灰褐色
杉松	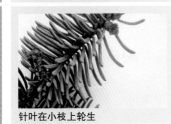　针叶在小枝上轮生	　叶先端尖	　树皮褐灰色

青杆 VS 白杆

青杆 *Picea wilsonii* Mast. 云杉属

树形

叶

花

树皮

形态:常绿乔木,高 25~50m,胸径 1.3m。**树皮:**淡黄绿色或淡黄灰色,浅裂成不规则鳞状块片脱落。**枝条:**大枝微斜向上展或近平展,一年生小枝淡黄绿色或淡黄灰色,无毛,较细。二至三年生枝淡灰色。**芽:**冬芽卵形,稀圆锥状卵形,无树脂。**叶:**针叶较短,长 0.8~1.3cm,宽 1~2mm,横切面菱形或扁菱形,先端尖;雄球花生枝顶,紫红色。**果期:**球果卵状圆柱形,顶端圆钝,长 5~8cm,径 2.5~4cm;熟前绿色,熟时黄褐色或淡褐色。种子倒卵圆形,长 3~4mm,连翅长 1.2~1.5cm。**花果期:**花期 4 月,果期 10 月。**分布:**京、蒙、冀、晋、陕、甘、青、川、鄂等地区。

快速识别要点

常绿乔木。树皮淡黄灰色,浅裂成不规则鳞状块片脱落;大枝微斜上展;针叶较短,长 0.8~1.3cm,绿色,无弯;球果卵状圆柱形。

白杆 *Picea meyeri* Rehd. & Wils. 云杉属

树形

叶

果

树皮

形态:常绿乔木,高 15~30m,胸径 60cm,树冠塔形。**树皮:**灰褐色,裂成不规则薄片脱落。**枝芽:**大枝近平展,小枝黄褐色,有毛,叶脱落后有凸起的叶枕;冬芽圆锥形,芽鳞及小枝上宿存的芽鳞反卷。**叶:**四棱状条形,微弯,长 1.3~3cm,宽约 2mm,先端较钝,在枝上螺旋状互生;背面的白色气孔线使幼叶呈现粉绿色。**花:**雌雄同株,单性,雄球花单生叶腋,黄色;雌球花单生枝顶,紫红色。**果期:**球果长圆状圆柱形,长 6~9cm,径 2.5~3.5cm,熟前绿色,幼时带紫红色,熟时褐黄色;种子连翅长 1.3cm。**花果期:**花期 4 月,果期 9~10 月。**分布:**冀、晋、京等地。

快速识别要点

常绿乔木。树皮灰褐色,浅裂成不规则薄片脱落;大枝近平展;针叶较长,1.3~3cm,粉绿色,微弯;球果长圆状圆柱形。

相似特征	不同特征			
针叶	叶	芽鳞	小枝	果

青杆

| 针叶在小枝上轮生 | 叶较短小,微弯或直 | 芽鳞不反卷 | 小枝淡黄绿色 | 球果卵状圆柱形 |

白杆

| 针叶在小枝上轮生 | 叶较长,弯曲 | 芽鳞反卷 | 小枝淡黄褐色 | 球果长圆状圆柱形 |

红皮云杉 VS 白杆

红皮云杉 *Picea koraiensis* Nakai 云杉属

树形

叶枝

形态: 常绿乔木,高15~30m,树冠塔形。**树皮:** 灰褐色,不规则长薄片脱落,裂隙红褐色。**枝芽:** 一年生小枝淡红色,较细,具木钉状叶枕,有毛,无白粉,基部宿存的芽鳞反卷。**叶:** 四棱状条形,长1.3~2.2cm,先端急尖,螺旋状排列,有气孔带;浅绿色。**花:** 雌雄同株,雄球花单生叶腋,下垂;雌球花单生枝顶,呈紫红色,下垂。**果期:** 聚花果,球果当年成熟,呈圆柱形,下垂;果较小,长5~8cm,褐色。种鳞倒卵形,先端圆。种子上部翅长于种子8~10倍。**花果期:** 花期4~5月,球果9~10月成熟。**分布:** 原产东北地区、内蒙古,华北地区有栽培。

树皮

果枝

种子

快速识别要点

常绿乔木。一年生小枝淡红色,较细,具木钉状叶枕,有毛,无白粉,基部宿存的芽鳞反卷;雌雄同株,雄球花单生叶腋,雌球花单生枝顶。

	相似特征	不同特征		
	针叶	小枝	果	叶
红皮云杉	针叶轮生	小枝淡红褐色	球果圆锥形	叶先端急尖
白杆	针叶轮生	小枝黄褐色	球果长圆状圆柱形	叶先端钝

11

云杉 VS 蓝粉云杉

云杉 *Picea asperata* Masters 云杉属

叶枝

树皮

果

形态：常绿乔木，高 20~45m，胸径 1m，冠圆锥形。**树皮：**淡褐色，裂成较厚的不规则鳞状块片脱落。**枝条：**一年生小枝淡黄褐色，具短柔毛，叶枕被白粉；冬芽圆锥形，有树脂。**叶：**针叶四棱状条形，无柄，微弯，长 1~2cm，先端钝或微尖，四面有气孔线，暗绿色。**花：**雌雄同株，雄球花单生叶腋，黄或深红色；雌球花单生枝顶，紫红或黄绿色，渐下垂。**果：**球果圆柱状长圆形，长 5~10cm，径 2.5~3.5cm，熟前紫红色或绿色，熟后淡褐色；中部种鳞倒卵形，上部圆形，排列紧密，熟后鳞张开，种子脱落；种子倒卵圆形，长约 4mm，连翅长 1.5cm。**花果期：**花期 4~5 月，果期 9~10 月。**分布：**甘、陕、川及西南地区。

快速识别要点

　　常绿乔木。雌雄同株，雄球花单生叶腋，雌球花单生枝顶，紫红或黄绿色；球果圆柱状长圆形。

蓝粉云杉 *Picea pungens* Engelm. 云杉属

叶枝

果

树皮

形态：常绿乔木，高达 20m，冠圆锥形至圆柱形。**树皮：**灰褐色，薄片状剥落。**枝条：**紫灰色或黄褐色，无毛。**叶：**四棱形，锐尖，较硬；长约 3cm，灰蓝色，在小枝上螺旋状排列，微弯曲。**果：**球果圆柱形，长达 10cm；幼果绿色；成熟果紫褐色，开裂；宿存果黄褐色。**花果期：**花期 4~5 月，果期 10 月。**分布：**华北地区。

快速识别要点

　　常绿乔木。叶色呈灰蓝色，故名蓝粉云杉。树皮灰褐色，薄片状剥落；球果圆柱形，长达 10cm。

相似特征	不同特征		
针叶	叶	果	小枝

云杉

针叶轮生

叶暗绿色

球果圆锥形，褐色

小枝淡黄褐色

蓝粉云杉

针叶轮生

叶蓝绿色

球果长圆形，紫绿色

小枝紫灰色

侧柏 VS 千头柏

侧柏 *Platycladus orientalis* (L.) Franco   侧柏属

树形

果枝

叶

种子

形态: 常绿乔木,高达 20m,胸径 1m 以上。青年树冠塔型,老树广圆形。**树皮:** 棕褐色,丝裂。**枝条:** 小枝直展,扁平,两面同形。**叶:** 全为鳞叶,淡绿色,先端微钝,对生,形小,长 1~3mm,叶背有腺点。**花:** 雌雄同株异花,球花单生枝顶,雄球花具 6 对雄蕊,花药 2~4;雌球花具 4 对珠鳞。**果:** 球果卵形,褐色,长 1.5~2cm,果鳞木质,扁平,较厚,先端反曲;种子长卵形,长 6~8mm,灰褐色或紫褐色,无翅,种脐大而明显。**花果期:** 花期 3~6 月,球果 9~10 月成熟。**分布:** 原产我国北部,分布于东北、华北、西北及中南地区。

快速识别要点

　　常绿乔木。树皮棕褐色,细纵裂;小枝直展,扁平,排成水平面;全为鳞叶,淡绿色,对生;球果卵形,种子无翅。

千头柏 *Platycladus orientalis* (L.) Franco 'Sieboldii'   侧柏属

树形

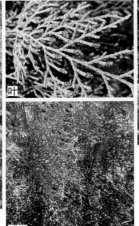
叶

树皮

形态: 常绿灌木,高 5~8m,呈丛生状。树冠近球形。**树皮:** 褐色,丝裂。**枝条:** 大枝斜展,小枝片扁平,明显直立,排成大平面。**叶:** 全为鳞形叶,长约 3cm,紧贴小枝,交互对生,绿色。**花:** 球花生于枝顶。**果:** 果卵圆形,蓝绿色,被白粉;种子长卵形。**花果期:** 花期 3~4 月,果期 10~11 月。**分布:** 我国东北、华北及中南地区。

快速识别要点

　　常绿乔木。丛生灌木,无主干,枝密生;小枝片扁平,明显直立,排成一平面。

相似特征	不同特征		
小枝	**树干**	**叶**	**树皮**

侧柏

小枝扁平,全为鳞叶

常绿乔木

叶片较粗短,先端钝

树皮不规则细丝裂

千头柏

小枝扁平,全为鳞叶

常绿灌木

叶片较细长,先端尖

树皮具较粗丝裂

千头柏 VS 金枝千头柏

金枝千头柏(洒金千头柏) *Platycladus orientalis* 'Aurea' 侧柏属

树形

叶枝

果枝

形态: 常绿灌木,无明显主干,树冠卵形,高约1.5m。**树皮:** 褐色。**枝条:** 稍斜展。**叶:** 淡黄绿色,新梢色更浅,冬季转为褐绿色。枝片直立,排成平面,有层次感。**花:** 黄色,密集。**果:** 果较大。**花果期:** 花期4月,果期8~10月。**分布:** 我国东北、华北、西北地区。

快速识别要点

　　常绿灌木,无明显主干,株高约1.5m;枝稍斜展;叶淡黄绿色,新梢色更浅,冬季转为褐绿色;枝片直立,排成平面,有层次感

	相似特征	不同特征			
	小枝	树干	枝	叶	果
千头柏	 小枝片扁平,全为鳞叶	 常绿灌木高6~8m	 小枝片竖直排列,叶绿色	 花蓝绿色	 果较小
金枝千头柏	 小枝片扁平,全为鳞叶	 常绿灌木高1.5m	 大枝片竖直排列,叶黄绿色	 花黄绿色	 果较大

香柏 VS 日本香柏

香柏（北美香柏）　*Juniperus pingii* var. *wilsonii* (Rehder) Silba　崖柏属

树形

球花

叶

形态：常绿乔木，高达 20m，冠塔形。**树皮：**红褐色，条状薄片剥落。**枝条：**大枝近平展，小枝片斜向排列或近水平排列。**叶：**叶面深绿色，叶背面灰绿色，全为鳞叶，叶长 1.5~3mm。两侧鳞叶与中间鳞叶近等长，先端突尖，内弯，中间鳞叶隆起，有腺点，揉碎后有香气。**花：**球花单生枝顶，雄花具多数雄蕊，花药 4，雌球花具 3~5 对珠鳞，仅下部 2~3 对珠鳞具胚珠。**果：**球果长椭圆形，长约 13mm，种鳞 5 对，较薄，下部 2~3 对发育，具 1~2 粒种子。**分布：**原产美国，我国鲁、赣、苏、沪、浙有分布，北方有栽培。

快速识别要点

　　常绿乔木。树皮红褐色，条状薄片剥落；两侧鳞叶先端突尖，内弯，与中间鳞叶近等长，中间鳞叶隆起，有腺点，揉碎后有香气；球果长椭圆形，较大。

日本香柏　*Thuja standishii* (Gordon) Carrière　崖柏属

树形

叶枝

叶

形态：常绿乔木，高达 18m，冠宽塔形。**树皮：**褐色，裂成鳞状薄片脱落。**枝条：**大枝开展，微下垂，叶枝较厚，近平展。**叶：**叶面亮绿色，叶背面灰绿色，微被白粉，叶长 1~3mm；中间鳞叶背部平，无腺点，揉碎后无香味；两侧鳞叶稍短于中间鳞叶，叶先端钝。**果：**球果卵圆形，长 8~10mm，暗褐色，种鳞 5~6 对，仅中部 2~3 对发育，具种子。**分布：**原产日本，我国赣、浙、苏、鲁等地有分布，北方有栽培。

快速识别要点

　　常绿乔木。树皮褐色，裂成鳞状薄片脱落；大枝开展，微下垂；小叶长 1~3mm；中间鳞叶背部平，揉碎后无香味，两侧鳞叶稍短于中间鳞叶。

相似特征	不同特征	
小枝	树皮	叶

香柏

小枝扁平，全为鳞叶

树皮红褐色，条状薄片剥落

叶鲜绿色

日本香柏

小枝扁平，全为鳞叶

树皮灰褐色，鳞状薄片剥落

新叶鲜绿色后渐变成灰绿色

叉子圆柏 vs 铺地柏

叉子圆柏（砂地柏）　*Juniperus sabina* Linnaeus　圆柏属

树形

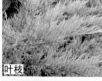
叶枝

叶

形态：匍匐灌木，高约 1m。**枝：**树皮灰褐色，裂成薄片脱落。枝较密集，斜上伸展。一年生枝圆柱形。**叶：**叶二型。幼树或幼枝多为刺叶，长 3~7mm，交互对生；叶中间有凹槽及腺体，壮龄树多为鳞叶，长 1~3mm；背面中部有腺体；叶揉碎后有异味。**果：**球果生于下弯的小枝顶端，倒三角形或叉状球形；蓝黑色，径约 5~9mm，熟时褐色；种子 1~4 粒，微扁，长 4~5mm。**分布：**我国分布于西北及华北地区。

快速识别要点

　　匍匐灌木。枝较密集，斜上伸展，形如叉子故名"叉子圆柏"。叶二型，幼枝叶多为刺叶，交互对生，壮龄树多为鳞叶，叶揉碎后有异味。

铺地柏　*Juniperus procumbens* (Endlicher) Siebold ex Miquel　圆柏属

树形

叶枝

叶

形态：匍匐灌木，高 75cm。**枝条：**枝条沿地面扩展，树皮褐色，小枝端向上伸展。**叶：**全为刺叶，线状披针形，长 5~8mm，先端渐尖；叶面凹，有两条白粉带，叶背蓝绿色；沿叶脉有浅槽。**果：**近球形，径约 1cm，黑色，具种子 2~3 粒，有棱脊。**分布：**原产日本，我国东北、华北、西北地区有栽培。

快速识别要点

　　匍匐灌木。枝条沿地面扩展，故名"铺地柏"。小枝端上升，同方向伸展，无交叉现象，全为刺叶，先端渐尖，3 枚轮生。

	相似特征	不同特征		
	灌木	茎	小枝	枝叶
叉子圆柏	 匍匐灌木	 茎斜上生长	 小枝不同方向斜上伸展	 枝叶较长
铺地柏	 匍匐灌木	 茎铺地生长	小枝同方向斜上生长	 枝叶较短

蜀桧 VS 北京桧

蜀桧 *Sabina Komarovii* (Florin) Cheng & W. T. Wang   圆柏属

树形

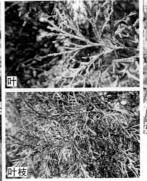

叶

叶枝

树皮

形态:常绿小乔木,高达 10m,冠塔形。**树皮:**灰褐色,条片状剥离。**枝条:**小枝近直立向上,排列疏松,生鳞叶的二回至三回分枝自下而上渐短,使分枝轮廓呈塔形;小枝四棱形,先端近圆形;大枝斜展,下层枝平展或垂。**叶片:**全为鳞叶,紧贴小枝,交互对生,长约1.5~3mm,微内弯;有腺体,无白粉。**花:**雌雄异株,雄花柱形,浅黄色。**果:**球果卵圆形,长 6~8mm,熟时蓝黑色,被白粉,种子 1 粒,卵圆形。**花果期:**花期 4 月,果期翌年10 月成熟。**分布:**华北、西南地区有分布。

快速识别要点

常绿小乔木。冠塔形,二回至三回分枝自下而上渐短,四棱形,全为鳞叶,紧贴小枝,交互对生,长约 1.5~3mm。

北京桧 *Sabina chinensis* L.   圆柏属

树形

叶枝

果枝

树皮

形态:常绿小乔木,高达 12m,冠尖塔形或圆锥形。**树皮:**褐色,条块状剥离。**枝条:**下部大枝近平展,中上部枝斜展;小枝杂生,顶端稍下垂。**叶:**叶二型,老树及老枝多为鳞叶,幼树及幼枝叶多为刺叶;表现为嫩芽鳞状,随生长成刺状。**花:**单性异株,雄花椭圆形,黄色。**果:**黄绿色,被白粉,熟时暗褐色。**分布:**华北、华中、东北地区。

快速识别要点

常绿小乔木。冠尖塔形或圆锥形,叶二型;老树及老枝多为鳞叶,幼树及幼枝叶多为刺叶,表现为嫩芽鳞状,随生长成刺状。

	相似特征	不同特征		
蜀桧	树冠 树冠塔形	叶 全为鳞叶	小枝 小枝塔形直立生长	树皮 树皮灰褐色,块状剥落
北京桧	树冠塔形	鳞叶、刺叶并有	小枝略下垂	树皮褐色,多条状剥落

西安桧 VS 北京桧

西安桧 *Sabina Chinensis* 'Xian' 圆柏属

树形

树皮

叶枝

果

形态: 常绿小乔木, 高达 8m, 冠塔形, 较紧凑。**树皮:** 灰褐色, 条片状剥离。**枝条:** 老枝多扭曲, 小枝斜伸略下垂, 冬芽不显著。**叶片:** 多为刺叶, 3 叶轮生, 长约 1cm; 叶面具浅沟; 先端渐尖, 有两条气孔带; 老树、老枝时有鳞叶。**花:** 球花单性, 雌雄异株, 稀同株; 雄球花黄色, 密集; 雌球花具 6 珠鳞。**果:** 熟时褐色, 被白粉, 具种子 2~3 粒。**花果期:** 花期 4 月下旬, 果期翌年 11 月成熟。**分布:** 北自辽南、南至粤、桂, 西至川、滇, 多地有栽培。

快速识别要点

常绿小乔木。冠塔形, 较紧凑; 叶片多为刺叶, 3 叶轮生, 长约 1cm, 叶面具浅沟, 先端渐尖, 有两条气孔带。

	相似特征	不同特征	
西安桧	 树冠 树冠塔形	 叶 多为刺叶	 树皮 树皮褐色, 条片状剥离
北京桧	 树冠塔形	 叶二型, 刺叶与鳞叶并存	 树皮灰褐色, 多块状剥离

红豆杉 VS 东北红豆杉 VS 欧洲红豆杉

红豆杉 *Taxus wallichiana* var. *chinensis* (Pilger) Florin 红豆杉属

形态：乔木，高达30m，胸径1m。**树皮：**褐色，裂成条片状脱落。**枝条：**大枝平展，一年生枝淡黄绿色，后变褐色，常互生；冬芽黄褐色或红褐色，有光泽。**叶：**扁线形，长1.5~2.4cm，宽2~4mm，直或稍弯曲，边缘平，叶背中脉与气孔带同色，质地较厚，在枝上排成羽状二列，较规则。**花：**球花单生叶腋。**种子：**种子卵圆形，长5~7mm，径3.5~5mm，上部渐窄，上部具2钝脊，种脐近圆形或宽椭圆形；似杯状；假种皮红色。**花果期：**花期5~6月，果期10月。**分布：**甘、陕、川、滇、黔、鄂、湘、桂、皖等地。

快速识别要点

乔木。小枝常互生；叶扁线形，长1.5~2.4cm，在枝上排成羽状二列；种子卵圆形，种脐近圆形或宽椭圆形，似杯状，假种皮红色。

东北红豆杉（紫杉）*Taxus cuspidata* Siebold & Zuccarini 红豆杉属

形态：常绿乔木，高达20m，胸径1m。**树皮：**红褐色，有浅裂纹或片状剥落。**枝条：**大枝近水平伸展，侧枝密生，基部有宿存芽鳞。一年生小枝绿色，秋季变淡红褐色。**叶：**条形，较直，稀微弯，先端尖；叶面深绿色，有光泽，叶背两条灰绿色气孔带，叶长1~2.5cm，宽2~3mm；主枝叶呈螺旋状排列，侧枝叶呈不规则羽状排列，V形斜展。**花：**雌雄异株，雌、雄花均单生叶腋。**种子：**卵圆形，假种皮成熟时紫红色，肉质；种脐三角形或四方形，种子黑褐色，长约5mm。**花果期：**花期5~6月，果期9~10月。**分布：**我国分布于东北地区。

快速识别要点

常绿乔木。大枝近平展，侧枝密生；主枝叶呈螺旋状排列，侧枝叶呈不规则V形斜展；果卵圆形，种脐三角形或四方形。

欧洲红豆杉 *Taxus cuspidata* Siebold & Zuccarini 红豆杉属

形态：常绿乔木，高达25m。**树皮：**褐色，薄片状脱落。**枝条：**小枝基部有宿存芽鳞，分枝较紧密。**叶：**扁线形，深绿色，长1~3cm；先端渐尖；螺旋状着生基部扭转或排成不规则二列；叶面暗绿，有光泽；叶背苍白，微弯。**果：**假种皮，肉质。杯状，红色，近球形，径约1.2cm。**种子：**种子坚果状，位于假种皮中。**花果期：**花期5月，果期9~10月。**分布：**华北及东北地区。

快速识别要点

常绿乔木。小枝基部有宿存芽鳞，分枝较紧密；叶较宽，排成稀疏的二列，叶面暗绿，有光泽，叶背苍白，微弯。

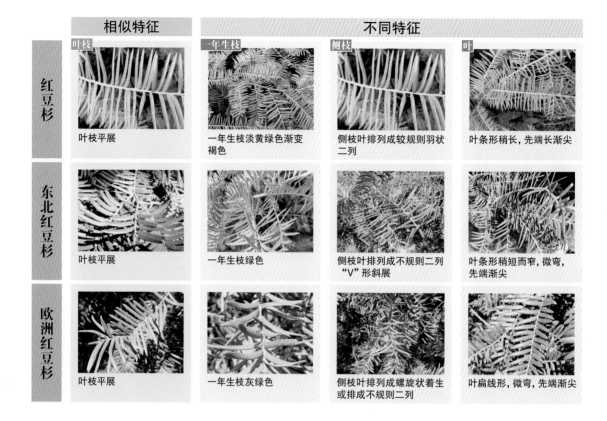

	相似特征	不同特征		
	叶枝	一年生枝	侧枝	叶
红豆杉	叶枝平展	一年生枝淡黄绿色渐变褐色	侧枝叶排列成较规则羽状二列	叶条形稍长，先端长渐尖
东北红豆杉	叶枝平展	一年生枝绿色	侧枝叶排列成不规则二列"V"形斜展	叶条形稍短而窄，微弯，先端渐尖
欧洲红豆杉	叶枝平展	一年生枝灰绿色	侧枝叶排列成螺旋状着生或排成不规则二列	叶扁线形，微弯，先端渐尖

粗榧 VS 红豆杉

	相似特征	不同特征		
	叶形	枝	果	叶
粗榧	叶形	小枝常对生	种子卵圆形或椭圆状卵形，顶端有尖头	叶较长
红豆杉	叶形	小枝常互生	种子卵圆形，杯状口红色	叶较短

三尖杉 VS 粗榧

三尖杉 *Cephalotaxus fortunei* Hook. 三尖杉属

树形

树皮

叶

果

形态：常绿乔木，高达20m。胸径40cm；树冠开展，广圆形。**树皮**：褐色或红褐色，裂成薄片状脱落。**枝条**：多分枝，枝条细长，小枝略下垂。**叶**：披针状条形，微弯，长5~10cm，宽3.5~4mm；先端渐尖，基部楔形，叶面深绿，叶背具2条白色气孔带，在枝上排成两列。**花**：雄球花长6~8mm，总花梗较粗。**果**：种子椭圆状卵形，长约2.5cm，假种皮，熟时紫红色，顶端有小尖头。**花果期**：花期4月，果期8~10月。**分布**：浙、皖、闽、赣、湘、鄂、陕、豫、甘、川、滇、黔、粤、桂等地。

快速识别要点

常绿乔木。树皮红褐色，裂成薄片状脱落；多分枝，枝条细长，略下垂；叶披针状条形，微弯，长5~10cm，在枝上排成两列；种子椭圆状卵形，紫红色，顶端有小尖头。

粗榧 *Cephalotaxus sinensis* (Rehd. & Wils.) Li 三尖杉属

树形

叶

果

形态：小乔木或灌木，高达10m。**树皮**：灰色或灰褐色，裂成薄片脱落。**枝条**：小枝常对生。**叶**：扁线形，长3~5cm，宽约3mm；上部渐窄，先端渐尖或微凸尖，基部圆截；叶背有两条白粉带，中脉明显，质地较厚。**花**：雄花序球梗短。**果**：种子2~5粒生于总梗的上端，卵圆形或近球形，长1.8~2.5cm，顶端有尖头。**花果期**：花期3~4月，果期10~11月。**分布**：产于长江流域，南至粤、桂，西至甘、陕、川、滇、黔等地。

快速识别要点

小乔木或灌木。小枝常对生，顶端呈三尖状；叶扁线形，长3.5cm，二列状；种子2~5粒生于总梗的上端，卵圆形，顶端有尖头，橙色。

相似特征	不同特征		
叶枝	**树皮**	**果**	**侧枝**

	相似特征	不同特征		
三尖杉	 二列状叶枝	 树皮红褐色，裂成薄片状脱落	 果椭圆状卵形	 叶较长，5~10cm
粗榧	 二列状叶枝	树皮灰褐色，裂成薄片状，脱落	 果卵圆形或近球形	 叶较短，3~5cm

玉兰 VS 荷花玉兰

荷花玉兰（广玉兰） *Magnolia grandiflora* Linn. 木兰属

树形

树皮

叶

花

形态：常绿乔木，原产地高达 30m。**树皮：**淡褐色或灰色，薄片状开裂。**枝条：**小枝密被褐色短绒毛。**叶：**厚革质，长圆状椭圆形，长 10~20cm，宽 4~10cm；叶面亮绿色，具光泽；叶背密被锈色绒毛；叶先端钝或短钝尖，基部楔形；叶柄长 1.5~4cm，侧脉 8~9 对。**花：**白色，芳香，花被片 9~12，径 15~20cm；厚肉质，倒卵形，长 7~9cm，宽 5~7cm；花丝扁平，紫色，花柱呈卷曲状。**果：**聚合果圆柱状长圆形或卵形，长 7~10cm，径 4~5cm；蓇葖果背面圆，先端具长喙。**花果期：**花期 5~6 月，果期 10 月。**分布：**原产美洲，我国秦岭淮河以南多地有栽培。

快速识别要点

　　常绿乔木。小枝密被褐色短绒毛；叶长圆状椭圆形，叶背密被锈色绒毛，叶先端钝或短钝尖，基部楔形；花白色，芳香，花被片 9~12，花丝扁平，紫色，花柱呈卷曲状。

	相似特征	不同特征		
玉兰	 花 花白色	 叶 叶阔倒卵形	 花 花先叶开放	 树皮 树皮灰色
荷花玉兰	 花白色	 叶长圆状椭圆形	 花于叶后开放	 树皮淡褐色

玉兰 VS 紫玉兰

玉兰(白玉兰) *Yulania denudata* (Desr.) D. L. Fu　木兰属

树形

树皮

花

果

形态：落叶乔木，高达 20m，冠宽卵形。**树皮：**深灰色，幼皮平滑，老皮粗糙，浅裂。**枝：**小枝灰褐色，具柔毛，顶芽卵形。**叶：**阔卵形或倒卵状椭圆形，长 10~17cm，宽 7~12cm；先端钝圆或平截，具短钝突尖；基部圆或宽楔形，侧脉 8~10 对，叶柄长 1.5~2.5cm。**花：**花先叶开放，径约 12cm；花萼、花瓣相似，9 片，白色；长圆状倒卵形，长 6~9cm，雄蕊长约 1cm，雄蕊群圆柱形，花梗膨大。**果：**聚合果圆柱形，小果为蓇葖果，长 12~15cm，径 3.5~5cm；褐红色，种子斜卵形，微扁。**花果期：**花期 2~3 月，果期 8~9 月。**分布：**我国中部地区。

快速识别要点

落叶乔木。叶阔卵形或倒卵状椭圆形，先端钝圆或平截，具短钝突尖，基部圆或宽楔形；花先叶开放，径约 12cm，花萼、花瓣相似，9 片，白色。

紫玉兰(辛夷) *Yulania liliiflora* (Desr.) D.L. Fu　木兰属

树形

树皮

果

形态：落叶灌木或小乔木，高达 5m。**树皮：**灰褐色，平滑。**枝：**紫褐色或绿褐色，顶芽卵形，被淡黄色绢毛。**叶：**倒卵形或椭圆状倒卵形，长 8~18cm，宽 4~10cm；先端短渐尖或急尖，基部楔形；中部以下渐窄；叶面有疏毛，叶背沿脉有短毛；侧脉 8~10 对，叶柄长 10~20mm，托叶痕为叶柄长的 1/2。**花：**花先叶开放，外轮具紫绿色披针形萼片 3 片，花瓣 6，长圆状倒卵形，长 8~10cm；外面紫色，内面近白色，雄蕊紫红色。**果：**聚合果圆柱形，小果为蓇葖果，长 7~10cm，淡褐红色。**花果期：**花期 2~3 月，果期 8~9 月。**分布：**鄂、川、滇及黄河流域、长江流域多地。

快速识别要点

落叶灌木或小乔木。叶倒卵形或椭圆状倒卵形，先端短渐尖或急尖，基部楔形；花与叶同放，外轮有 3 片紫绿色披针形花萼片，花瓣长圆状倒卵形。

相似特征	不同特征		
玉兰  果	 叶	 花	 果
聚合果圆柱形	叶阔倒卵形或倒卵状椭圆形，先端钝或截	花白色	果较长大，长 12~15cm
紫玉兰 			
聚合果圆柱形	叶倒卵形或椭圆状倒卵形，先端尖	花外紫内白色	果较短小，长 7~10cm

紫玉兰 VS 二乔玉兰

二乔玉兰 *Yulania* × *soulangeana* (Soulange – Bodin) D. L. Fu 木兰属

树形

叶

树皮

形态：落叶小乔木，高达10m。**树皮：**灰带黄色，平滑。**枝：**小枝粗壮，无毛，褐色。**叶：**倒卵形，全缘，长7~15cm，宽4.5~7.5cm；先端急尖，基部楔形；叶面脉基具毛，叶背稍具柔毛；侧脉7~9对，具有较长的托叶痕，长为叶柄长的1/3；叶柄长1~1.5cm，有毛。**花：**花瓣6~9，外面淡紫色，基部色深，长圆形，内面白色；雄蕊侧向开裂，雌蕊群圆柱形；萼片3，常呈花瓣状，长达花瓣之半或近等长。**花果期：**花期3~4月，果期9~10月。**分布：**本种为玉兰与紫玉兰的杂交种，华北、华东多地有栽培。

快速识别要点

　　落叶小乔木。倒卵叶、紫花为主要特征。叶倒卵形，先端急尖，叶长的2/3以下渐窄成楔形；花瓣外面淡紫色，内面白色，外轮3片常较短，多为萼片。

	相似特征	不同特征		
	叶	树皮	花	叶
紫玉兰	叶形	树皮灰褐色	花瓣6	叶较大，长8~18cm
二乔玉兰	叶形	树皮灰带黄色	花瓣6~9，外轮具花瓣状萼片	叶较小，长7~15cm

二乔玉兰 VS 常春二乔玉兰

常春二乔玉兰 *Magnolia × soulangeana* Soul. -Bod. 木兰属

树形

花

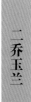

形态: 落叶小乔木, 高 8~10m。**树皮:** 灰白色, 光滑。**枝:** 小枝绿褐色, 较粗。**叶:** 长圆状倒卵形, 长 8~16cm, 宽 4~6cm; 先端突尖, 基部渐狭, 呈楔形; 侧脉 5~7 对, 全缘, 叶柄长约 1cm。**花:** 花外面淡红色, 内面粉白色, 花瓣 9; 卵状倒披针形或椭卵状倒卵形。**花果期:** 一年 3 次开花, 第一次 4 月初叶前开花, 第二次 6 月, 第三次 9 月。**分布:** 华北地区, 本种为玉兰与紫玉兰的杂交种。华北、华东多地有栽培。

树皮

快速识别要点

落叶小乔木。一年三次开花, 故称"常春二乔玉兰"。叶长圆状倒卵形; 花瓣外面淡红色, 内面粉白色, 花瓣 9。

	相似特征	不同特征		
二乔玉兰	 花 花形	 树皮 树皮灰带黄色, 平滑	 花 叶后开花	 叶 叶倒卵形, 较短
常春二乔玉兰	 花形	 树皮灰白色, 光滑	 第一次开花于叶前	 叶长圆状倒卵形, 较长

25

天目木兰 VS 黄山木兰

天目木兰 *Yulania amoena* (W. C. Cheng) D. L. Fu 木兰属

树形

叶枝

叶

叶枝

树皮

形态：落叶乔木，高达15m，冠卵形。**树皮**：灰色或灰白色，平滑。**枝**：小枝带紫色，较细，无毛，顶芽具白色长绢毛。**叶**：倒宽披针形或长椭圆形，先端渐尖或短尾尖，基部楔形，长11~15cm，宽4~5cm；侧脉10~13对，叶柄长约1cm，托叶痕长为叶柄长的1/4。**花**：先叶开放，红色或淡红色；花丝紫红色，花被片9，匙形或倒披针形，长5~6cm；雌蕊群圆柱形，长约2cm，花柱直伸。**果**：聚合果圆柱形，长约5cm，多弯曲；蓇葖扁球形。**花果期**：花期3月，果期9~10月。**分布**：浙、苏、皖等地。

快速识别要点

　　落叶乔木。灰皮、长叶、红花为三个主要特征。树皮灰色或灰白色，平滑；叶倒宽披针形或长椭圆形；花红色或淡红色。

黄山木兰 *Yulania cylindrica* (E. H. Wilson) D. L. Fu 木兰属

树形

叶枝

叶

叶

树皮

形态：落叶乔木，高达10m，冠广卵形。**树皮**：灰白色，平滑。**枝**：二年生枝紫褐色，幼枝被淡黄色毛，顶芽卵形。**叶**：倒卵状长椭圆形，膜质，长5~14cm，宽2.5~5cm；先端稍尖或钝，叶面无毛，叶背具平伏毛，灰绿色，托叶痕长为叶柄的1/5，叶柄长0.8~2cm。**花**：花先叶开放，花被片9，内2轮白色；宽匙形或倒卵形，长6~10cm，宽2.5~4.5cm；基部带紫色，外轮3片膜质，萼片状。**果**：聚合果圆柱形，长5~8cm，径约2cm，紫红色，种子鲜红色。**花果期**：花期3月，果期8~9月。**分布**：皖、浙、苏、闽等地。

快速识别要点

　　落叶乔木。叶倒卵状长椭圆形，先端稍尖或钝尖；花内2轮白色，基部带紫色，外轮3片，萼片状。

相似特征	不同特征		

天目木兰

叶形

树皮深灰色

花淡红色，花裂片9

叶较狭长，侧脉11~13对

黄山木兰

叶形

树皮灰白色

花白色，基部带红色，花裂片6

叶较宽短，侧脉10~11对

玉兰类 VS 木兰类

玉兰类

宝华玉兰叶片

白玉兰叶片

紫玉兰叶片

1. 叶片多数上部最宽。　2. 具有倒卵状椭圆形类型特征。　3. 叶片多由1/3以下渐窄成楔形。
4. 叶较宽短。　　　　　5. 花期较晚。

木兰类

武当木兰叶片

天目木兰叶片

黄山木兰叶片

1. 叶片多数中间最宽。　2. 具有长圆形类型特征。　3. 叶片多由2/3以下渐窄成楔形。
4. 叶较窄长。　　　　　5. 花期较早

二乔玉兰

鹅掌楸 VS 北美鹅掌楸

鹅掌楸（马褂木） *Liriodendron chinense* (Hemsl.) Sarg. 鹅掌楸属

树形

叶枝

花

果

树皮

形态：落叶乔木，高达40m，干通直，冠圆锥形。**树皮：**灰白色，具白色裂纹。**枝条：**小枝灰色或灰褐色，具环状托叶痕。**叶：**单叶互生，叶端截形；上部具2浅裂，近基部具1对侧裂片，形似马褂；叶背苍白色，密生白粉状突起；叶面亮绿色；叶柄长4~8（12）cm，侧脉6对。**花：**花杯状，单生枝端，花被片9，长2~4cm；外轮3片绿色，萼状，向外开展；内两轮6片直立，倒卵形，花瓣状，黄绿色，基部有黄条纹，似郁金香。**果：**聚合果纺锤状，长7~9cm，由翅状小坚果组成。**花果期：**花期5~6月，果期9月。**分布：**华东、华中地区及华北地区南部。

快速识别要点

　　落叶乔木。叶似马褂，故又名"马褂木"。叶端截形或微凹，近基部具1对侧裂片；花杯状，单生枝端，花被片9，似郁金香。

北美鹅掌楸 *Liriodendron tulipifera* Linn. 鹅掌楸属

树形

花

果

叶

树皮

形态：落叶乔木，原产地高达50m。**树皮：**灰褐色，纵裂较粗。**枝条：**小枝褐色或紫褐色，带白粉。**叶：**单叶互生，较宽短，侧裂较浅，近基部常有小裂片，叶端凹入；幼叶背有细毛，渐脱；叶柄长5~10cm，侧脉6~7对。**花：**杯状，生枝端，较大，花瓣淡黄色，卵形，长4~6cm，3轮，9片，内面中部以下具黄色带纹。**果：**聚合果长约7cm，翅状小坚果淡褐色。**花果期：**花期5月，果期9~10月。**分布：**原产北美洲，我国鲁、赣、苏、滇等地有分布。

快速识别要点

　　落叶乔木。叶端凹入，侧裂片较浅，近基部常有小裂片，形成5裂；花杯状，较大；聚合果长约7cm。

	相似特征	不同特征		
	果	树皮	叶	花
鹅掌楸	果	树皮灰白色，平滑具白色裂纹	叶端截形，近基部具1对侧裂片	花冠较小，而色深
北美鹅掌楸	果	树皮灰褐色，纵裂	叶端凹入，侧裂较浅，近基部常有小裂片	花冠较大，而色浅

蜡梅 VS 夏蜡梅

蜡梅 *Chimonanthus praecox* 蜡梅属

树形

花

叶

果

形态: 落叶灌木,高达4m。**树皮:** 浅褐色具疣点。**枝条:** 小枝近方形,较粗壮。**叶:** 单叶对生,卵状椭圆形或卵状披针形,长6~15cm,先端渐尖;基部楔形或宽楔形;全缘,叶面较粗糙,半革质,叶柄长5~8mm。**花:** 花单朵腋生,径约2.5cm,芳香,花被片蜡质黄色,面具紫色条纹,于叶前开放;外花被片椭圆形,先端圆;内花被片椭圆状卵形,小,先端钝,基部具爪,雄蕊5~7。**果:** 似瘦果,内有数个瘦果,被坛状果托所包,果托卵状长椭圆形,长约1.5cm。**花果期:** 花期2~3月,果期6月。**分布:** 产秦岭南坡,黄河流域至长江流域多有栽培。

快速识别要点

落叶灌木。花被片蜡质,故名"蜡梅"。花单朵腋生,径约2.5cm,于早春叶前开放;叶卵状椭圆形或卵状披针形;瘦果为坛状果托所包。

夏蜡梅 *Calycanthus chinensis* 夏蜡梅属

树形

花

果

树皮

叶

形态: 落叶灌木,高达3m。**树皮:** 灰色,平滑。**枝条:** 小枝对生,二歧状,较粗壮,叶柄内芽。**叶:** 单叶对生,宽卵状椭圆形或倒卵状圆形,长13~27cm,先端短尖,基部宽楔形或圆;全缘或细锯齿;叶柄长约1.5cm。**花:** 花单生枝顶,无香气,径5~7cm;花瓣白色,边带紫红色,外花被片10~14,倒卵形,白色,具淡紫色边晕;内花被片中部以上淡黄色,以下黄白。**果:** 果托钟形,近顶端微收缩,长3~5cm;瘦果褐色,长1.2~1.5cm。**花果期:** 花期5月,果期10月。**分布:** 浙江。

快速识别要点

落叶灌木。小枝对生,二歧状;单叶对生,宽卵状椭圆形或倒卵形;花单生枝顶,径5~7cm,白色,边带紫红色晕,无香气;果托钟形,近顶端微收缩。

	相似特征	不同特征		
	果	叶	花	小枝
蜡梅	 果	 叶卵状椭圆形或卵状披针形	 花径约2.5cm,花被片蜡质黄色	 小枝近方形
夏蜡梅	 果	叶宽卵状椭圆形或倒卵状圆形	 花径5~7cm,花瓣白色,边带紫晕	 小枝对生,二歧状

樟树 VS 黄樟

樟树（香樟、小叶樟）　*Cinnamomum camphora*　樟属

形态: 常绿乔木,高达16cm,树冠广卵形或不规则圆球形。**树皮:** 灰黄褐色,纵裂。**枝条:** 小枝无毛,红绿色。**叶:** 叶互生卵状椭圆形,近革质,长6~12cm,宽2~5cm,离基三主脉,近基部第一对或第二对侧脉长而明显,脉腋有腺体,叶先端尖,基部宽楔形,叶缘微波状;叶面绿色,叶背灰绿色;叶柄长2~3cm,较细,红褐色。**花:** 圆锥花序腋生,长3~7cm,无毛,花绿色或带黄绿色,长约3mm;花被筒短,杯状;花被裂片6,近等长,花梗长约2mm。**果:** 果近球形或卵形,径约7mm,黑紫色。**花果期:** 花期4~5月,果期9~11月。**分布:** 长江以南各地,以台、闽、赣、粤、桂、湘、鄂、滇、浙为主要栽培区。

快速识别要点

常绿乔木。树皮灰黄褐色,纵裂;叶卵状椭圆形,近革质,离基3主脉,近基部第一对或第二对侧脉长而明显,脉腋有腺体,叶缘微波状,叶背灰绿色;圆锥花序腋生。

黄樟（大叶樟）　*Cinnamomum parthenoxylon*　樟属

形态: 常绿乔木,高达10~20m,冠卵圆形。**树皮:** 暗灰色,纵裂。**枝条:** 小枝灰绿色,具棱脊,无毛。**叶:** 叶互生,椭圆状卵形或长椭圆状卵形,革质,长6~12cm,宽3~6cm,先端尖或短渐尖,基部楔形或广楔形;羽状脉,侧脉4~5对,脉腋无腺体,叶背带白色,叶柄长2~3cm。**花:** 圆锥花序腋生或近顶生,花少,花序长4~8cm,总花梗长3~6cm;花黄绿色,花梗细,长4mm,花被裂片长椭圆形。**果:** 果球形,径约7mm,黑色,具倒圆锥形果柱。**花果期:** 花期3~5月,果期7~10月。**分布:** 粤、琼、桂、闽、赣、湘、黔、滇等地。

快速识别要点

常绿乔木。树皮暗灰色,纵裂;叶椭圆状卵形或长椭圆状卵形,革质,羽状脉,脉腋无腺体;果球形,径约7mm,黑色。

	相似特征	不同特征		
樟树	 叶形	 树皮灰黄褐色纵裂	小枝 小枝红褐色	 叶脉为离基三主脉叶柄红褐色
黄樟	 叶形	 树皮灰色平滑	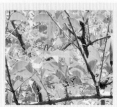 小枝绿色	 叶脉为羽状脉叶柄绿色

樟树 VS 阴香

阴香(小桂皮) *Cinnamomum burmannii* 樟属

形态：常绿乔木，高达 20m。**树皮**：灰褐色或黑褐色，光滑，内皮红色。**枝条**：小枝无毛，红褐色。**叶**：叶近对生，卵状长椭圆形，革质，全缘，长 5~12cm，宽 2~5cm；离基三出脉，两个侧脉达近顶端；脉腋无腺体，叶先端短渐尖，基部宽楔形；叶背粉绿色，无毛，叶柄长约 1cm。**花**：圆锥花序长 3~6cm，腋生或近顶生，少花，疏散，花绿白色，长约 5mm；花梗长约 5mm，花裂片两面有毛。**果**：果卵形，长 7~8mm，径约 5mm，果托边具 6 齿裂。**花果期**：各地不定，广州 3 月开花，8 月果期。**分布**：粤、琼、桂、滇、闽等地。

快速识别要点

常绿乔木。光皮、长叶、散花、卵果为主要特征，树皮灰褐色或黑褐色，光滑；叶卵状长椭圆形，革质，全缘；圆锥花序，疏散，花绿白色，长约 5mm；果卵形。

	相似特征	不同特征		
	叶	树皮	侧脉	叶
樟树	叶形	树皮灰黄褐色纵裂	两边侧脉达叶中部	叶互生
阴香	叶形	树皮灰褐色平滑	两边侧脉达近顶端	叶近对生

肉桂 VS 兰屿肉桂

肉桂　*Cinnamomum cassia*　樟属

树形

花序

叶

树皮

形态: 常绿乔木,高 12~17cm。**树皮:** 灰褐色,平滑。**枝条:** 小枝四棱形,被毛,后渐脱落。**叶:** 单叶互生或近对生,长椭圆形或椭圆状披针形,长 8~16cm,宽 4~6cm;厚革质,先端短渐尖,基部楔形,全缘;叶缘内卷,离基三主脉,近平行,两侧脉直达端部,在其外侧有少数小脉达叶缘;主脉在叶面凹下,叶柄长 1.5~2cm,较粗。**花:** 圆锥花序腋生,或近顶生,长 8~15cm,有黄毛,花白色,长约 5mm,花裂片密被黄毛。**果:** 果椭圆形,长约 1cm,径约 8mm,紫黑色。**花果期:** 花期 5~8 月,果期 10~12 月。**分布:** 我国在桂、粤、琼、滇、台、闽、赣、湘等地区分布。

快速识别要点

　　常绿乔木。树皮灰褐色,平滑;叶长椭圆形或椭圆状披针形,厚革质,叶缘内卷,离基三主脉,近平行,两侧脉直达端部,叶柄长 1.5~2cm。

兰屿肉桂(平安树)　*Cinnamomum kotoense* Kaneh. & Sasaki　樟属

树形

树皮

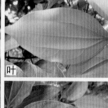

叶

叶枝

形态: 常绿乔木,高达 15m。**树皮:** 红褐色,平滑。**枝条:** 小枝褐色,无毛。**叶:** 单叶对生或近对生,革质,卵形或卵状长圆形,长 10~15cm,宽 4~6cm;先端尖,基部圆形,离基三主脉,二侧脉伸至叶端,在近叶缘一侧各有 1 条小脉;两面网脉明显,叶浓绿而有光泽,叶柄长约 1.5cm,红褐或褐色。**花:** 花序圆锥状,腋生,花白色。**果:** 果卵球形,长约 1.5cm,径 1cm,果柄长 1cm。**花果期:** 花期 6~7 月,果期 8~9 月。**分布:** 主产我国台湾南部兰屿岛,粤、桂地有引种,北方多温室盆栽。

快速识别要点

　　常绿乔木。因产地在我国台湾兰屿岛故名"兰屿肉桂"。叶形优美,誉称平安树。叶卵形或卵状长圆形,离基三主脉,二侧脉伸至叶端,在近叶缘一侧各有 1 条小脉;叶呈 5 脉状,叶柄红褐或褐色。

	相似特征	不同特征	
肉桂	 叶形	 树皮灰黄褐色平滑	 叶离基三主脉近缘处无小脉
兰屿肉桂	 叶形	 树皮红褐色平滑	 叶离基三主脉近缘处每侧各有 1 条小脉

黄芦木 VS 掌刺小檗

黄芦木（阿穆尔小檗）　*Berberis amurensis*　小檗属

树形

枝刺

叶

花

形态：落叶灌木，高达 2.5m。**枝条：**老枝浅黄或灰色，枝刺 3 分叉，稀单一，刺长约 1.5cm。**叶：**单叶簇生，倒卵状椭圆形或椭圆状卵形，长 4~9cm；先端急尖或圆钝，基部楔形；叶面脉凹下，网脉不显；叶背网脉明显；具细刺齿约 50 对，叶柄长 1~1.5cm。**花：**总状花序下垂，具花 10~25 朵，长 5~10cm；花总梗长 1~2.5cm；花黄色；花梗长约 1cm，萼片 2 轮；花瓣椭圆形，先端有缺刻。**果：**浆果长椭圆形，长约 1cm，熟果鲜红色。**花果期：**花期 4~5 月，果期 8~9 月。**分布：**我国东北、华北地区及陕、甘等地。

快速识别要点

　　落叶灌木。叉刺、钝叶、黄花、长果为 4 特征，基刺 3 分叉较长；叶倒卵状椭圆形，先端急尖或圆钝；花黄色；浆果长椭圆形。

掌刺小檗（朝鲜小檗）　*Berberis koreana* Palib.　小檗属

树形

叶枝

形态：落叶灌木，高达 1.5m。**枝条：**老枝暗红褐色，具纵槽，枝节部有 5 个以上刺。**叶：**单叶簇生，倒卵形或椭圆形，长 4~6cm；先端圆，基部楔形渐成短柄，叶缘具细刺齿。**花：**总状花序下垂，花序梗短，花黄色。**果：**果红色，冬季宿存。**花果期：**花期 5 月，果期 8~9 月。**分布：**产于朝鲜。我国东北、华北地区有分布。

花序

快速识别要点

　　落叶灌木。枝节部有掌状 5 个以上刺，故名"掌刺小檗"。老枝暗红褐色，具纵槽；叶倒卵形或椭圆形，先端圆，基部楔形，具细刺齿；花黄色，果红色，冬季宿存。

相似特征	不同特征			

黄芦木	 叶形	 枝刺 3 分叉或单一	 叶缘芒状细齿较多	 花序梗较长	 小枝灰褐色
掌刺小檗	 叶形	 枝刺 5 个以上分叉	 叶缘细齿少	 花序梗较短	小枝暗红褐色

叶　枝刺　叶缘　花序　小枝

33

小檗 VS 细叶小檗

小檗（日本小檗）　*Berberis thunbergii* DC.　小檗属

树形

叶

果枝

形态：落叶灌木，高 2~3m。**小枝：**红褐色，有沟槽，枝刺不分叉，长 0.5~1.6cm。**叶：**单叶，在长枝上互生，在短枝上簇生，倒卵形或匙形，长 0.5~2cm；全缘，先端钝，基部窄，叶面暗绿，叶背灰绿色。**花：**1~5 朵组成簇生伞形花序，花浅黄色，萼片花瓣状，花瓣、雄蕊 6。**果：**浆果椭圆形，长 1cm 左右，熟时亮红色。**花果期：**花期 5 月，果期 9 月。**分布：**原产日本，我国东北、华北、西北及华东地区有栽培。

快速识别要点

　　落叶灌木。匙形或倒卵形的叶片，在长枝上互生，在短枝上簇生；浅黄色的伞形花序，1~5 朵簇生；亮红色的椭圆形浆果垂挂于小枝上。

细叶小檗　*Berberis poiretii* Schneid.　小檗属

树形

花序

果枝

形态：落叶灌木，高 1~2m。**枝：**枝有棱，枝刺 3 分叉。**叶：**单叶，簇生于刺腋，倒披针形或更狭，长 4.5cm，宽约 1cm；先端渐尖，基部渐狭成短柄，全缘或中上部稍有齿。**花：**总状花序下垂，长达 6cm，有花多朵，萼片 6 花瓣状；雄蕊 6，排成 2 轮；花瓣倒卵形，比萼略短，黄色。**果：**浆果长圆形，熟时鲜红色，种子 1。**花果期：**花期 5~6 月，果期。**分布：**我国东北至华北地区。

快速识别要点

　　落叶灌木。狭长的倒披针形叶片簇生于刺腋；多朵黄色的花朵集生于下垂的总状花序上；长圆形的红色浆果垂挂于小枝上。

	相似特征	不同特征			
	花	**果**	**花**	**叶**	**小枝**
小檗	花	果椭圆形	聚伞花序，花约 5 朵	叶倒卵形或匙形	枝刺不分叉
细叶小檗	花	果长圆形	总状花序，具花多朵	叶倒披针形	枝刺分叉

掌刺小檗 VS 细叶小檗

	相似特征	不同特征			
	花	**枝刺**	**叶**	**叶缘**	**花序**
掌刺小檗	花序	枝节部具3~7分叉刺，较短	叶较宽，不簇生刺腋	叶缘细尖齿芒状	总状花序梗较短
细叶小檗	花序	枝节部具1~4刺，较长	叶较窄，簇生于刺腋	叶全缘	总状花序梗较长

小檗 VS 紫叶小檗

紫叶小檗 *Berberis thunbergii* var. *atropurpurea* Chenault　小檗属

形态：为小檗的栽培变种，落叶灌木，高达3m。**枝条：**老枝灰褐色，有纵槽，新枝红色，有刺。**叶：**单叶簇生，长1~2cm，倒卵形或匙形，全缘，常年紫红色。**花：**2~3朵成伞形花序或单生，浅黄色，萼片花瓣状但比花瓣小。**果：**浆果椭圆形，红色，长约1cm。**花果期：**花期4~6月，果期7~9月。**分布：**原产地日本，我国东北、华北、西北及华南地区有栽培。

快速识别要点

　　落叶灌木。叶片常年紫红色，故名"紫叶小檗"。幼枝鲜红色，有枝刺，单叶簇生；叶倒卵形或匙形，全缘。

	相似特征	不同特征		
	果	**花萼**	**幼枝**	**叶**
紫叶小檗	果形	花萼红色	幼枝褐色	叶紫红色先端钝
小檗	果形	花萼黄绿色	幼枝绿色	叶绿色先端钝尖

十大功劳 VS 阔叶十大功劳

十大功劳（猫儿头）　*Mahonia fortunei*　十大功劳属

树形

花序

叶枝

形态: 常绿灌木,高达 2m。**树皮:** 灰褐色,平滑。**叶:** 羽状复叶互生,长 10~25cm,叶柄长 3~9cm,小叶 5~9（11）,狭披针形,长 7~13cm,宽 1~2.5cm,缘具 6~12 对刺齿;无叶柄,硬革质,有光泽。**花:** 总状花序 5~10 簇生枝顶,长 3~7cm;花黄色,较小,长圆形,花梗长约 2.5mm。**果:** 浆果球形,熟时紫黑色,径 4~6mm。**花果期:** 花期 7~9 月,果期 9~11 月。**分布:** 我国浙、赣、鄂、桂、川等地。

快速识别要点

落叶灌木。羽状复叶具小叶 5~9（11）,狭披针形,硬革质,有光泽,叶缘具 6~12 对刺齿;浆果球形,熟时紫黑色,径 4~6mm。

阔叶十大功劳　*Mahonia bealei*　十大功劳属

树形

果

叶

茎皮

花序

形态: 小乔木或呈灌木状,高 3~4m。**树皮:** 灰褐色,浅纵裂。**叶:** 羽状复叶互生,小叶 7~15,顶生小叶较宽,侧生小叶卵状椭圆形;内侧有大刺齿 1~4,外侧有大刺齿 3~6,边缘反卷;叶正面灰绿色,背面苍白色;硬厚革质,长 4~10cm,宽 2~5cm,基部宽楔形;小叶柄长 2~5cm。**花:** 总状花序 6~9 簇生,花序长 5~10cm,红色,花黄色。**果:** 浆果卵圆形,长约 1.5cm,径 1~1.2cm,熟时深蓝色,被白粉。**花果期:** 花期 3~4 月,果期 5~6 月。**分布:** 我国皖、浙、赣、鄂、桂、川、陕、豫、闽、湘、粤等地。

快速识别要点

小乔木或呈灌木状。叶硬厚革质,卵状椭圆形或方状椭圆形,具大刺齿,边缘反卷;总状花序 6~9 簇生,花黄色;浆果深蓝色,卵圆形。

相似特征	不同特征		

	花	小叶	叶	花
十大功劳	 花	 小叶 5~9,狭披针形	 小叶无叶柄	 花序黄色
阔叶十大功劳	 花	叶卵状椭圆形	 小叶柄长 2~5cm	 花序红色

一球悬铃木 VS 二球悬铃木 VS 三球悬铃木

一球悬铃木 *Platanus occidentalis* Linnaeus 悬铃木属

树形

果枝

果

形态：落叶乔木，高达 40m，胸径 4m。**树皮：**灰褐色，多裂成小块状，不易剥落。**叶：**3~5 掌状浅裂，裂片短三角形宽大于长，基部平截或心形，叶柄长 4~7cm。**花：**花序头状，花柱短。**果：**果序单生，稀 2，较大。**花果期：**花期 5 月，果期 9~10 月。**分布：**我国华北平原至华南地区。

快速识别要点
落叶乔木。叶 3~5 掌状裂，宽大于长；果序单生，稀 2，较大。

二球悬铃木 *Platanus acerifolia* (Aiton) Willdenow 悬铃木属

树形

果枝

果

形态：落叶乔木，高达 35m，胸径 3m。**树皮：**灰绿色，大片块状剥落，落后呈绿白色，光滑。**叶：**五角状，近三角形，掌状 3~5 裂，长宽近相等，缘有不规则大齿，基部微心形或平截，叶柄长 5~10cm。**花：**单性，雌雄同株，花序头状，花柱刺状；雌花序具长柄，常 2，稀 1~3，生于一柄上，花果同源。**果：**球形果序常 2 个一串，小坚果圆锥形，基部有刺毛。**花果期：**花期 4~5 月，果期 9~10 月。**分布：**我国华北以南至长江流域广大地区。

快速识别要点
落叶乔木。叶五角状，掌状 3~5 裂，长宽近相等，缘有大齿；果序 2 个为一串。

三球悬铃木 *Platanus orientalis* Linnaeus 悬铃木属

树形

果枝

叶枝

形态：落叶乔木，高达 30m。**树皮：**灰褐色，薄片状剥落。**叶：**5~7 掌状深裂，裂片狭长，叶柄长 3~8cm，宽大于长。**花：**花序头状，常 3，稀 4~5 生于一柄上，花果同源。**果：**球形果序，3 个以上生于一柄上为串状。**花果期：**花期 4~5 月，果期 9~10 月。**分布：**我国华东、华中、华北地区有栽培。

快速识别要点
落叶乔木。叶 5~7 掌状深裂，裂片狭长，缘有疏齿；果序 3 个以上为一串。

	相似特征	不同特征		
	花序	树皮	果	叶
一球悬铃木	花序	树皮灰褐色，裂成小块状不易剥落	果单一	叶3~5掌状裂，中裂片及叶体宽大于长
二球悬铃木	花序	树皮灰绿色，大片块状剥落呈绿白色，平滑	果2个一串	叶五角状，近三角形，掌状3~5裂长宽近相等，缘有大齿
三球悬铃木	花序	树皮灰褐色，薄片状剥落	果3个以上一串	叶5~7掌状深裂，裂片狭长缘有疏齿

一球悬铃木 VS 平基槭[*]

	相似特征	不同特征		
	叶	树皮	花序	果
一球悬铃木	叶形	树皮灰褐色裂成块状	头状花序	果球形
平基槭	叶形	树皮灰褐色纵裂	聚伞花序	翅果扁平

* 平基槭形态特征见于第 206 页。

枫香树 VS 三裂槭

枫香树（枫香） *Liquidambar formosana* Hance 枫香属

树形

叶

树皮

叶枝

形态：落叶乔木，高达30m。**树皮：**灰色，平滑。**枝条：**小枝褐灰色，有柔毛，芽长卵形。**叶：**单叶互生，宽卵形，掌状3裂，长6~12cm，先端尾尖，基部心形；掌状脉3~5，叶背有柔毛，缘有腺齿，叶柄长5~10cm，红色。**花：**雌雄同株，雄花短穗状组成圆锥复花序，具多数雄蕊；雌花序头状，具花22~40，无花瓣，具尖萼齿。**果：**蒴果，集成球形果序，宿存花柱及萼齿针刺状，长约1cm，径3~4cm。**花果期：**花期3~5月，果期7~10月。**分布：**我国产于秦淮以南，至华南、西南各地。

快速识别要点

落叶乔木。单叶互生，宽卵形，掌状3裂，掌状脉3~5，叶柄长5~10cm，红色；蒴果集成球形果序，宿存花柱及萼齿针刺状；果径3~4cm。

三裂槭（三峡槭） *Acer wilsonii* Rehder 槭树属

树形

叶正面

叶背面

果

形态：落叶乔木，高达15m。**树皮：**深褐色，平滑。**枝条：**小枝较细，红褐色。**叶：**叶卵形，叶基部近圆形或平截，长8~10cm，宽9~10cm；3裂，裂片卵形或三角状卵形，先端渐尖或尾状尖，全缘或近端部有浅齿；叶柄长3.5~7cm。**花：**圆锥花序顶生，长5~7cm，萼片黄绿色，卵状长圆形，花瓣白色，长圆形。**果：**核果卵圆形或卵状长圆形，凸起，具网脉，翅果长2~3cm，果翅近水平。**花果期：**花期4月，果期9月。**分布：**我国鄂、湘、川、甘、黔、滇、桂、粤等地区，三峡地区多分布。

快速识别要点

落叶乔木。叶卵形，叶基部近圆形或平截3裂，裂片卵形或三角状卵形，先端渐尖或尾状尖，全缘或近端部有浅齿；果翅近水平。

	相似特征	不同特征	
枫香树	 叶	 叶缘有腺齿	 叶柄红色，较长
三裂槭	 叶	叶缘有浅齿	叶柄绿带紫色

榆树 VS 金叶榆

榆树（白榆、家榆）　*Ulmus pumila* Linnaeus　榆属

树形

树皮

果枝

叶

花枝

形态：落叶乔木，高达 25m，胸径 1m，树冠长圆形。**树皮：**灰褐至黑褐色，不规则深纵裂，粗糙。**枝条：**小枝灰色，细长，排成二列呈鱼骨状。**叶：**卵形至卵状长圆形，长 2~6（8）cm，宽 1.5~3cm，具重齿或单齿，侧脉 9~16 对，先端渐尖，基部圆或楔形，稍不对称，叶柄长 3~8mm。**花：**聚伞花序簇生于去年生枝的叶腋，花两性；花被钟形，4 浅裂，边缘无毛；雄蕊 4，伸出花被外，花药紫色，于叶前开花。**果：**翅果近圆形，径 1~1.5cm，缺口无毛，果核位于翅果中部，果柄长 1~2mm。**花果期：**花期 3 月，果期 4~5 月。**分布：**我国分布于东北、华北、西北、华中、华东地区。

快速识别要点

落叶乔木。糙皮、卵叶、圆形果是榆树主要特征。树皮粗糙，不规则深纵裂；叶卵形；翅果近圆形，俗称"榆钱"。

金叶榆　*Ulmus pumila* 'Jinye'　榆属

树形

树皮

果枝

叶

叶枝

形态：落叶乔木，高达 10m，树冠卵形，丰满。**树皮：**灰褐色，浅纵裂。**枝条：**细长，比白榆密集，芽黄色，萌枝力强。**叶：**单叶互生，卵圆形，长 3~5cm，宽 2~3cm，比白榆叶稍短；叶缘有锯齿，先端渐尖，基部广楔形；叶色随时间变化而变化，生长前期叶片金黄色，生长后期树冠中下部的叶片渐变为浅绿色；枝条中上部的叶片仍为金黄色。**花：**聚伞花序簇生叶腋。**果：**翅果圆形，黄白色。**花果期：**花期 3~4 月，果期 5 月。**分布：**华北、华东地区。

快速识别要点

落叶乔木。叶片金黄色，故名"金叶榆"。枝条萌枝力强，比较密集而细长，树冠丰满。

	相似特征	不同特征		
榆树	 叶形	 树皮深纵裂，黑褐色	 叶绿色	 树条较疏细，树冠较疏散
金叶榆	 叶形	 树皮灰褐色，浅纵裂	 幼叶金黄色老叶变绿色	 枝条密集较短，树冠丰满

榆树 VS 鹅耳枥

鹅耳枥 *Carpinus turczaninowii* Hance　鹅耳枥属

树形

花

叶

果

形态: 落叶乔木, 高达 15m。**树皮:** 暗褐灰色, 浅纵裂。**枝条:** 小枝细, 浅褐或灰色, 幼枝密被细绒毛, 后脱落。**叶:** 单叶互生, 卵形或椭圆状卵形, 长 3~5(7)cm; 缘具重锯齿, 先端尖, 基部宽楔形或近心形; 叶正面光亮, 叶背面脉腋被毛; 侧脉 10~12 对, 叶柄长约 1cm, 被毛。**花:** 花单性, 雌雄同株, 雄花序短柔荑状, 生去年生短枝顶, 苞鳞覆瓦状, 每苞一雄花, 无花被; 雌花序生于去年长枝顶或叶腋, 苞鳞覆瓦状, 每苞鳞内具 2 雌花; 雌花基部有一苞片, 2 小苞片, 结果时扩大成叶状; 多果苞, 雌花具花被。**果:** 果序长 4~6cm, 被毛; 果苞半宽卵形, 外缘有粗齿, 内缘疏生钝齿, 基部具耳突; 小坚果卵圆形, 无毛, 生于叶状总苞片基部。**花果期:** 花期 4~5 月, 果期 8~9 月。**分布:** 东北、华北地区。

快速识别要点

　　落叶乔木。小枝细, 浅褐或灰色; 花单性, 异株; 雄花序短柔荑状, 苞鳞覆瓦状排列; 雌花基部有一苞片, 2 小苞片, 结果时扩大成叶状; 果苞半宽卵圆形, 外缘有粗齿, 基部具耳突; 小坚果卵圆形。

	相似特征	不同特征			
	叶	树皮	花序	果	小枝
榆树	叶形	树皮黑褐色纵裂	聚伞花序	翅果圆形	小枝排成二列呈鱼骨状排列
鹅耳枥	叶形	树皮暗褐灰色浅纵裂	柔荑花序	小坚果具果苞	小枝不排成二列

大果榆 VS 红果榆

大果榆 *Ulmus macrocarpa* Hance 榆属

树皮

果枝

果

叶

形态: 落叶乔木,或呈灌木状,高达15m。**树皮:** 灰黑或灰褐色,浅纵裂。**枝条:** 枝具木栓翅2~4条,一至二年枝黄褐色,具长柔毛。**叶:** 单叶互生,倒卵形或倒卵状圆形,长6~9cm,宽3~6cm,先端突尖,基部偏斜、圆或楔形,有浅钝重锯齿,较粗糙,质地厚,叶柄长约1cm,有柔毛。**花:** 5~9朵簇生,花被5浅裂,缘有长毛。**果:** 翅果2~3.5cm,倒卵形或近圆形,有柔毛,果核位于中部,裂口上缘黄绿色;果柄长约3cm,全果具黄褐色长毛。**花果期:** 花期4月,果期5~6月。**分布:** 我国分布于华北、东北、华东地区及陕、甘等地。

快速识别要点

　　落叶乔木。翅果大,直径2~3.5cm,故名"大果榆"。枝具木栓翅,小枝有长柔毛;叶倒卵形或倒卵状圆形,基部偏斜、圆或楔形,叶面粗糙,质地厚。

红果榆 *Ulmus szechuanica* W. P. Fang 榆属

叶枝

叶

果

形态: 落叶乔木,高达20m。**树皮:** 灰褐色,纵裂。**枝条:** **叶:** 倒卵形或长圆状卵形,长5~9cm,宽2~4.5cm;缘有重锯齿,基部宽楔形,先端渐尖或急尖,幼叶面被毛,渐脱,叶背脉腋簇生毛;侧脉12~16对,叶柄长约1cm,被毛。**花:** 花10余朵簇生。**果:** 翅果近圆形,果长约1.5cm,果核位于中部,上端近缺口处淡红色,翅绿色,果柄长1~2mm。**花果期:** 花期3~4月,果期4月。**分布:** 我国苏、浙、赣、川等地。

快速识别要点

　　落叶乔木。果缺口处淡红色,故名"红果榆"。叶倒卵形或长圆状卵形,缘有重锯齿,基部宽楔形,侧脉12~16对,叶柄极短。

	相似特征	不同特征	
大果榆	 叶形	 果近缺口处黄绿色	 托叶绿色
红果榆	 叶形	 果近缺口处淡红色	 托叶红色

榔榆 VS 脱皮榆

榔榆 *Ulmus parvifolia* Jacquin 榆属

树形

树皮

叶

形态: 落叶乔木, 高达 20m。**树皮:** 灰褐色, 幼树皮平滑, 老树皮不规则薄片剥落。**枝条:** 幼枝密被柔毛, 较细弱。**叶:** 厚纸质, 卵状椭圆形或倒卵形, 长 2~5cm, 宽 1~2cm; 先端渐尖, 基部圆或楔形, 稍偏斜, 具整齐单锯齿; 侧脉 8~15 对, 叶柄长 2~5mm, 被毛。**花:** 秋季开花, 花 2~6 朵簇生, 为短聚伞花序, 花被 4 深裂, 雄蕊 4, 花柄约 1mm。**果:** 翅果近圆或椭圆形, 长 1~1.4cm, 有凹陷, 果核位于翅果中部, 翅较果核窄。**花果期:** 花期 8~9 月, 果期 10~11 月。**分布:** 我国冀、晋、豫、苏、皖、浙、闽、台、赣、粤、桂、湘、鄂、陕、川、黔等地。

快速识别要点

落叶乔木。幼树皮平滑, 老树皮不规则薄片剥落; 叶卵状椭圆形, 似榆叶, 唯有秋季花果, 在榆属中是唯一的特征; 果似榆果, 比榆果大。

脱皮榆 *Ulmus lamellosa* C. Wang & S. L. Chang 榆属

树形

叶

果

树皮

形态: 落叶乔木, 高达 10m。**树皮:** 灰白色或灰色, 呈薄片状脱落, 内皮浅黄绿色, 后变灰白色, 后又裂脱, 表皮有黄色皮孔。**枝条:** 幼枝紫褐色, 有柔毛, 较细。**叶:** 单叶互生, 椭圆状倒卵形或椭圆形, 具侧脉 9~14 对; 叶先端短渐尖, 基部斜楔形, 缘有单锯齿; 叶面光滑有光泽, 叶柄较短, 紫红色。**花:** 由混合芽同时发枝或开花, 花数朵簇生叶腋。**果:** 翅果长椭圆形, 先端凹陷, 果核位于中央。**花果期:** 花期 3 月。果期 5 月。**分布:** 我国冀、晋、蒙、京等地。

快速识别要点

落叶乔木。树皮灰白色或灰色, 呈薄片状脱落, 内皮浅黄绿色, 后变灰白色, 后又裂脱, 故名"脱皮榆"。由混合芽同时发枝或开花。

	相似特征	不同特征		
榔榆	 叶形	 树皮小块状剥落	 叶较狭长	秋季结果
脱皮榆	 叶形	 树皮大块状剥落	 叶较宽短	春季结果

大叶榉 VS 光叶榉

大叶榉 *Zelkova schneideriana* Handel – Mazzetti 榉属

树形

小枝

树皮

叶

果

形态：落叶乔木，高达20m，树冠卵形。**树皮**：灰色，不裂，老皮薄鳞片状，剥落后仍呈光滑状。**枝条**：小枝红褐色，较细，密被柔毛。**叶**：单叶互生，卵状椭圆形，长2~8cm，宽1.5~3.5cm，先端长渐尖；基部偏斜或圆形；缘具桃形锯齿，较整齐，叶面粗糙，叶背有灰柔毛；叶柄长2~5mm。**果**：核果上部偏斜，径约4mm。**花果期**：花期3~4月，果期10~11月。**分布**：我国秦岭、淮河以南，长江流域各地，至华南、西南地区。

快速识别要点

　　落叶乔木。因叶片比榉树大，故名"大叶榉"。树皮灰色，不裂；小枝红褐色，较细；叶卵状椭圆形，基部偏斜或圆形，缘具桃形锯齿，较整齐，叶面粗糙。

光叶榉（榉树） *Zelkova serrata* (Thunb.) Makino 榉属

树形

叶

果

树皮

形态：落叶乔木，高达25m，树冠扁球形。**树皮**：灰色平滑。**枝条**：小枝紫褐色，密被柔毛，后脱。**叶**：单叶互生，质地较薄，椭圆状卵形或卵状披针形，长2~5cm，宽1~2.5cm，先端长渐尖，基部近心形或圆形；叶面光滑，亮绿色；叶缘具粗尖单锯齿，尖头向外斜张；侧脉8~15对，叶柄长1~8mm。**果**：核果上部偏斜，径3~4mm，有皱纹。**花果期**：花期4月，果期10月。**分布**：我国分布于甘、陕、鄂、湘、川、滇、黔、鲁、皖、苏等地。

快速识别要点

　　落叶乔木。树皮灰色平滑，小枝紫褐色；叶椭圆状卵形或卵状披针形；叶面光滑，亮绿色，故名"光叶榉"；叶缘具粗尖单锯齿，尖头向外斜张。

	相似特征		不同特征	
大叶榉	树皮	果形	叶卵状椭圆形，较宽短	叶先端渐尖，基部偏斜，侧脉多
光叶榉	树皮	果形	叶椭圆状卵形或卵状披针形，较狭长	叶先端长渐尖，基部稍偏斜，侧脉少

树皮

果

叶

叶脉

小叶朴 VS 青檀

小叶朴（黑弹树） *Celtis bungeana* Bl. 朴树属

树形

树皮　叶　果

形态：落叶乔木，高达20m，树冠卵圆形。**树皮：**灰褐色，薄片状剥落，较平滑，有时具木栓质瘤状突起。**枝条：**小枝绿褐色，无毛。**叶：**单叶互生，卵形、长卵形或卵状披针形，先端渐尖，基部斜圆形，长4~8cm，宽2~4.5cm；两侧无毛，中部以上有圆锯齿或一侧全缘；叶柄长约1cm。**花：**杂性同株，雄花簇生于新枝下部，两性花单生或2~3朵集生于新枝上部叶腋，花被4~5裂。**果：**核果单生，球形，紫黑色，径6~7mm，果柄长2cm以上，为叶柄长的2倍以上，果核面平滑，时具不明显网纹。**花果期：**花期4~5月，果期9~10月。**分布：**我国分布于华北、西北、西南、中南地区。

快速识别要点

　　落叶乔木。核果球形，似弹丸，紫黑色，故名"黑弹树"。果柄长为叶柄长的2倍以上；叶时有一侧全缘，叶基部斜圆形，叶中部以上有圆锯齿。

青檀 *Pteroceltis tatarinowii* Maximowicz 青檀属

树皮　叶　果

形态：落叶乔木，高达20m，胸径1.5m，树冠球形。**树皮：**浅灰色，长片状剥落，内皮淡灰青色。**枝条：**小枝绿色纤细，疏被柔毛。**叶：**单叶互生，卵形或椭圆状卵形，叶质薄，先端长渐尖或渐尖，基部圆，稍扁斜，叶背脉腋有簇毛；叶长2~8cm，宽1~3.5cm，3出脉，侧脉上弯，不直达齿端，叶柄长约1cm，缘具单锯齿。**花：**花单性，雌雄同株，雄花簇生，雌花单生于叶腋，花被4裂，花柄被毛。**果：**坚果具翅，较宽，近圆形，先端凹缺；果核近球形，位于中间，果柄长1.5~2cm，纤细。**花果期：**花期4月，果期7~8月。**分布：**我国北起辽南，南至粤、桂，西至陕、甘皆有分布。

快速识别要点

　　落叶乔木。树皮浅灰色，长片状剥落，内皮淡灰青色，故名"青檀"。雌花单生于叶腋；果具翅，生于叶腋。

	相似特征	不同特征		
小叶朴	 叶形	 树皮灰褐色，较平滑	 叶缘中部以上有圆锯齿或一侧全缘	 核果球形
青檀	 叶形	 树皮浅灰青色，平滑	 叶缘具锐尖单锯齿	 坚果具翅，扁圆形

大叶朴 vs 平榛

大叶朴 *Celtis koraiensis* Nakai　榆科

树形

树皮　　叶

果枝

形态：落叶乔木，高达 15m，树冠圆头形。**树皮：**灰色，浅纵裂。**枝条：**小枝褐色，无毛。**叶：**宽卵形或倒卵形，先端平截或圆形，有缺刻及尾状尖头，尖头具锯齿，基部圆形，稍扁斜，缘具内弯粗齿，叶长 8~12cm，宽 3~7cm，叶面无毛，叶背脉腋有簇生毛，叶柄长 1~2cm，基部三出脉。**花：**杂性同株，雄花簇生于新枝下部，两性花单生或 2~3 朵集生新枝上部叶腋，花被 4~5 裂。**果：**核果近球形，橙色，径 1~1.2cm，单生或 2~3 生于叶腋，果柄较粗，长于叶柄。**花果期：**花期 4~5 月，果期 9~10月。**分布：**我国华北及辽、陕、甘、皖等地。

快速识别要点

　　落叶乔木。树皮灰色，浅纵裂；叶宽卵形或倒卵形，先端平截或圆形，有缺刻及尾状尖头，叶基斜圆形，三出脉；核果近球形，径 1~1.2cm。

	相似特征	不同特征		
大叶朴	叶 叶形	树皮 树皮灰色，浅纵裂	叶 叶先端有缺刻及尾状尖头，基出 3 主脉	果 核果椭球形
平榛	叶形	树皮浅灰色，粗糙	叶先端骤尖，羽状侧脉	坚果近球形具果苞

榛子 vs 平榛

榛子　*Corylus heterophylla* Fisch.　榛属

树形

叶枝

叶

雄花序

形态: 落叶灌木或小乔木,高7m。**树皮:** 褐灰色,较平滑。**枝条:** 小枝有毛,芽卵形。**叶:** 单叶互生,倒卵状圆形或宽卵形,长4.5~10cm,先端平截,截面大,具骤尖及缺刻状粗齿;基部心形,叶脉凹下,叶缘具不规则重齿;叶柄长0.8~2cm。**花:** 雄花序腋生,圆柱形,3~6条呈总状,雌花1~6朵簇生枝端。**果:** 多3(1~4)枚簇生,上部露出果苞,总苞钟状。**花果期:** 花期4~5月,果期9月。**分布:** 我国东北、华北、西北地区。

快速识别要点

落叶灌木或小乔木。树皮褐灰色,较平滑;叶倒卵状圆形或宽卵形,先端平截,截面大,具骤尖及缺刻状粗齿,基部心形;雄花序圆柱形。

平榛　*Corylus heterophylla* Fisch. ex Trantv.　榛属

树形

树皮

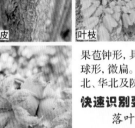
叶枝

果

形态: 落叶灌木,高达3m。**树皮:** 灰色,具纵裂。**枝条:** 小枝被毛,绿褐色。**叶:** 单叶互生,矩圆形或倒卵形,长5~12cm,先端平截,骤尖,基部圆稍偏斜;叶面无毛,叶背面脉腋有毛;叶脉羽状凹下;侧脉5~7对;叶缘有不规则重齿或缺刻;叶柄长1~2.5cm,被细绒毛。**花:** 雄花序圆柱形腋生,2~7成总状下垂,苞片先端尖;雌花无梗,生于枝顶苞片腋部;花被小,有齿裂或缺刻。**果:** 常3枚聚生或单生,果苞钟形,具纵纹,密被细毛,边缘浅裂;果柄长1~2cm,坚果近球形,微扁。**花果期:** 花期4~5月,果期9月。**分布:** 我国分布于东北、华北及陕、甘、宁等地。

快速识别要点

落叶灌木。树皮灰色,具纵裂;叶卵形或倒卵形,先端平截或微凹,具骤尖,基部斜圆形,羽状侧脉,缘有重齿;果苞钟形,果近球形,微扁。

相似特征	不同特征		
榛子	 叶	 叶	 叶基

榛子

叶形

叶较短先端平截,截面大

叶基部心形

雄花序圆柱形,较长大

平榛

叶形

叶较长先端平截,截面较小

叶基部斜圆形

雄花序圆柱形,较瘦小

桑树 vs 九曲桑

桑树（家桑）　*Morus alba* L.　桑属

树形

树皮

花

形态：落叶乔木，高达15m，胸径60cm，树冠广卵形。**树皮：**黄褐色，较厚，有浅裂纹。**枝条：**小枝褐黄色，被毛，嫩枝含乳汁。**叶：**单叶互生卵形，长5~10（15）cm，宽5~10cm；缘有粗钝锯齿，先端尖，基部圆或浅心形，稍偏斜，时有幼叶分裂。叶正面平滑有光泽，叶背面脉腋簇生毛，叶柄长1.8~2.5cm。**花：**花单性异株，雄花序长1.8~3.5cm，被细毛，花被片宽椭圆形；雌花序被毛，雌花无柄，无花柱，花被片倒卵形。**果：**聚花果筒形，长1.5~2.5cm，熟果红或暗紫色，稀白色。**花果期：**花期4月，果期5~7月。**分布：**我国东北、华北、西北及西南、中南地区。

果

快速识别要点

　　落叶乔木。树皮黄褐色，有浅裂纹；叶卵形，缘有粗钝锯齿，叶基稍偏斜，圆形或浅心形；聚花果（桑葚）筒形，红或暗紫色，稀有白色。

九曲桑（龙桑）　*Morus alba* 'Tortuosa'　桑属

树形

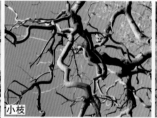
小枝

果

树皮

形态：落叶小乔木，高达8m。**树皮：**灰黄色，浅裂纹。**枝条：**枝条扭曲向上，呈多曲弯，形如龙游。**叶：**广卵形，较大，长10~20cm，缘有粗齿，不分裂；先端尖，基部心形，叶柄长2~3cm。**花：**雌雄异株，雌雄花均为柔荑花序。**果：**聚花果长卵形至圆柱形，熟果紫黑色或红色。**花果期：**花期4~5月，果期5~6月。**分布：**我国华北、华东、西北地区。

快速识别要点

　　落叶小乔木。枝条扭曲向上，呈多曲弯，形如龙游故名"九曲桑"。叶大，广卵形，缘有粗齿，基部心形不分裂；雌雄花均为柔荑花序。

	相似特征	不同特征		
桑树	 叶形	 枝不弯曲	 叶长卵形，较小	 果形较粗短，鲜红色
九曲桑	 叶形	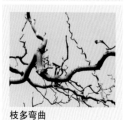 枝多弯曲	 叶广卵形，较大	 果形较细长，紫红色

鸡桑 VS 小构树

鸡桑 *Morus australis* Poir. 桑属

树形

叶

果

树皮

形态: 落叶小乔木或灌木,高达 8m。**树皮:** 黄褐色,浅裂纹。**枝条:** 较粗短。**叶:** 单叶互生,卵圆形或卵状椭圆形,长 5~13cm,宽 4~10cm,缘具粗齿,不裂或 3~5 裂;先端渐尖,基部近心形或楔形;叶正面粗糙,具短毛,叶背沿脉被毛;叶柄长约 1.5cm,被毛,具披针形托叶。**花:** 雄花序柔荑状,长 2~2.5cm;雌花序椭球形,密被毛,花柱明显,长约 4mm;柱头二裂。**果:** 聚花果椭圆形,长约 1.5cm,红色、暗紫色或白色。**花果期:** 花期 4 月,果期 5~6 月。**分布:** 我国分布于冀、鲁、豫、陕、甘、皖、赣、浙、闽、台、粤、桂、滇、川等地。

快速识别要点

落叶小乔木或灌木。叶卵圆形或卵状椭圆形,缘具粗齿,不裂或 3~5 裂,叶面粗糙被毛;聚花果椭圆形,红色、暗紫色或白色。

小构树 *Broussonetia kazinoki* 构树属

树形

树皮

果

叶

形态: 落叶灌木,高达 4m。**树皮:** 褐色与白色相间,平滑。**枝条:** 幼枝绿色,有毛,小枝褐色,细长。**叶:** 斜卵形或卵形,3 深裂或 3 深 2 浅裂,稀不裂;叶长 5~10cm,先端渐尖至尾尖,基部斜圆或浅心形;具三角状锯齿,叶面粗糙,叶背无毛,叶柄长约 1cm。**花:** 雌雄同株,雄花序柔荑状下垂,长约 3cm;雌花序头状,有宿存苞片,被毛;花被管状,子房具柄,柱头侧生。**果:** 聚花果球形,肉质,径约 1cm,熟时鲜红色;核果扁球形,较小,有瘤点。**花果期:** 花期 4~5 月,果期 7~9 月。**分布:** 我国分布于华中、华南等地。

快速识别要点

落叶灌木。裂叶、红果为主要特征;叶斜卵形或卵形,多 3 深裂或 3 深 2 浅裂,稀不裂,缘具三角状锯齿;聚花果球形,肉质,熟时鲜红色。

	相似特征	不同特征		
	叶	树皮	叶	果
鸡桑	 叶形	 树皮淡黄褐色,具浅裂纹	 叶基部不偏斜	 聚花果椭圆形,红色
小构树	 叶形	 树皮褐色与白色相间,平滑	 叶基部稍偏斜	 聚花果球形,橙红色

构树 VS 柘树

构树 *Broussonetia papyrifera* (Linn.) L' Hér. ex Vent 构树属

树形

花

叶

树皮

雌花

雄花

形态: 落叶乔木, 高达 20m, 胸径 60cm, 树冠倒阔卵形。**树皮:** 浅灰色, 浅纵裂, 裂脊宽平。**枝条:** 幼枝密生丝状刚毛。**叶:** 单叶互生, 稀对生, 宽卵形或长椭圆状卵形, 长 6~18cm, 宽 5~9cm, 先端渐尖, 基偏斜, 心形, 缘有粗齿, 时有不规则 3~5 深裂, 叶正面粗糙被硬毛, 叶背被柔毛, 侧脉 7~8 对, 叶柄长 3~8cm。**花:** 单性异株, 雄花为柔荑花序, 长 6~8cm; 雌花为头状花序, 径 1.2~2cm。**果:** 聚花果球形, 径 2~3cm, 橘红色, 小核果扁球形, 表面被小瘤。**花果期:** 花期 4~5 月, 果期 8~9 月。**分布:** 我国长江流域及西南地区。

快速识别要点

　　落叶乔木。树皮浅灰色, 浅纵裂, 裂脊宽, 平滑; 幼枝密生刚毛; 单叶互生, 宽卵形, 缘有粗齿, 时有不规则 3~5 深裂; 雄花为柔荑花序, 雌花为头状花序, 聚花果球形, 橘红色。

柘树 *cudrania tricuspidata* Bur. ex Lavallee 柘树属

树形

果枝

树皮

叶

形态: 落叶小乔木或灌木, 高达 10m, 树冠卵圆形。**树皮:** 灰褐色, 薄片状剥落。**枝条:** 小枝无毛, 有刺, 枝刺长 0.5~2cm。**叶:** 单叶互生, 卵圆形或卵状披针形, 长 5~11cm, 宽 2~6cm, 全缘, 时有 3 浅裂, 先端渐尖, 基部楔形; 叶背灰绿色, 侧脉 4~6 对, 叶柄长 1~2cm, 被毛。**花:** 单性异株, 花序具短柄, 单生或成对腋生, 集成球形头状花序; 雄花序径约 5mm, 雌花序径 1~1.5cm。**果:** 聚花果球形, 径 2~2.5cm, 肉质, 熟时红色, 表面具稍平的瘤突。**花果期:** 花期 5~6 月, 果期 9~10 月。**分布:** 我国长城以南至华东、中南、西南各地区。

快速识别要点

　　落叶小乔木或灌木。树皮褐色, 纵裂, 长条状剥落; 小枝无毛, 有刺; 叶卵状披针形, 全缘, 时有 3 浅裂, 头状花序; 雄花序小, 雌花序大, 聚花果球形, 红色, 表面具稍平的瘤突。

相似特征	不同特征			
构树				
果形	树皮浅灰色, 裂脊较平	雌花序　雄花序	叶广卵形, 时有不规则龟裂, 缘有粗齿	小枝无枝刺
柘树				
果形	树皮红褐色, 长条状裂	花序	叶卵形至倒卵形全缘, 时有 3 浅裂	小枝具枝刺

柘树 VS 四照花 *

	相似特征	不同特征		

柘树

- 果形
- 树皮灰褐色条状剥裂
- 叶互生, 卵圆形或卵状披针形
- 果序具短柄

四照花

- 果形
- 树皮灰色平滑
- 叶对生, 卵形或卵状椭圆形
- 果序具长柄

四照花

* 四照花形态特征见于第 181 页。

无花果 VS 牛叠肚

无花果 *Ficus carica* 榕属

树形

叶

果

树皮

形态: 落叶乔木, 高达 12m, 或呈灌木状。**树皮:** 灰褐色, 皮孔明显, 具浅裂纹。**枝条:** 小枝粗壮, 较直立。**叶:** 广卵形, 长 10~20cm; 3~5 (~7) 掌状裂, 裂片卵形, 具不规则粗齿或边缘呈波状, 基部浅心形或平截; 基出脉 3~5, 叶柄较粗, 长 2~5cm。**花果:** 隐花果梨形, 径 4~6cm, 紫红或紫黄色。**花果期:** 果期 8~9 月。**分布:** 原产地中海沿岸。我国华北南部及华中地区有栽培。

快速识别要点

落叶乔木。为隐形花故名"无花果"。果梨形, 紫红色或紫黄色; 叶广卵形, 3~5 (~7) 掌状裂, 裂片卵形, 具不规则粗齿或边缘呈波状。

牛叠肚 (山楂叶悬钩子) *Rubus crataegifolius* Bge. 悬钩子属

树形

花序

叶枝

花蕾

形态: 落叶灌木, 高达 3m。**树皮:** 灰褐色, 有鳞状裂纹。**枝条:** 小枝红褐色, 具棱, 有皮刺, 幼枝绿色。**叶:** 单叶互生, 宽卵圆形, 长 6~11cm; 3~5 掌状裂, 先端渐尖, 基部心形或截形, 花枝叶多 3 裂。叶缘具不规则粗锯齿, 叶背沿脉有毛, 叶柄长 3~5cm, 叶中脉及叶柄散生小钩刺。**花:** 短伞房花序, 花 2~6 朵簇生, 花白色, 径约 1.5cm, 花瓣椭圆形, 花梗长约 1cm, 萼片卵形, 反曲。**果:** 聚合果近球形, 红色, 径 0.8~1cm。**花果期:** 花期 6~7 月, 果期 8~9 月。**分布:** 我国分布于东北、华北地区。

快速识别要点

落叶灌木。棱枝、裂叶、白花、红果为主要特征; 小枝红褐色, 具棱, 有皮刺; 叶 3~5 掌状裂; 花白色, 径约 1.5cm; 聚合果近球形, 红色。

	相似特征	不同特征		
无花果	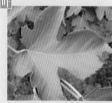 叶形	 叶 3~5 裂, 时有 7 裂叶	 枝叶较稀疏	 叶柄无钩刺
牛叠肚	 叶形	 叶多 5 裂	 枝叶较密集	 叶柄有钩刺

菜豆树 VS 垂枝榕

菜豆树（幸福树）　*Radermachera sinica* (Hance) Hemsl.　菜豆树属

树形

叶枝

叶

树皮

形态：落叶乔木，高达 12m。**树皮：**浅灰色，深纵裂。**枝：**小枝细长，稍下垂。**叶：**2~3 回奇数羽状复叶对生，长约 30m；小叶卵形或椭圆状披针形，长 3~7cm，全缘，先端长渐尖或尾尖，基部宽楔形，两面无毛；叶柄长约 1cm，侧脉 6~8 对；叶面波状。**花：**聚散圆锥花序顶生，长约 30cm；花冠钟形，漏斗状 5 裂，长 6~8cm，黄白色；二强雄蕊，退化雄蕊丝状；花瓣圆形。萼片卵状披针形，长约 1.2cm。**果：**蒴果细长，达 85cm，径 1cm，多沟纹，略弯曲。**花果期：**花期 5~9 月，果期 10~12 月。**分布：**我国台、滇、桂、粤、琼、黔等地。

快速识别要点

落叶乔木。蒴果细长如菜豆，故名菜豆树，2~3 回奇数羽状复叶对生，小叶卵形或椭圆状披针形，全缘，聚伞圆锥花序顶生，花冠钟形漏斗状 5 裂。

垂枝榕　*Ficus benjamina* Linn.　榕属

树形

果

叶枝

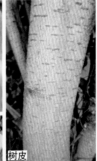
树皮

形态：乔木，高达 20m；多无气生根。**树皮：**灰色，平滑。**枝：**小枝下垂。**叶：**叶卵状椭圆形，长约 10cm，宽 2~4cm，先端尾尖，基部圆或宽楔形，全缘；革质而光亮，侧脉平行达叶缘，多而细，无毛；叶柄长约 1.5cm。**花：**雌雄同株，花间有苞片；雄花极少，雌花小。**果：**隐花果近球形，成对腋生或单生，鲜红色，径约 1cm，无柄。**花果期：**花期 8~11 月。**分布：**我国分布于粤、琼、黔、桂、滇等地。

快速识别要点

乔木。小枝下垂，故名"垂枝榕"，叶卵状椭圆形，先端尾尖，基部圆或宽楔形，全缘，革质而光亮，侧脉平行达叶缘，多而细。

相似特征	不同特征		
菜豆树			
 叶形	 树皮浅灰色，纵裂	 叶先端长渐尖	 2~3 回奇数羽状复叶
垂枝榕			
 叶形	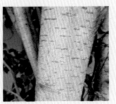 树皮灰绿色，平滑	 叶先端尾尖，较长	 单叶互生

花叶榕 VS 花叶鹅掌柴

花叶榕 *Ficus benjamina* 'Variegata' 榕属

树形

树皮

叶

叶枝

形态: 常绿灌木或小乔木,高达 3m。**树皮:** 灰褐色,有气生根。**枝条:** 小枝较细,弯垂状,绿色。**叶:** 单叶互生椭圆形,长 6~12cm;先端渐尖,基部楔形,全缘,叶柄长 1~1.5cm;叶缘、叶面具浅黄色斑纹,绿与黄白相间,占全叶的 1/4~3/4 不等。**分布:** 我国华南地区。

快速识别要点

常绿灌木或小乔木。小枝较细,弯曲状;单叶互生,椭圆形,先端渐尖,基部楔形,全缘,叶缘、叶面具浅黄色斑纹,占叶面积大小不等。

花叶鹅掌柴 *Schefflera odorata* 'Variegata' 鹅掌柴属

树形

叶序

叶

小叶

形态: 乔木或呈灌木状。**枝条:** 较粗,幼枝被星状毛,后脱落。**叶:** 掌状复叶互生,小叶 6~9(10);长椭圆形或倒卵状椭圆形,长 8~15cm;全缘,先端尖或圆钝,基部楔形,侧脉 7~8 对;叶柄长 15~25cm,小叶柄长 1~2.5cm;叶面具不规则黄色斑纹,占全叶面积大小不等。**分布:** 我国华南及滇南。

快速识别要点

乔木或呈灌木状。小枝较粗;掌状复叶互生,小叶 6~9(~10),长椭圆形或倒卵状椭圆形,先端尖或圆钝,基部楔形;叶面具不规则黄色斑纹,占全叶面积大小不等。

	相似特征	不同特征		
花叶榕	 花叶	 小枝较细,弯垂状	 单叶互生,先端渐尖,叶面具浅黄色斑纹	 树皮灰褐色,平滑,有气生根
花叶鹅掌柴	 花叶	 小枝较粗,不下垂	 掌状复叶互生,先端尖或圆钝,叶面具不规则黄色斑纹	 树皮褐灰色,平滑,无气生根

核桃 VS 核桃楸

核桃 *Juglans regia* L. 胡桃属

树形

叶

雄花序

果

树皮

形态：落叶乔木，高达 25m，树冠广卵形至扁球形。**树皮**：灰色，幼树不裂，老树深纵裂。**枝条**：小枝粗壮近无毛。**叶**：羽状复叶互生，小叶 5~9，椭圆状卵形，长 5~15cm；侧脉 11~15 对；先端微尖，全缘，幼树及萌枝叶有锯齿，叶背脉腋具毛。**花**：雄花柔荑花序，长 13~15cm，下垂；雌花穗状花序 1~3 集生枝顶，雌花总苞被白色腺毛；柱头面淡黄绿色。**果**：果球形，成对或单生，果核径 3~3.7cm，基部平，有两条纵钝棱及浅刻纹。**花果期**：花期 4~5 月，果期 9~10 月。**分布**：我国分布北起辽南、冀、晋，西至甘、陕、青、新、川、藏，南至闽、粤、桂；东至鲁、苏等地。

快速识别要点

落叶乔木。小枝粗壮近无毛；羽状复叶，小叶较长，全缘；雄花序柔荑状下垂，雌花序穗状 1~3 集生枝顶，柱头面淡黄绿色。果球形，成对或单生，径 3~3.7cm，有两条纵钝棱及浅刻纹。

核桃楸 *Juglans mandshurica* Maxim. 胡桃属

树形

树皮

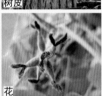

花

果

叶

形态：落叶乔木，高达 25m，胸径 80cm，树冠广卵形，干通直。**树皮**：灰色或暗灰色，纵裂。**枝条**：小枝粗壮，幼时密被毛，顶芽大，被黄褐色毛。**叶**：奇数羽状复叶，小叶 9~18，长椭圆形，长 6~18cm，缘有细齿；幼叶面被毛，叶背有星状毛。**花**：雄花为柔荑花序，长 10~20cm；雌花穗状花序，长 3~6cm；花序轴密被柔毛，具花 5~10；总苞被腺毛，柱头面暗红色。**果**：核果卵形至近球形，先端尖，被褐色腺毛，果核长卵或长椭圆形，长 3~5cm；先端锐尖，基部窄圆，有 8 条纵脊，多 4~6 个成集生，呈短总状果序。**花果期**：花期 5 月，果期 9 月。**分布**：我国分布于东北、华北地区。

快速识别要点

落叶乔木。小枝密被毛；羽状复叶，小叶狭长，长椭圆形，缘有细齿；雄花为柔荑花序，较核桃为长，雌花穗状花序，柱头面暗红色。果卵形 4~6 个集生，长 3~5cm，有 8 条纵脊。

相似特征	不同特征		
花序	**叶**	**雌花序**	**果**

核桃

雄花序

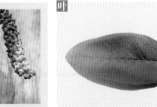

叶椭圆状卵形，全缘

雌花序翅淡黄绿色

果圆形，单生或对生

核桃楸

雄花序

叶长椭圆形，缘有细齿

雌花序翅暗红色

果卵形，4~6 个集生

黑核桃 VS 薄壳山核桃

黑核桃 *Juglans nigra* L. 胡桃属

树皮

雄花序

果

形态：落叶乔木，高达25m，树冠圆形或圆柱形。**树皮**：灰褐色，浅纵裂。**枝条**：幼枝灰绿色，被毛。**叶**：奇数羽状复叶互生，无托叶；小叶15~23，对生无柄，卵形至卵状长椭圆形，长8~15cm，具细齿，先端渐尖，基部圆偏斜，被毛。**花**：雄花序柔荑状，长8~25cm，雌花序穗状，长5~13cm，具花2~5。**果**：核果圆球形，绿色，果面有小突起被茸毛。**花果期**：花期4~5月，果期9~10月。**分布**：我国晋、豫、陕、鄂、黔、滇等地。

快速识别要点

落叶乔木。树皮灰褐色，浅纵裂；小叶15~23，对生无柄，卵形至卵状长椭圆形，基偏斜；雄花柔荑花序较长；果圆球形，果面有小突起。

薄壳山核桃（美国山核桃）*Carya illinoensis* (Wangenh.) K. Koch 山核桃属

树皮

雄花序

果

形态：落叶乔木，高达55m，胸径2.5m，树冠卵圆形。**树皮**：灰褐色，深纵裂。**枝条**：幼枝具淡灰色簇毛。**叶**：奇数羽状复叶互生；小叶11~17，卵状披针形，长5~18cm，宽2~4cm，先端长渐尖；基部一边圆，一边窄楔形，呈镰状弯曲，具齿；叶柄短，叶轴被簇毛。**花**：雌雄同株，雄花柔荑花序3个簇生；雄花无花被，具1个大苞片，2个小苞片；雄蕊3~5，雌花3~10集生枝顶或成短穗状，无花被。**果**：核果3~10集生，椭圆形，长4~6cm，具4纵脊，黄绿色。果核长圆形，长3.5~4.5cm，平滑，淡褐色；壳较薄，种仁大。**花果期**：花期4~5月，果期10~11月。**分布**：原产北美洲，我国北起北京，南至海南岛均有栽培，以长江中下游地区较多。

快速识别要点

落叶乔木。弯叶、棱果、柔荑花为三大特征。小叶弯镰状，卵状披针形，果椭圆形；具4棱脊；雄花序为柔荑花，密集。

	相似特征	不同特征		
	羽叶	树皮	叶	果
黑核桃	 羽叶	 树皮褐灰色，裂隙大	 小叶15~23，卵形或卵状长椭圆形	 果球形，绿色无脊
薄壳山核桃	 羽叶	 树皮灰褐色，裂隙小	 小叶11~17，卵状披针形	 果椭圆形，具4纵脊

薄壳山核桃 VS 川黄柏 *

	相似特征	不同特征		
	羽叶	树皮	叶	花序
薄壳山核桃	羽叶	树皮灰褐色，深纵裂	小叶基偏斜	雄花序柔荑状，雌花序穗状
川黄柏	羽叶	树皮暗灰棕色，浅纵裂	小叶基稍偏斜	聚伞花序排列成圆锥形

黑核桃 VS 漆树 **

	相似特征	不同特征		
	叶	叶	花序	果
黑核桃	叶形	叶缘有细锯齿	雄花柔荑花序下垂	核果圆球形，大，径约3.5cm
漆树	叶形	叶全缘	圆锥花序腋生	核果卵圆形，小，径约8mm

薄壳山核桃　　　　川黄柏　　　　黑核桃　　　　漆树

---

* 川黄柏形态特征见于第 235 页。
** 漆树形态特征见于第 226 页。

青钱柳 VS 金钱槭

青钱柳 *Cyclocarya paliurus* (Batal.) Iljinsk. 青钱柳属

树形

树皮

叶

形态: 落叶乔木,高达 30m,胸径 80cm,树冠宽卵形。**树皮:** 幼树皮灰色平滑,老皮灰褐色,直纵裂。**枝条:** 幼枝密被褐色毛,后渐脱落,枝髓片状。**叶:** 奇数羽状复叶互生,小叶 7~9,椭圆形或长椭圆状披针形,长 3~14cm;先端渐尖,基部圆或宽楔形,缘有细齿,小叶柄短,两面有毛,叶轴无翅。**花:** 单性同株,柔荑花序下垂;雄花序 2~4,长 7~17cm,集生去年枝叶腋;雌花序长 21~26cm,单生当年枝顶,具花 7~10,花梗长约 1mm,柱头淡绿色。**果:** 坚果具翅,圆盘状,径 2.5~3cm,黄绿色,顶端具宿存花柱及花被片;果序长 25~30cm。**花果期:** 花期 5~6 月,果期 8~9 月。**分布:** 我国皖、苏、浙、赣、闽、台、粤、桂、陕、湘、鄂、川、滇、黔等地。

快速识别要点

　　落叶乔木。幼枝被毛,髓片状;羽叶;小叶长椭圆状披针形,具细齿;坚果具翅,圆盘状,径 2.5~3cm,顶端具宿存花柱及花被片;果序长 25~30cm。

金钱槭(双轮果) *Dipteronia sinensis* Oliv. 金钱槭属

树形

树皮

果

叶

形态: 落叶乔木,高达 15m,树冠较松散。**树皮:** 褐色,平滑。**枝条:** 小枝细瘦,冬芽裸露。**叶:** 奇数羽状复叶对生,小叶 7~11,长卵形至矩圆状披针形,长 7~10cm;缘有疏钝锯齿,先端渐尖,基部圆;顶生小叶柄,长 1~2cm;侧生小叶近无柄。**花:** 圆锥花序顶生或腋生,长 15~30cm;花梗长 3~5cm;花白色,萼片卵形或椭圆形;花瓣宽卵形,花杂性。**果:** 双翅果,果翅分别在两果核周围;翅果近圆形或侧卵形,嫩时红色,成熟后黄色;翅长 2~2.6cm,宽 1.7~2.3cm;种子圆盘形,径 5~7mm。**花果期:** 花期 4~5 月,果期 8~9 月。**分布:** 我国豫、陕、甘、鄂、湘、川、黔等地。

快速识别要点

　　落叶乔木。枝细瘦;奇数羽状复叶对生,小叶长卵形至矩圆状披针形,具钝齿;双翅果,稀单果,圆盘状,长略大于宽,嫩果红色渐变黄。

相似特征	不同特征		
青钱柳  果 果形	 树皮 树皮灰褐色,纵裂较直	 叶 叶矩圆状椭圆形	 果 坚果具翅,圆盘状
金钱槭  果 果形	 树皮褐色平滑	 叶长卵状披针形	 双翅果

麻栎 VS 栓皮栎

麻栎（青刚、柞树） *Quercus acutissima* Carruth. 栎属

果

叶

雄花序

形态: 落叶乔木, 高达 30m, 胸径 1m, 树冠广卵形。**树皮:** 干皮交错, 深纵裂。**枝条:** 幼枝被黄色柔毛, 渐脱落。**叶:** 螺旋状互生, 长圆状披针形, 长 8~19cm, 宽 3~6cm; 先端渐尖, 基部圆或楔形; 羽状侧脉直达齿端成刺芒状, 侧脉 13~18 对, 叶柄长 1~3cm。**花:** 雄花柔荑花序下垂, 长 6~11cm; 花被多 5 裂, 雄蕊 4, 雌花序穗状, 直立; 雌花单生总苞内。**果:** 幼果头状, 具刺, 后开口为壳斗, 壳斗杯状, 包果 1/2, 小包片钻形, 反曲; 果卵形, 径 1.8cm, 顶端圆。**花果期:** 花期 4~5 月, 果期翌年 9~10 月。**分布:** 我国自辽南至华南地区, 黄河流域及长江流域分布较多。

快速识别要点

落叶乔木。叶螺旋状互生, 具芒状齿; 雄花柔荑花序下垂; 幼果头状, 具刺, 后开口为壳斗, 壳斗杯状, 包果 1/2。

栓皮栎 *Quercus variabilis* Bl. 栎属

树形

果

树皮

形态: 落叶乔木, 高达 30m, 胸径 1m。**树皮:** 灰褐色, 纵裂, 木栓层发达, 内皮软。**枝条:** 小枝灰棕色, 无毛。**叶:** 长椭圆形或长椭圆状披针形, 长 8~15cm, 具芒状尖齿, 先端渐尖, 基部宽楔形或圆; 叶背面被灰白色星状毛, 侧脉直达齿端, 13~18 对, 叶柄长 1~5cm。**花:** 雌雄同株, 雄花为柔荑花序, 簇生, 下垂; 雌花为穗状花序, 直立; 雌花单生总苞内, 花被 5~6 裂, 生于新枝叶腋。**果:** 壳斗杯状, 包果 2/3, 鳞片钻形, 反曲, 硬质, 坚果球形, 顶端平圆, 径约 1.5cm。**花果期:** 花期 4~5 月, 果期翌年 8~9 月。**分布:** 我国分布于华北、华东、中南、西南广大地区。

快速识别要点

落叶乔木。树皮木栓层发达, 内皮软, 故名"栓皮栎"。带芒状尖齿的长叶也具特色; 当年花, 翌年果, 壳斗杯状, 包果 2/3。

	相似特征		不同特征		
麻栎	叶 叶形	果 果形	树皮 树皮木栓层不发达	叶 叶背面无毛	果 坚果顶端较凸尖, 头大
栓皮栎	叶形	果形	树皮木栓层发达	叶背面具星状毛	坚果顶端平圆尖, 头小

板栗 VS 麻栎

板栗（栗子、魁栗） *Castanea mollissima* Bl. 栗属

树形

叶枝

形态：落叶乔木，高达 20m，胸径 1m，树冠扁球形。**树皮：**深灰色，不规则深纵裂。**枝条：**枝开展，小枝粗壮，有毛，无顶芽，有灰色绒毛。**叶：**二列状互生，矩圆状椭圆形或长椭圆状披针形，长 9~18cm，先端渐尖，基部圆或宽楔，缘有芒状齿；叶背有毛，侧脉 10~18 对，叶柄长 1~2cm。**花：**雄花柔荑花序，直立，长 9~18cm，多生于枝上部；雌花序多生于雄花序下部，2~3 朵生于多刺的壳斗状总苞内，连刺径为 6cm 左右。**果：**坚果 2~3 生于一苞内，径 2cm，暗褐色。**花果期：**花期 5~6 月，果期 9~10 月。**分布：**我国华北地区至长江流域分布较集中。

叶

果

树皮

快速识别要点

　　落叶乔木。树冠扁球形；枝开展，小枝粗壮，无顶芽；叶矩圆状椭圆形，具芒状齿；雄花柔荑花序，直立；坚果 2~3 聚生于具有刺束的壳斗中。

	相似特征	不同特征		
板栗	 叶 叶形	 叶 叶二列状互生，缘有刺芒状齿，叶背有灰白色星状毛	 花序 花序直立，雄花生于上部，雌花 1~3 朵生于基部总苞内	 果 壳斗球形，密被长针刺，直径 6~9cm，内含 1~3 坚果
麻栎	 叶 叶形	 叶 叶螺旋状互生，缘有刺芒状齿	 花序 雄花柔荑花序下垂，雌花穗状花序直立，雌花单生总苞内	 果 壳斗杯状，包围坚果 1/2，苞片钻形反曲

蒙古栎 VS 辽东栎

蒙古栎 *Quercus mongolica* Fisch. ex Ledeb.　栎属

树形

雄花序

果

叶

形态: 落叶乔木, 高达 30m。**树皮:** 灰色, 纵裂。**枝条:** 小枝粗壮, 无毛, 有棱。**叶:** 多集生枝顶, 倒卵形或倒卵状长椭圆形, 长 8~19cm, 先端短钝或短突尖, 基部窄圆或耳形, 缘具 7~10 对深波状缺刻, 侧脉 7~11 对; 叶背脉有毛, 叶柄长 2~5mm。**花:** 雌雄同株, 雄花柔荑花序, 簇生下垂, 长约 7cm, 花被杯状, 4~7 裂; 雌花穗状花序, 直立, 长约 1cm, 有花 4~5, 其中 1~2 朵结实。**果:** 壳斗杯状, 包果 1/3, 总苞厚, 苞片背面有瘤状突起, 有时瘤突不显; 坚果长卵形, 径约 1.5cm, 长 2~2.3cm。**花果期:** 花期 5~6 月, 果期 9~10 月。**分布:** 我国东北及蒙、冀、晋、鲁等地。

快速识别要点

落叶乔木。叶多集生枝顶, 倒卵形或倒卵状长椭圆形, 先端短钝或短突尖, 基部窄圆、耳形, 缘具 7~10 对深波状缺刻; 壳斗杯状, 包果 1/3, 苞片背面有瘤状突起。

辽东栎 *Quercus wutaishanica* Mayr　栎属

树形

叶

树皮

果

形态: 落叶乔木, 高达 15m。**树皮:** 灰褐色, 纵裂。**枝条:** 小枝绿色, 无毛。**叶:** 倒卵形至倒卵状长椭圆形, 长 5~16cm, 先端圆钝或短突尖, 基部狭或耳形, 缘具 5~7 对波状大圆齿, 侧脉 5~8 对; 叶背无毛, 叶柄长 2~5mm, 无毛。**花:** 雌雄同株, 雄花柔荑花序, 长约 5~7cm, 下垂; 雌花序穗状, 长约 0.5~2cm, 直立。**果:** 壳斗浅杯形, 包果 1/3, 总苞鳞状, 苞片背面无瘤状突起; 坚果卵形, 径约 1~1.2cm, 长 1.5cm。**花果期:** 花期 5 月, 果期 9~10 月。**分布:** 我国东北地区及蒙、冀、晋、鲁、陕、青、甘、宁、川等地。

快速识别要点

落叶乔木。叶倒卵形至倒卵状长椭圆形, 基部狭、耳形, 缘具 5~7 对波状大圆齿, 侧脉 5~8 对; 壳斗浅杯形, 包果 1/3。

	相似特征	不同特征		
蒙古栎	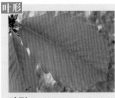 叶形 叶形	 叶 叶基部稍宽, 叶缘具 7~10 对缺刻, 侧脉 7~11 对	 果 壳斗包果 1/3, 苞片背面有瘤状突起	 树皮 树皮灰色浅纵裂
辽东栎	 叶形 叶形	 叶基部稍窄, 叶缘具 5~7 对大圆齿, 侧脉 5~8 对	 壳斗包果 1/3, 苞片背面无瘤状突起	 树皮灰褐色深纵裂

槲栎 VS 锐齿槲栎

槲栎 *Quercus aliena* Bl. 栎属

树形

叶

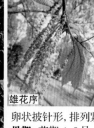

雄花序

果

形态: 落叶乔木,高达 20m。**树皮:** 褐灰色,纵裂。**枝条:** 小枝粗,无毛,有圆形淡褐色皮孔。**叶:** 长椭圆状倒卵形或倒卵形,长 10~25cm,缘具波状大圆齿,先端短渐尖或微钝,基部圆或窄楔形;叶面有光泽,叶背灰绿色,有毛,侧脉 10~15 对,叶柄长 1~3cm。**花:** 雌雄同株,雄花为柔荑花序,簇生,长约 10cm;雌花序长约 5cm。**果:** 壳斗杯状,包果约 1/2;小苞片卵状披针形,排列紧密,被毛;果椭圆状卵形,长 2~2.5cm。**花果期:** 花期 4~5 月,果期 10 月。**分布:** 我国陕、豫、皖、鄂、湘、桂、闽、浙、苏、赣、川、黔、滇等地。

快速识别要点

落叶乔木。倒卵形叶较大,缘具波状大圆齿,端钝,基楔,叶面有光泽,叶背有毛;壳斗杯状,包果约 1/2,果椭圆状卵形,长 2~2.5cm。

锐齿槲栎(锐齿栎) *Quercus aliena* var. *acuteserrata* Maxim. ex Wenz. 栎属

树形

叶

雄花序

树皮

果

形态: 落叶乔木,高达 30m。**树皮:** 灰褐色,深纵裂。**枝条:** 小枝具槽,无毛。**叶:** 倒卵形或倒卵状椭圆形,长 9~20cm,缘具粗大尖锐锯齿,内弯,基部窄楔形或圆,先端渐尖;叶背有毛,侧脉 10~16 对,叶柄无毛,长 1~3cm。**花:** 雄花为柔荑花序,簇生,下垂,长 9~12cm;雌花序长 2~7cm,花序轴被绒毛。**果:** 壳斗杯状,包果 1/3,苞片卵状披针形,排列紧密;果长卵形,长 1.5~2cm,径 1~1.3cm。**花果期:** 花期 3~4 月,果期 10~11 月。**分布:** 我国辽南至华北、华南、西南、西北等地。

快速识别要点

落叶乔木。小枝具槽,无毛,倒卵叶,缘具粗大尖锐锯齿,内弯,基部窄楔形,先端渐尖,侧脉 10~16 对;壳斗杯状,包果 1/3。

相似特征	不同特征		
叶形	树皮	叶缘	果

槲栎

叶形

树皮褐灰色,纵裂

叶缘具波状大圆齿

壳斗包果 1/2

锐齿槲栎

叶形

树皮灰褐色,深纵裂

叶缘具内弯大锐齿

壳斗包果 1/3

桤叶桦 VS 白桦

桤叶桦 *Betula alnoides* Buch. -Ham. ex D. Don 桦木属

果

树皮

叶

形态: 落叶乔木, 高达 15m。**树皮:** 白色有黑褐色斑块, 平滑。**枝条:** 小枝褐色, 较粗壮。**叶:** 长卵形, 长 5~10cm, 缘有不规则锯齿, 侧脉 6~8 对, 先端尖或渐尖, 基部楔形叶正面深绿色光滑, 叶背面灰白色, 叶柄长约 3.5cm。**花:** 雄花为柔荑花序, 长约 10cm。**果:** 聚花果长椭圆形, 顶端具红褐色尖头, 单生叶腋, 呈下垂状。**分布:** 我国分布于浙、桂、滇等地。

快速识别要点

　　落叶乔木。树皮白色, 有黑褐色斑块, 平滑; 叶长卵形, 缘有不规则锯齿, 叶正面深绿色光滑, 叶背面灰白色; 聚花果长椭圆形, 顶端具红褐色尖头。

白桦 *Betula platyphylla* Sukaczev 桦木属

树形

树皮

叶枝

花

形态: 落叶乔木, 高达 25m, 胸径 80cm, 树冠半圆形。**树皮:** 白色, 多层纸质, 薄片剥落。**枝条:** 小枝红褐色, 幼枝疏被毛和树脂粒。**叶:** 三角状卵形或菱状三角形, 长 3~7cm, 先端短, 尾尖基部截或楔形; 叶缘重齿或具小尖头, 及不规则缺刻, 侧脉 5~8 对, 叶柄长 1~2.5cm。**花:** 花单性, 雌雄同株, 雄花柔荑花序, 下垂, 长 5~10cm, 雄蕊 2; 雌花序圆柱形。**果:** 聚花果果序圆柱形, 长 2~5cm, 果苞长 3~6mm, 3 裂, 中裂片三角形; 每苞具 3 坚果, 小坚果椭圆形, 扁平, 两侧具膜质翅。**花果期:** 花期 4~5 月, 果期 8~9 月。**分布:** 我国分布于东北、华北、西北东部、西南地区。

快速识别要点

　　落叶乔木。白皮、红枝、阔叶、柱果为主要特征。树皮白色, 多层, 纸质, 薄皮剥落; 小枝红褐色; 叶三角状卵形; 果序圆柱状。

	相似特征		不同特征		
桤叶桦	树皮	 叶形	 树皮白、黑相间, 平滑, 少剥离	叶菱状卵形, 具不规则锯齿, 齿端无尖头	 聚花果椭圆形, 顶端具红褐色尖头
白桦	树皮	 叶形	树皮白色, 纸状剥离	叶三角状卵形, 缘有重锯齿, 齿端有尖头	聚花果圆柱形、顶端无尖头

上方表头: 树皮 | 叶形 | 树皮 | 叶 | 果

白桦 VS 毛白杨

毛白杨 *Populus tomentosa* Carrière 杨属

树形

雄花序

果序

树皮

形态:落叶乔木,高达30m,胸径1m,干通直,树冠圆锥形或卵圆形。**树皮:**青白色至灰白色,皮孔菱形,老干基部黑灰色,纵裂。**枝条:**幼枝被灰白色毛,花芽卵形,雌株大枝较为平展,雄株大枝多斜生。**叶:**单叶互生,长枝叶宽卵形或三角状卵形,10~15cm;背面有白绒毛;短枝叶卵形或三角状卵形,稍小,背面无绒毛,先端渐尖;基部心形或平截,缘有不规则波状牙齿,叶背密被绒毛;叶柄上部扁,顶端有2~4腺体,长3~7cm。**花:**单性异株,雄株花芽大而密集,雌株花芽小而稀疏,柔荑花序,生于苞片腋部,无花被,苞片具不规则缺刻。**果:**蒴果二裂,种子细小,有长丝状毛。**花果期:**花期2~3月,叶前开花,果期4~5月。**分布:**我国辽南、华北地区及皖、苏、浙、赣、鄂、陕、甘、宁、新等地,黄河中下游为集中分布区。

快速识别要点

落叶乔木。树皮青白或灰白色,皮孔菱形似"眼睛";叶三角状卵形,长枝叶背面有白绒毛,短枝叶背面无绒毛;柔荑花序下垂。

	相似特征	不同特征			
	叶形	树皮	小枝	叶	果序
白桦	叶形	树皮白色,多层纸状剥离	小枝红褐色	叶三角形或菱状卵形,缘有不规则重锯齿	果序单生下垂,圆柱形,长2.5~4.5cm
毛白杨	叶形	树皮青白色,多菱状皮孔	小枝绿白色,具灰白色毛	叶三角状卵形,缘有不整齐钝齿或裂齿	果序下垂,蒴果二裂,种子细小

中林 46 杨 VS 欧美杨 107 杨

中林 46 杨 *Populus deltoides* 'zhonglin46' 杨属

树形

花序

叶

小枝

形态: 落叶乔木, 高达 30m, 树冠长圆形或卵形。**树皮:** 灰褐色, 具节状横疤或纵裂。**枝条:** 大枝近轮生较稀, 小枝较粗短, 分枝角度大于 45°。**叶:** 单叶互生, 分长枝与短枝二型, 长 6~12cm, 宽 4~10cm; 长枝叶三角形, 先端渐尖, 基部截形, 羽状侧脉 7~9 对, 缘有粗锯齿, 短枝叶短三角形, 先端尖, 基部截形; 幼叶红褐色, 叶柄扁, 长 3~5cm。**花:** 柔荑花序, 下垂; 雄花序长 5~8cm, 绿褐色; 雌花序长 8~12cm, 绿色, 叶前开花。**果:** 聚花果, 果序柔荑状, 长约 5~8cm; 种子黑褐色, 藏于白色果序中。**花果期:** 花期 3~4 月, 果期 4~5 月。**分布:** 我国华北地区为集中分布区, 南至秦岭、淮河一线。

快速识别要点

落叶乔木。树皮灰褐色, 具节状横疤或纵裂; 叶二型, 长枝叶三角形, 先端渐尖; 短枝叶短三角形, 先端尖; 幼叶红褐色, 渐转绿。

欧美杨 107 杨 *Populus* × *euramericana* '74/76' 杨属

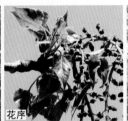
树形

花序

小枝

形态: 落叶乔木, 高达 35m, 树冠矩圆形或长卵形。**树皮:** 灰褐色, 具稀疏节状横疤。**枝条:** 大枝轮生较密, 小枝细密较长, 分枝角度小于 45°。**叶:** 单叶互生, 具长、短枝 2 型叶; 长枝叶三角形, 较厚, 长 5~10cm, 宽 4~9cm, 长宽近相等, 先端渐尖, 基部宽截形或楔形, 缘有钝齿; 短枝叶菱状三角形, 宽略大于长, 先端尖, 基部截形, 叶柄扁, 长 3~6cm; 幼叶红褐色, 后变绿。**花:** 叶前花, 柔荑花序, 下垂。**花果期:** 花期 3~4 月, 果期 4~5 月。**分布:** 我国东北南部, 华北地区。

快速识别要点

落叶乔木。树皮具稀疏节状横疤; 大枝轮生较密, 小枝细密较长, 分枝角度小于 45°; 叶 2 型, 长枝叶三角形, 短枝叶菱状三角形, 幼叶红褐色, 后变绿。

相似特征		不同特征	
花枝	树皮	枝	叶
中林 46 杨  花枝	 树皮	 大枝近轮生, 较稀少分枝, 角度较大	 叶三角形基部平截
欧美杨 107 杨  花枝	 树皮	 侧枝分布较多, 且匀称, 分枝角度较小	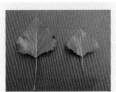 叶三角形基部宽楔形, 短枝叶菱状三角形

中林 46 杨 VS 山海关杨

山海关杨 *Populus deltoides* Bary 'Shanhaiguan'　杨属

树形

叶枝

叶

果序

花序

形态: 落叶乔木, 高达 30m, 树冠长卵形。**树皮:** 下部灰黄色, 浅纵裂, 皮孔长椭圆形, 稀少, 中上部光滑不裂。**枝条:** 大枝少而粗大, 小枝较细, 有不明显棱线, 芽有黏性。**叶:** 单叶互生, 三角状卵形, 长 8~10cm, 宽 7~9cm, 先端渐尖或短渐尖, 基部平截或微心形, 缘有粗锯齿, 具稀绒毛, 侧脉 5~6 对; 叶柄扁, 长 8~12cm, 与叶片连接处有 2~3 个腺点; 叶两面无毛, 长枝叶长宽近相等, 短枝叶宽大于长, 叶柄长于叶片。**花:** 柔荑花序, 雄花序长 6~10cm, 红色, 花 65~82; 雌花序长 5~9cm, 花 19~44。**果:** 果穗长 6~13cm, 绿色, 具果 19~44, 蒴果卵形, 柄短, 2~4 开裂; 种子长椭圆形, 橙黄色, 有生命力, 种熟开裂时有絮状物飘移。**花果期:** 花期 3~4 月, 果期 6~8 月。**分布:** 我国华北地区为集中分布区, 北至辽南, 南至秦淮一线, 西至陕、甘。

快速识别要点

　　落叶乔木。树皮灰黄色, 下裂, 上光滑; 枝少而粗大; 叶三角状卵形, 长大于宽, 叶柄与叶片连接处有 2~3 个腺点; 雄花序红色; 果穗较长而生长期长, 种子有生命力, 具可繁殖性。

相似特征	不同特征			
叶形	树皮	叶	幼叶	雄花序

中林 46 杨

| 叶形 | 树皮灰褐色, 下部有节疤, 浅纵裂 | 叶较长, 基部截形 | 幼叶红褐色 | 雄花序黄绿色 |

山海关杨

| 叶形 | 树皮灰黄色, 下部浅纵裂 | 叶较宽短, 基部微心形 | 幼叶绿色 | 雄花序紫红色 |

河北杨 VS 三倍体毛白杨

河北杨 *Populus × hopeiensis* Hu & Chow 杨属

树形

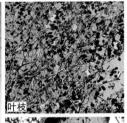

叶枝

树皮

叶

形态: 落叶乔木,高达 30m,树冠阔卵形。**树皮:** 灰白色或黄绿色,光滑。**枝条:** 小枝圆,无毛,幼叶被柔毛,芽长卵形,被柔毛,无胶质。**叶:** 单叶互生,卵圆或近圆形,长 3~8cm,缘具疏波状粗齿或不规则缺刻,先端钝尖,基部平截或宽楔形,叶背面青白色,无毛;叶柄扁,长 3~5cm,初被毛,后脱。**花:** 柔荑花序,花无花被,生于苞片腋部,雌雄花序均下垂,先叶开花;雄花序长约 5cm,苞片褐色;雌花序长 3~5cm,苞片红褐色。**果:** 蒴果二裂,长卵形,有短柄。**花果期:** 花期 4 月,果期 5~6 月。**分布:** 我国华北、西北东部等地。

快速识别要点

落叶乔木。树皮灰白色,光滑;叶卵圆或近圆形,缘具疏波状粗齿或不规则缺刻,叶面绿,叶背青白色,先端钝尖,基部平截或宽楔形。

三倍体毛白杨 *Populus tomentosa* Carr. triploid clones 杨属

树形

叶枝

树皮

果序

形态: 落叶乔木,高达 20m,树冠长卵形。**树皮:** 灰白色,平滑,皮孔明显。**枝条:** 枝粗壮、分散,分枝点低。**叶:** 单叶互生,宽卵形,长 9~13cm,先端短渐尖,基部平截或微心形,具波状大钝齿;叶背密被绒毛,灰白色。**花:** 雌雄花均为柔荑花序,下垂,较粗壮。

花果期: 花期 4 月,果期 5 月。**分布:** 我国黄河流域为集中分布区,南达长江流域下游,北至辽宁。

快速识别要点

落叶乔木。因其染色体 57 条,是染色体基数(19 条)的 3 倍,故称"三倍体毛白杨"。散冠、白皮、粗枝、圆叶为主要特征,冠长卵形,较松散;树皮灰白色,平滑;枝粗短,分散;叶宽卵形,具波状大钝齿。

相似特征		不同特征	
 叶形	 树皮	 叶	 树干
 叶形	 树皮	 叶缘具大钝齿,基部微心形	 树干分枝点低,枝较稀疏

河北杨（叶形 / 树皮 / 叶缘具波状粗齿或缺刻,基部截形 / 树干分枝点高且枝密集）

三倍体毛白杨

小叶杨 VS 小青杨

小叶杨 *Populus simonii* Carrière 杨属

树形

叶枝

叶

树皮

形态: 落叶乔木,高达20m,树冠广卵至长圆形。**树皮:** 幼树皮灰绿色,老树皮灰黑色,有深纵裂。**枝条:** 幼树小枝有棱角,老树小枝圆、无毛,冬芽细长,端长尖。**叶:** 菱状卵形或菱状椭圆形,稀菱状倒卵形,长4~12cm,宽3~8cm,先端渐尖或骤尖,基部楔形或窄圆形,中部以上最宽;缘具细齿,叶背绿白色,两面无毛,叶柄长3~6cm,常带红色,圆形。**花:** 雄花序长3~7cm,苞片细条形,雄蕊8~14,雌花序长10~15cm,雌花由2心皮组成。**果:** 果序长10~15cm,果小,2~3裂无毛。**花果期:** 花期3~5月,果期4~6月。**分布:** 我国东北、华北、西北、华东、华中、西南东部地区。

快速识别要点

落叶乔木。幼树皮灰绿色,浅裂;老树皮灰黑色,有深纵裂;幼枝有棱,老枝圆;叶菱状卵形或菱状椭圆形,中部以上最宽。

小青杨 *Populus pseudosimonii* Kitagawa 杨属

树形

叶

花序

形态: 落叶乔木,高达20m,胸径70cm,树冠广卵形。**树皮:** 浅灰绿至灰白色,老皮下部浅纵裂。**枝条:** 幼枝淡绿褐色,有棱,无毛,芽圆锥形。**叶:** 菱状椭圆形或菱状卵圆形,稀卵形披针形,长4~9cm,宽3~5cm;缘有细密交错锯齿,最宽部在中下部,先端渐尖,基部楔形或圆;叶背淡粉绿色,叶柄稍扁,长2~5cm。**花:** 雄花序长5~8cm,雌花序长6~11cm。**果:** 果序长6~11cm长卵圆形,近无柄,2~3裂。**花果期:** 花期3~4月,果期4~5月。**分布:** 我国东北、西北地区及冀、蒙、川等地。

快速识别要点

落叶乔木。树皮浅灰绿至灰白色,老皮下部浅纵裂;幼枝淡绿褐色,有棱,无毛;叶菱状椭圆形或菱状卵圆形,缘有细密交错锯齿,最宽处在中下部,叶柄短。

相似特征	不同特征		
叶形	树皮	叶	花序

小叶杨

叶形

树皮深灰褐色,深纵裂

叶最宽处在中部以上

花序较长

小青杨

叶形

树皮灰白色,平滑

叶最宽处在中部以下

花序较短

垂柳 VS 涤柳

垂柳 *Salix babylonica* Linnaeus　柳属

树形

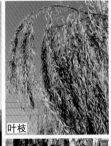

叶枝

花序

花序

形态: 落叶乔木, 高达 18m, 树冠阔卵形。**树皮:** 灰黑色, 不规则开裂。**枝条:** 小枝细长下垂, 褐色或带紫色, 芽卵状长圆形。**叶:** 窄披针形, 长 9~16cm, 宽 0.5~1.5cm, 先端长渐尖, 基部楔形; 叶面绿色, 叶背灰绿色, 具细齿, 两面无毛, 叶柄长 5~12cm。**花:** 柔荑花序长 1.5~4cm, 花序梗具 3 小叶, 雄花具两雄蕊, 雌花具一腺体。**果实:** 种子长 3~4mm。**花果期:** 花期 3~4 月, 果期 4~5 月。**分布:** 分布范围广, 我国以长江流域为集中分布区。

快速识别要点

　　落叶乔木。树皮灰黑色, 不规则开裂; 枝条细长下垂, 褐色或带紫色; 叶窄披针形, 较狭长; 雌花具一腺体。

涤柳 *Salix matsudana* f. pendula　柳属

树形

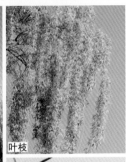

叶枝

花序

树皮

形态: 落叶乔木, 高达 15m, 树冠卵圆形。**树皮:** 深褐色, 有裂沟。**枝条:** 细长下垂, 黄色, 形似垂柳, 但比垂柳枝短, 上部小枝较直立。**叶:** 披针形, 长 5~10cm, 宽 1~1.5cm, 无毛; 缘有腺毛状锐齿; 叶柄长约 6mm, 先端长渐尖, 基部楔形或窄圆。**花:** 短柔荑花序直立, 长 1.5~2.5cm, 黄绿色, 雄花序轴被毛, 雄蕊 2, 花丝分离; 雌花序具短梗及 3~5 小叶, 雌花有 2 腺体。**果:** 果序与雌花序同穗, 长约 2cm。**花果期:** 花期 3~4 月, 果期 4~5 月。**分布:** 我国东北、华北、西北东部地区。

快速识别要点

　　落叶乔木。树皮深褐色, 有裂沟, 为旱柳的栽培变种, 有倒栽柳之称。枝条细长, 下垂, 黄色; 叶披针形, 稍宽短; 雌花具 2 腺体。

	相似特征	不同特征		
	叶形	**树皮**	**小枝**	**叶**
垂柳	 叶形	 树皮灰褐色, 不规则浅纵裂	 小枝褐带紫色	 叶较长
涤柳	 叶形	 树皮灰褐色有裂沟	 小枝绿带黄色	 叶较短

垂柳 VS 金枝垂柳

金枝垂柳 *Salix alba* 'Tristis'　柳属

树形　花　叶　树皮　小枝

形态: 落叶乔木,高 10m 以上,树冠长卵或卵圆形。**树皮:** 灰褐带黄色,沟状深裂。**枝条:** 大枝黄绿色,小枝细长下垂,黄色或金黄色,落叶后色更深。**叶:** 单叶互生,狭长披针形,长 9~14cm,宽 1~1.8cm,先端渐尖,基部楔形,缘有细锯齿,侧脉 22~26 对,叶柄长 1~1.5cm;叶面深绿色,叶背灰绿色。**花:** 柔荑花序长 2~4.5cm,花序梗具 3 小叶。**果:** 聚花果,具多数种子。**花果期:** 花期 3~4 月,花与叶同放,果期 4~5 月。**分布:** 我国黄河流域至长江流域。

快速识别要点

　　落叶乔木。小枝细长,下垂,黄色或金黄色,故名金丝垂柳。树皮灰褐色,沟状深裂;叶狭长披针形,长 9~14cm,宽 1~1.8cm,叶面深绿色,叶背灰绿色。

	相似特征		不同特征		
垂柳	叶形 叶形	花序 花序	树皮 树皮灰褐色,浅纵裂	叶 叶较狭长	枝 小枝褐色或带紫色
金枝垂柳	叶形 叶形	花序 花序	树皮灰褐带黄色,沟状裂	叶较宽短	小枝黄色或金黄色

圆头柳 VS 馒头柳

圆头柳 *Salix capitata* Y. L. Chou & Skv. 柳属

树形

叶

叶枝

形态：落叶乔木，高达 15m，树冠半圆形。**树皮**：暗灰褐色，纵裂。**枝条**：小枝灰绿色，质脆，萌枝绿色被柔毛。**叶**：长椭圆状披针形，长 4~7cm，宽 0.6~1.2cm，先端渐尖，基部楔形或近圆形；叶背苍白色，具细腺齿；叶柄长约 3mm，托叶宽披针形。**花**：短柔荑花序，雌花序长 1.5~1.8cm，有短梗具 3 小叶，黄绿色，未见雄株。**果**：淡黄褐色。**花果期**：花期 5 月，果期 6 月。**分布**：我国黑、冀、陕等地。

快速识别要点

　　落叶乔木。树皮暗灰褐色，纵裂；小枝灰绿色，质脆；树冠圆形或倒卵形，形如伞盖，冠幅面较平；叶长椭圆状披针形，稍宽短。

馒头柳 *Salix matsudana* var. *matsudana* f. *umbraculifera* Rehd. 柳属

树形

叶枝

叶

树皮

形态：落叶乔木，高达 18m，胸径 80cm，树冠广卵形。**树皮**：暗灰黑色，有裂沟。**枝条**：细长，直立或斜展，浅黄褐带绿色，后变褐色，无毛，芽微有短柔毛。**叶**：披针形，长 6~11cm，宽 1~1.3cm，先端长渐尖，基部楔形；叶面绿，叶背苍白色，具细腺齿；叶柄长 5~8mm。**花**：花序圆柱形，长 1.5~2.5cm，径 6~8mm；雄花序稍粗长，雄蕊 2，雌花序稍短细，有 3~5 小叶生短梗上。**果**：聚花果长 2~2.5cm。**花果期**：花期 4 月，果期 4~5 月。**分布**：我国华北、东北、华东地区。

快速识别要点

　　落叶乔木。树皮暗灰黑色，有裂沟；树冠广圆形，状如馒头；枝条细，直立或斜展，分枝密，端稍整齐，浅黄褐带绿色；叶披针形，稍窄长。

	相似特征	不同特征		
	叶形	小枝	叶	树冠
圆头柳	 叶形	 小枝灰绿色	 叶较短	 树冠半圆形，较齐平
馒头柳	 叶形	 小枝淡黄绿色	 叶较狭长	 树冠顶不齐

71

窄叶白蜡 VS 旱柳

窄叶白蜡树（狭叶梣） *Fraxinus angustifolia* Vahl　白蜡属

树形

树皮

果

叶

形态： 落叶小乔木或灌木，高达4m。**树皮：** 褐色，较平滑。**枝：** 小枝较细，无毛。**叶：** 奇数羽状复叶，小叶 7~9，狭披针形，长 4~10cm，宽 0.8~1.8cm，先端长渐尖，基部窄楔形，缘具细锯齿；叶背中脉有毛，小叶柄长 3~5mm。**花：** 圆锥花序腋生或顶生，花梗长约 3mm，花单性，花萼钟状，不规则 4 浅裂，长约 1.5mm，无花瓣。**果：** 翅果倒披针状匙形，长 1.8~2.5cm。**花果期：** 花期 4~5 月，果期 7~8 月。**分布：** 我国陕、甘、川等地。

快速识别要点

　　落叶小乔木或灌木。叶似柳，狭而长，故名"窄叶白蜡"。树皮褐色，较平滑；圆锥花序腋生或顶生；翅果倒披针状匙形。

旱柳 *Salix matsudana* Koidzumi　柳属

树形

叶枝

果

花

形态： 落叶乔木，高达 20m，胸径 80cm，树冠广圆形。**树皮：** 深灰或灰黑色，纵裂。**枝条：** 大枝斜展，小枝较直立，黄绿色，幼枝被毛，后脱落。**叶：** 披针形至条状披针形，长 5~10cm，宽 1~1.5cm，先端渐尖，基部窄楔形或窄圆形；叶正面绿，叶背面苍白色，缘具细腺齿；叶柄长 2~5mm。**花：** 雌雄均为柔荑花序，直立，雄花序长 1.5~2.5cm，雄蕊 2；花丝分离，苞片卵形，黄绿色；雌花序长约 2cm，具短梗及 3~5 小叶。**果：** 果序长 2cm，种子细小，具丝状毛。**花果期：** 花期 3~4 月，果期 4~5 月。**分布：** 我国分布于东北、华北、西北地区，南至淮河流域。

快速识别要点

　　落叶乔木。圆冠、黑皮、窄叶、柔毛为主要特征。树冠广圆形；老树皮灰黑色，纵裂；叶披针形至条状披针形；雌雄均为柔荑花序。

	相似特征	不同特征		
	叶形	树皮	花序	果
窄叶白蜡	　叶形	　树皮褐色，平滑	　圆锥花序	　翅果
旱柳	　叶形	　树皮灰褐色，沟状纵裂	　柔荑花序	　聚花果

山茶 VS 红花油茶

山茶 *Camellia japonica* Linnaeus 山茶属

树形

花枝

花蕾

树皮

形态: 常绿小乔木或灌木,高达 10m。**树皮:** 淡褐色。**枝条:** 嫩枝无毛,较粗壮。**叶:** 叶互生,革质,椭圆形或倒卵形,长 6~10cm,宽 3~5cm,缘具细齿;叶面暗绿有光泽,叶先端钝尖,基部宽楔形,侧脉 7~8 对,叶柄长 1~1.5cm。**花:** 花两性,单花,较大,5~12cm,苞被片约 10,被毛花后脱落;花瓣 6~7,顶端不裂,近无柄,子房无毛,原种单瓣红花,有重瓣类型。**果:** 球形,径 3cm。**花果期:** 花期 1~5 月,果期 9~10 月。**分布:** 我国分布于粤、闽、台、鲁、赣、川、桂等。

快速识别要点

常绿小乔木或灌木。叶革质,椭圆形或倒卵形,缘具细齿,叶正面暗绿有光泽,侧脉 7~8 对,单花,径 5~12cm;花瓣 6~7,顶端不裂;果球形,径 3cm。

红花油茶(浙江红山茶) *Camellia chekiangoleosa* Hu 山茶属

树形

花枝

叶

形态: 常绿小乔木,高达 10m。**树皮:** 灰白或淡褐色,平滑。**枝条:** 嫩枝无毛。**叶:** 椭圆形或倒卵状椭圆形,长 10~12cm,宽 3~6cm;叶缘中、上部有浅齿,厚革质,具光泽;叶先端突短尖,基部圆或楔形,侧脉 8 对,叶柄长 1~1.5cm。**花:** 单花,顶生或近顶腋生,红色,径 8~12cm,苞片与萼片约 15,花时脱落,花瓣 7,顶端二裂,花丝合生成管状,子房无毛。**果:** 卵圆形,径 4~6cm,顶具短喙。**花果期:** 花期 1~5 月,果期 8~10 月。**分布:** 我国浙、闽、赣、皖、湘。

快速识别要点

常绿小乔木。树皮灰白或淡褐色,平滑;叶椭圆形或倒卵状椭圆形,叶缘中上部有浅齿,先端突短尖,侧脉 8 对;单花顶生或近顶腋生,花瓣 7,顶端二裂。

	相似特征	不同特征	
山茶	 花	 叶较宽短,缘具细齿	 花瓣顶端不裂
红花油茶	 花	 叶较狭长,中上部具浅齿	 花瓣顶端二裂

茶梅 VS 山茶

茶梅 *Camellia sasanqua* Thunb.　山茶属

树形　花　树皮　叶　叶枝

形态: 常绿小乔木, 或呈灌木状, 高达6m。**树皮:** 浅灰褐色, 平滑。**枝条:** 嫩枝有毛, 多分枝, 小枝灰褐色, 幼枝红褐色。**叶:** 单叶互生, 椭圆形至倒卵形, 革质, 较厚, 长5~8cm; 叶面平坦而具光泽, 先端渐尖, 基部楔形, 缘有细钝齿, 具不明显侧脉8~10对, 叶柄长约5mm。**花:** 2~4朵顶生, 花型兼具茶花和梅花的特点, 花朵近平开, 花瓣呈散状; 花色具粉红、玫瑰红、白色等, 多白色, 有单瓣、重瓣类型; 花径5~9cm, 花丝离生, 无花柄。**果:** 蒴果圆形, 种子球形并有棱。**花果期:** 花期9月至翌年4月, 果期期10月。**分布:** 我国长江以南多地区有栽培。

快速识别要点

常绿小乔木。因花型兼具茶花和梅花的特点, 故称"茶梅"。花朵近平开, 花瓣呈散状, 花径5~9cm, 花丝离生; 叶椭圆形至倒卵形, 革质, 较厚, 叶面平坦而具光泽。

	相似特征	不同特征	
茶梅	 花	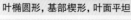 叶椭圆形, 基部楔形, 叶面平坦	 花红色, 内部花瓣较平坦
山茶	 花	 叶宽椭圆形或卵形, 基部圆形, 叶缘及端部稍外折	 花红色, 内部花瓣较皱

软枣猕猴桃 VS 葛枣猕猴桃

软枣猕猴桃 *Actinidia arguta* (Sieb. & Zucc) Planch. ex Miq. 猕猴桃属

花枝

叶

花

果

形态：落叶大藤本，长达30m。**枝条：**褐色具白色或淡褐色片状髓，小枝近无毛。**叶：**宽卵形或矩圆形，长8~12cm，宽6~10cm；缘具锐锯齿，无弯，叶先端突尖，基部圆或微心形，两侧不对称；叶脉6~7对，不明显，叶柄长5~8cm，红褐色。**花：**聚伞花序腋生或叶外茎生，具3~7花；花绿白色或乳白色，径1.5~2cm；萼片4~6，脱落，花药紫色，芳香。**果：**浆果近球形，长2~3cm，无毛，无斑点，熟果暗绿色。**花果期：**花期6月，果期9月。**分布：**我国东北、华北、华东及西南地区。

快速识别要点

落叶大藤本。叶宽卵形或矩圆形，缘有锐锯齿；聚伞花序，具花3~7朵，花绿白色或乳白色；浆果近球形，暗绿色。

葛枣猕猴桃 *Actinidia polygama* (Sieb. & Zucc.) Maxim. 猕猴桃属

树形

花

果枝

果

形态：落叶藤本，长4~6m。**枝条：**枝髓白色，不为片状，小枝褐色。**叶：**单叶互生，近卵形或椭圆状卵形，长8~14cm，宽5~8cm；具贴缘细齿，叶先端短渐尖，基部圆或宽楔形；叶面初被疏毛，后脱落，叶背隐有毛。侧脉7对，叶柄长2~3.5cm，红褐色。**花：**1~3朵腋生，黄白色，芳香，花萼、花瓣各5，花丝黄色，花径2~2.5cm。**果：**浆果卵球形或柱状卵球形，长2.5~3cm，具喙，黄色无斑点。**花果期：**花期6~7月，果期9~10月。**分布：**我国东北、西南地区及冀、鲁、豫、甘、陕、湘、鄂等地。

快速识别要点

落叶藤本。藤长4~6m。单叶互生，近卵形或椭圆状卵形，具贴缘细齿，先端短渐尖，基部圆或宽楔形；花1~3朵腋生，黄白色；浆果卵球形或柱状卵球形。

	相似特征	不同特征		
软枣猕猴桃	 花	 叶矩圆形，缘有锐齿	 花3~7朵集生	 浆果近球形
葛枣猕猴桃	 花	 叶椭圆状卵形，有贴缘锯齿	 花1~3朵集生	 浆果椭圆形，中间缢缩

紫椴 VS 蒙椴

紫椴 *Tilia amurensis* Rupr. 椴树属

树形

花

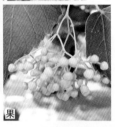
果

树皮

形态: 落叶乔木, 高达 25m, 胸径 1m, 树冠卵形或长卵形。**树皮:** 黑褐色, 浅纵裂。**枝条:** 嫩枝初被毛, 即脱落。**叶:** 广卵形或近圆型, 长 4~6.5cm, 宽 4~5.5cm; 先端尾尖, 基部心形, 较对称; 叶缘锯齿有头尖, 叶正面无毛, 叶背面脉腋簇生毛, 侧脉 4~5 对, 叶柄长 2~3cm。**花:** 聚伞花序长 3~5cm, 纤细, 具花 3~15 朵; 花序梗上的苞片无柄, 有窄舌状苞片, 长 3~7cm, 与花序梗下半部贴生; 萼片 5, 花瓣 5, 覆瓦状排列, 长 6~7mm; 雄蕊 20, 长约 5mm, 无退化雄蕊。**果:** 坚果卵球形或球形, 无纵棱, 密被褐毛, 长 6~8mm。**花果期:** 花期 7 月, 果期 9 月。**分布:** 我国分布于东北、华北地区。

快速识别要点

　　落叶乔木。树皮黑褐色, 浅纵裂; 叶广卵形或近圆形, 先端尾尖, 基部心形, 较对称, 叶缘锯齿有小尖头, 侧脉 4~5 对; 坚果卵球形或球形, 无纵棱。

蒙椴 *Tilia mongolica* Maxim. 椴树属

树形

花

果

树皮

形态: 落叶乔木, 高达 12m, 树冠卵圆形或阔卵形。**树皮:** 淡灰色, 纵裂。**枝条:** 小枝无毛, 芽卵形。**叶:** 宽卵形或圆形, 长 4~6cm, 宽 3.5~5.5cm; 具粗锯齿, 先端常 3 浅裂, 短尾尖, 基部平截或广楔形, 少心形; 叶正面无毛, 叶背脉腋簇生毛, 侧脉 4~5 对, 叶柄长 2~3cm。**花:** 聚伞花序长 5~8cm, 具花 8~16 朵; 花序梗上的苞片有柄, 长约 1cm, 苞片长 3~6cm; 花瓣 5, 长 6~7mm, 雄蕊 30~40, 长 4~5mm, 与花萼片近等长。有退化雄蕊。**果:** 坚果倒卵形, 具不明显棱, 长 6~8mm, 被毛。**花果期:** 花期 7 月, 果期 9 月。**分布:** 我国蒙、辽、冀、豫、晋等地。

快速识别要点

　　落叶乔木。树皮淡灰色, 纵裂; 叶宽卵形或圆形, 具粗锯齿, 先端常 3 浅裂, 短尾尖, 基部平截或广楔形, 少心形; 坚果倒卵形。

相似特征	不同特征	

| 紫椴 | 
花序 | 
叶基部心形, 叶缘锯齿有尖头 | 
花序上的苞片无柄 |
| 蒙椴 | 
花序 | 
叶基部平截或广楔形, 缘有粗齿, 先端常 3 浅裂 | 
花序上的苞片有柄, 长约 1cm |

紫椴 VS 心叶椴

心叶椴（欧洲小叶椴） *Tilia cordata* Mill. 椴树属

树形

花

叶

树皮

形态: 落叶乔木, 高达 20~30m, 树冠椭球形。**树皮:** 灰褐色, 纵裂。**枝条:** 幼枝有毛, 后脱落。**叶:** 近圆形或阔卵形, 长 3.5~6.5cm, 宽 4~5.5cm; 叶基心形, 先端突尖或突渐尖; 叶缘有细锯齿, 叶正面暗绿色, 叶背面灰绿色, 脉腋簇生棕色毛, 侧脉 4~6 对, 叶柄长 2.5~3cm。**花:** 聚伞花序, 具花 5~7 朵, 花黄白色, 有香味。雄蕊 25~30, 无退化雄蕊。**果:** 果球形, 有疣状突起, 具绒毛。**花果期:** 花期 7 月, 果期 9 月。**分布:** 原产欧洲。我国新、苏、沪、鲁、辽等地有栽培。

快速识别要点

　　落叶乔木。树皮灰褐色, 纵裂; 叶近圆形或阔卵形, 叶基心形, 叶缘有细齿, 叶正面暗绿色, 叶背面灰绿色; 聚伞花序, 具花 5~7 朵, 花黄白色, 有香味; 果球形。

	相似特征	不同特征	
紫椴	 叶形 叶片	 叶 叶缘锯齿, 有尖头	 花 聚伞花序, 具花 13~15 朵
心叶椴	 叶片	 叶缘有细锯齿	 聚伞花序, 具花 5~7 朵

糠椴 VS 欧洲大叶椴

糠椴（大叶椴）*Tilia mandshurica* Rupr. & Maxim. 椴树属

花

叶

树皮

形态：落叶乔木，高达 20m，胸径 50cm，树冠广卵形至扁球形。**树皮：**暗灰色，纵裂。**枝条：**嫩枝具灰白色星状绒毛，冬芽大而圆钝。**叶：**广卵形，长 8~10cm，宽 7~9cm；先端短尖，基部斜心形或平截，缘齿带尖头，两面有毛，侧脉 5~7 对，叶柄长 2~5cm。**花：**聚伞花序，长 4~6cm，具花 7~12 朵；苞片长于花序，窄长圆形或窄倒披针形，长 5~9cm，先端圆，基部钝，下半部与花序梗合生。**果：**球形或椭球形，长 7~9mm，坚果基部有 5 棱。**花果期：**花期 6~7 月，果期 9 月。**分布：**我国分布于东北及冀、豫、鲁、蒙、苏等地。

快速识别要点

落叶乔木。叶广卵形，较大，基部斜心形；聚伞花序，具花 7~12 朵，苞片长于花序；球形坚果基部有 5 棱。

欧洲大叶椴 *Tilia platyphyllos* Scop. 椴树属

花

果

树皮

形态：落叶乔木，高 15~20m，树冠半球形。**树皮：**灰褐色，纵裂。**枝条：**较粗壮，幼枝多柔毛。**叶：**单叶互生，深绿色，卵圆形至阔卵形，长 6~12cm；先端短骤尖，基部斜心形，缘有短刺尖状锯齿，叶面沿脉有白毛，叶背有黄褐色毛，中脉脉腋多毛。**花：**聚伞花序下垂，花 3~6 朵，黄白色，花梗基部与一大舌状苞片结合。**果：**椭球形，有 3~5 棱。**花果期：**花期 5 月，果期 7~9 月。**分布：**原产欧洲。我国青岛、北京等地引种栽培。

快速识别要点

落叶乔木。叶深绿色，阔卵形，基部斜心形，具尖齿；聚伞花序，花 3~6 朵，花梗基部与一大舌状苞片结合；果椭球形，具 3~5 棱。

相似特征	不同特征		

糠椴：叶形 / 叶绿色广卵形 / 聚伞花序，花黄色，由 7~12 朵组成 / 果实近球形，径 7~9mm

欧洲大叶椴：叶形 / 叶深绿色卵圆形 / 聚伞花序，花黄白色，3(4~6) 朵 / 果实椭球形，径 1cm 有 5 棱

糠椴 VS 糯米椴

糯米椴 *Tilia henryana* var. *subglabra* V. Engl.　椴树属

形态: 落叶乔木, 高达25m, 树冠阔卵形或圆头形。**树皮:** 灰褐色, 浅纵裂。**枝条:** 嫩枝被黄色星状柔毛, 渐脱落, 芽亦有毛。**叶:** 单叶互生, 近圆形或宽卵形, 长6~10cm; 先端较宽圆, 有短尾尖, 基部近心形或平截, 稍偏斜。锯齿顶端长芒状; 叶正面无毛, 叶背面具黄毛或褐色星状柔毛, 侧脉5~6对, 叶柄长3~5cm。**花:** 聚伞花序, 长10~12cm, 花两性, 黄白色, 具花5~15朵; 花序梗下半部与窄舌状苞片贴生, 柄长0.7~2cm; 萼片、花瓣各5, 雄蕊多数与花萼片等长; 有花瓣状退化雄蕊。**果:** 坚果倒卵形, 具5纵棱, 长7~9mm, 被黄褐色绒毛。**花果期:** 花期7月, 果期9月。**分布:** 我国东北地区及冀、鲁、豫、蒙、苏、等地。

快速识别要点

落叶乔木。圆叶、芒齿、黄花、棱果为主要特征。叶近圆形或宽卵形, 有短尾尖, 锯齿顶端长芒状; 花黄白色; 果倒卵形, 具5纵棱。

	相似特征	不同特征		
	叶形	**树皮**	**叶**	**花序**
糠椴	叶形	树皮灰褐色	叶先端有短尖, 叶缘有带尖头的锯齿	花序梗与苞片基部无柄
糯米椴	叶形	树皮浅灰褐色	叶先端较宽圆, 有短尾尖, 叶缘有长芒状锯齿	花序梗与苞片基部柄长1~2cm

扁担杆 VS 扁担木

扁担杆 *Grewia biloba* G. Don 扁担杆属

树形

叶枝

果

花蕾

树皮

形态：落叶灌木，高达 3m。**树皮：**灰色，平滑。**枝条：**嫩枝被毛。**叶：**菱状卵形或倒卵状椭圆形，长 5~11cm，宽 2.5~3.5cm；先端锐尖，基部楔形，三出脉，两条侧脉超过叶长之半，具齿，叶柄长 4~8mm，顶端膨大呈关节状。**花：**聚伞花序与叶对生，花梗长约 1cm，多花，黄绿色，径 1~2cm；萼片长 4~7mm，花瓣长 1~1.5mm，基部有腺体。**果：**核果红色，径约 1cm，二裂，每裂 2 个小核。**花果期：**花期 6~7 月，果期 9~10 月。**分布：**我国产于长江以南，华北、华南、西南有分布。

快速识别要点

落叶灌木，高达 3m。叶菱状卵形或倒卵状椭圆形，三出脉，叶柄顶端膨大呈关节状；核果红色，二裂，每裂 2 个小核。

扁担木（小花扁担杆、孩儿拳头）*Grewia biloba* var. *Parviflora* (Bge.) Hand.-Mazz. 扁担杆属

树形

叶枝

树皮

花蕾

形态：落叶灌木，为扁担杆之变种。**枝条：**小枝被粗毛。**叶：**单叶互生，长圆状卵形或菱状卵形，长 5~9cm；先端渐尖，基部圆或广楔形，具不规则锯齿；叶柄、叶背有灰黄色星状毛，基脉三出，达叶长的 50% 以上。**花：**聚伞花序与叶对生，花小，径不足 1cm；有短总花梗，每梗具花 3~8 朵，淡黄色；雄蕊多数，离生，萼片外面被毛，内面无毛。**果实：**核果橙黄色，径 0.8~1.2cm，2~4 分核，常几个连在一起，似小孩拳头。**花果期：**花期 6~7 月，果期 9~10 月。**分布：**华北及西南地区。

快速识别要点

落叶灌木。叶长圆状卵形或菱状卵形，三出脉，具不规则锯齿；花淡黄色，花萼长于花瓣；果 2~4 分核，常几个连在一起，似小孩拳头。

	相似特征	不同特征		
扁担杆	 果形	 叶菱状卵形或倒卵状椭圆形，较狭长叶及叶柄无毛或有微毛	 果多二裂，每裂 2 小核	 花较大，径 1~2cm，雌蕊伸出短
扁担木	 果形	 叶长圆状卵形或菱状卵形，较宽短叶柄，叶背有灰黄色星状毛	 果 2~4 分核，常几个连在一起，似小孩拳头	 花较小，径不足 1cm，雌蕊伸出长

苹婆 VS 假苹婆

苹婆（凤眼果） *Sterculia monosperma* Vent. 苹婆属

花枝

叶

花

形态: 常绿乔木, 高达 15m。**树皮:** 褐灰色, 纵浅裂纹。**枝条:** 幼枝微被星状毛, 小枝紫褐色。**叶:** 长圆形或宽椭圆形, 长 10~25cm, 宽 5~15cm; 先端钝尖, 基部近圆或宽楔形, 全缘, 侧脉 10~14 对, 大小不齐, 薄革质, 两面无毛; 叶柄两端膨大成关节状, 叶柄长 2~3cm。**花:** 圆锥花序下垂, 长约 20cm, 无花瓣; 花萼乳白色, 稀淡红色, 钟形 5 裂, 似花瓣状, 裂片与萼筒近等长; 雄花较多, 雄蕊柄弯曲; 雌花较少, 花柱弯曲, 柱头 5 浅裂。**果:** 果鲜红色, 长圆状卵形, 密被短绒毛, 长约 5cm, 种子红褐色, 椭圆形, 径约 1.5cm。**花果期:** 花期 4~5 月, 果期 9 月。**分布:** 我国分布于闽、台、粤、琼、桂、滇。

快速识别要点

常绿乔木。叶长圆形或宽椭圆形, 先端钝尖, 基部近圆或宽楔形, 侧脉不齐, 叶柄两端膨大成关节状; 花无花瓣, 萼片花瓣状, 乳白色, 稀淡红色; 果鲜红色。

假苹婆（鸡冠木） *Sterculia lanceolata* Cav. 苹婆属

树形

叶

花

形态: 常绿乔木, 高达 10m。**树皮:** 浅灰色、粗糙。**枝条:** 幼枝具毛。**叶:** 椭圆形或长圆状披针形, 先端尖, 基部稍圆或宽楔形, 长 9~20cm, 宽 4~8cm; 全缘, 近无毛, 侧脉 7~9 对, 叶柄长 2.5~3.5cm, 叶柄上部有关节。**花:** 圆锥花序, 长 4~10cm, 无花瓣; 花萼淡红色, 5 深裂至基部, 裂片长圆状披针形, 外被毛, 雄蕊柄弯曲, 花药 10。**果:** 鲜红色, 长卵形, 长 5~7cm, 被毛, 种子 2~7, 黑褐色。**花果期:** 花期 4~5 月, 果期 9~10 月。**分布:** 我国分布于粤、琼、桂、滇。

快速识别要点

常绿乔木。树皮浅灰色, 粗糙; 叶椭圆形或长圆状披针形; 花无瓣, 花萼淡红色, 5 深裂至基部; 果鲜红色, 长卵形。

	相似特征	不同特征			
	叶形	树皮	叶	小枝	花
苹婆	叶形	树皮褐灰色, 浅纵裂纹	叶较宽大	小枝紫褐色	花萼多乳白色, 钟状
假苹婆	叶形	树皮浅灰色, 粗糙	叶较狭小	小枝灰褐色	花萼多淡红色, 5 裂

梧桐 VS 栾树 *

梧桐（青桐） *Firmiana simplex* (L.) W. Wight   梧桐属

树形

叶　　树皮

花

果枝

快速识别要点

　　落叶乔木。青皮、裂叶、淡黄花为主要特征。幼树皮青绿色，光滑，故名"青桐"。叶掌状 3~5 裂，宽大于长，具长叶柄；疏散的圆锥花序，花无花瓣，萼片 5，淡黄绿色。

形态：落叶乔木，高达 20m。**树皮：**幼树皮青绿色，光滑，老树皮灰褐色，粗糙至浅裂。**枝：**小枝绿色，粗壮。**叶：**单叶互生，心形，掌状 3~5 裂，径 20~30cm，长 15~20cm，宽大于长，裂片全缘；基出脉 5~7，叶柄长 15~20cm，与叶近等长。**花：**疏散的圆锥花序顶生，长 30~50cm，多分枝；花无花瓣，萼片 5，深裂达基部，长条形，反曲，被毛，淡黄绿色；雄蕊柄端具有 15 个花药，雌花子房球形，具毛。**果：**蓇葖果长约10cm，早期开裂成 5 舟形膜质心皮；种子 3~5，球形，径 7mm。**花果期：**花期 6~7 月，果期 9~10 月。**分布：**我国黄河流域以南地区。

	相似特征		不同特征			
	果	花序	树皮	叶	枝	花
梧桐	果	花序	幼树皮青绿色，光滑	单叶互生 3~5 裂	花淡黄绿色，无花瓣	具舟形膜质心皮
栾树	果	花序	树皮灰褐或黑褐色，浅纵裂	一回羽状复叶，小叶缘具羽状深裂	花鲜黄色，花瓣 4	具卵形膜质心皮

---

* 栾树形态特征见于第 203 页。

木棉 VS 瓜栗

木棉(英雄树)　*Bombax ceiba* L.　木棉属

形态: 落叶大乔木,高达40m,干通直。**树皮:** 灰白色,具密而明显瘤刺。**枝条:** 枝具锥形皮刺。**叶:** 掌状复叶互生,小叶5~7,长椭圆形或长圆状披针形,先端长渐尖,基部楔形,叶长11~18cm,宽3~5cm;全缘,复叶柄长约7cm,小叶柄长1.5~3cm,侧脉12~15对。**花:** 单生或簇生近枝顶,先叶开放,径约10cm,花瓣红色,倒卵形长约9cm;萼片长2.5~4.5cm。**果:** 蒴果木质椭圆形,长10~15cm,种子倒卵形,光滑。**花果期:** 花期2~3月,果期6~8月。**分布:** 我国分布于闽、台、粤、琼、滇、桂、川等地。

快速识别要点

　　落叶大乔木。掌状复叶,小叶5~7,长椭圆形或长圆状披针形,两头尖;花具较长复叶柄,单生或簇生近枝顶,较大,约10cm,红色,花瓣倒卵形。

瓜栗(发财树、马拉巴栗)　*Pachira aquatica* AuBlume　瓜栗属

形态: 常绿小乔木,高达5m。**树皮:** 绿褐色,光滑。**枝条:** 幼枝栗褐色,无毛。**叶:** 掌状复叶互生,小叶5~9,长椭圆形或倒卵状长椭圆形,先端渐尖,基部楔形,全缘,叶长10~20cm,宽4.5~8cm;复叶柄长11~15cm,小叶柄短或近无柄,侧脉16~20对。**花:** 单生叶腋,花瓣5,淡黄白色,条形或窄披针形,反卷,长达15cm,雄蕊长而多数,基部合生成管,上部开展,花柱深红色。**果:** 蒴果近球形,长10cm以上,木质皮厚黄褐色,种子暗褐色,长约2.5cm。**分布:** 原产中美洲。我国滇、琼有栽培。

快速识别要点

　　常绿小乔木。幼枝栗褐色;掌状复叶,小叶5~9,长椭圆形或倒卵状长椭圆形,复叶柄较长,小叶近无柄;花单生叶腋,淡黄白色。

相似特征	不同特征	
 叶形	 小叶柄长1.5~3cm	 树皮灰白色,具密而明显的瘤状皮刺
 叶形	 小叶柄短约0.5cm	 树皮绿色,平滑

木棉

瓜栗

木槿 VS 中华木槿

木槿 *Hibiscus syriacus* Linn. 木槿属

树形

花

叶

树皮

形态: 落叶灌木或小乔木, 高 2~6m。**树皮:** 灰色, 平滑。**枝条:** 小枝被星状绒毛。**叶:** 单叶互生, 菱状卵形, 长 3~6cm, 宽 2.5~4cm; 缘具不整齐粗齿, 多 3 裂, 先端钝, 基部楔形; 两面光滑无毛, 叶柄长 1~2.5cm, 托叶线形。**花:** 朝开幕谢, 单生叶腋, 紫、红、白、蓝多色, 以紫色为多, 花梗长 0.5~1.4cm, 小苞片 6~7, 条形, 长 0.5~1.5cm, 被毛; 萼片三角形, 花冠钟形, 径 5~6cm, 雄蕊柱长约 3cm。**果:** 卵圆形, 径 1~1.2cm, 密被金黄色星状毛, 种子背部具黄白色长柔毛。**花果期:** 花期 7~9 月, 果期 10~11 月。**分布:** 我国自东北地区南部至华南地区多地有分布。

快速识别要点

落叶灌木或小乔木。叶菱状卵形, 缘具不整齐粗齿, 多 3 裂, 先端钝, 基部楔形; 花多色, 具单瓣和重瓣类型, 以紫色为多。

中华木槿 *Hibiscus sinosyriacus* Bailey 木槿属

树皮

花

叶枝

叶

形态: 落叶灌木, 高达 4m。**树皮:** 深灰色, 具纵条纹。**枝条:** 小枝密被星状毛。**叶:** 宽楔状卵圆形, 多 3 裂, 裂片三角形, 中裂片长大, 侧裂片端钝, 缘具尖粗齿, 叶长 8~12cm, 基脉 3~5; 叶柄长 4~6cm, 被毛, 托叶条形, 长 1~12cm。**花:** 单生, 淡紫色, 中心褐红色, 径 7~9cm, 花梗长 1~2cm, 密被毛, 比木槿大; 小苞片 6~7, 披针形, 长 1.7~2.5cm, 密被毛, 萼钟形; 裂片卵状三角形, 密被金黄色星状绒毛, 雄蕊柱长 4~5cm。**花果期:** 花期 6~8 月。**分布:** 我国赣、湘、黔、桂、滇、陕、甘等地。

快速识别要点

落叶灌木。叶宽楔状卵圆形, 多 3 裂, 裂片三角形, 中裂片长大, 侧裂片端钝, 缘具尖粗齿, 叶长大, 基脉 3~5; 花较大, 淡紫色, 中心褐红色。

	相似特征	不同特征		
木槿	 花	 叶菱状卵形, 较小	 花较短小, 中心红色, 雄蕊柱较短	 树皮灰褐色, 较平滑
中华木槿	 花	 叶宽楔状卵形, 较大	 花较长大, 中心褐红色, 雄蕊柱较长	 树皮深灰色, 具纵条纹

扶桑 VS 吊灯花

扶桑 (朱槿) *Hibiscus rosa-sinensis* Linn. 木槿属

树形

叶枝

树皮

形态: 常绿大灌木或小乔木,高达 6m。**枝条:** 小枝疏被星状毛。**叶:** 单叶互生,广卵形至卵状椭圆形,缘有粗齿或缺刻,叶长 5~10cm,宽 3~6.5cm;先端渐尖,基部近圆或宽楔形,叶面光滑,无毛,叶柄长 1~2cm,托叶条形,被毛。**花:** 单生近枝端叶腋,花冠漏斗形,径 7~10cm,多鲜红色,亦有淡红、淡黄诸色,花瓣倒卵形;雄蕊柱长 4~8cm,突出花冠外,花柱枝 5,花梗长 3~7cm,近顶端有节;花萼钟形,长 2cm;裂片卵形至披针形,小苞片 6~7,条形,长 1~1.5cm,基部合生。**果:** 卵形,长约 2.5cm,具喙,无毛。**花果期:** 春、夏、秋三季开花。**分布:** 我国川、滇、桂、粤、闽、台等地。

快速识别要点

常绿大灌木或小乔木。叶广卵形至卵状椭圆形,缘有粗齿或缺刻;花单生近枝端叶腋,花冠漏斗形,多鲜红色,雄蕊柱长 4~8cm,伸出花冠外。

吊灯花 *Ceropegia trichantha* Hemsl. 木槿属

树形

花　树皮

花枝　叶

形态: 常绿灌木,高达 3m,干弯曲,树冠松散。**树皮:** 浅灰色,有细裂纹。**枝条:** 细长,拱形下垂,小枝绿色。**叶:** 单叶互生,卵状椭圆形或椭圆形,长 4~8cm;缘有粗锯齿,先端渐尖,基部宽楔或圆形;两面无毛,平滑具光泽,侧脉 5~8 对,叶柄长 3~5cm。**花:** 花梗细长,中部有关节,花蕾圆柱形,中间缩缢;花大而下垂,鲜红色;花瓣深细裂呈流苏状,且向上反卷,花萼管状,具长而突出的雄蕊柱。**花果期:** 全年开花。**分布:** 我国闽、台、桂、粤、滇等地。

快速识别要点

常绿灌木。枝细长而拱垂;叶卵状椭圆形或椭圆形,缘有粗锯齿;花梗细长,花大而下垂,鲜红色,花瓣深细裂呈流苏状,且向上反卷,雄蕊柱长而突出。

相似特征	不同特征		
叶形	**枝**	**叶**	**花**
扶桑  叶形	 枝较粗不下垂	 叶稍宽短	花瓣不分裂不上卷
吊灯花 叶形	枝细长拱形下垂	 叶稍狭长	 花瓣深细裂上卷

扶桑 VS 木槿*

	相似特征	不同特征	
	花形	叶	树皮
扶桑	花形	叶广卵形至卵状椭圆形, 叶缘有粗齿或缺刻先端渐尖	树皮灰色, 有瘤状突起
木槿	花形	叶菱状卵形, 3 裂具不齐粗齿, 先端钝	树皮灰褐色, 较平滑

木槿

---

* 木槿形态特征见于第 84 页。

杜鹃 VS 白花杜鹃

杜鹃（映山红） *Rhododendron simsii* Planch. 杜鹃花属

形态：落叶或半常绿灌木，高达3m。**枝：**密被褐色平伏糙毛。**叶：**叶二型，春叶卵状椭圆形或长圆状椭圆形，长1.8~5cm，宽1~1.8cm；先端锐尖，基部楔形，两面被毛；夏叶倒卵形或倒披针形，长1~3.8cm，宽0.5~1.2cm，叶柄长约5mm。**花：**2~6朵簇生枝顶，花冠宽漏斗形，长约4cm，深红色或鲜红色，具紫斑；雄蕊10，花萼5裂，裂片卵形或披针形，花梗长约1cm，密被毛。**果：**卵圆形，长约8mm，被毛。**花果期：**花期3~5月，果期10~11月。**分布：**我国长江流域及西南地区。

快速识别要点

　　落叶或半常绿灌木。叶二型，春叶卵状椭圆形或长圆状椭圆形，夏叶倒卵形或倒披针形；花冠宽漏斗形，深红色或鲜红色。

白花杜鹃（毛白杜鹃） *Rhododendron mucronatum* (Blume) G. Don 杜鹃花属

形态：半常绿灌木，高达2m。**枝：**幼枝密被灰白柔毛，芽鳞外有胶质。**叶：**叶二型，春叶长椭圆形或卵状披针形，长3~5.5cm，两面密生毛；夏叶长圆状倒披针形或长圆状披针形，长1~3.5cm，两面具软毛，叶柄长2~6mm。**花：**1~3朵簇生枝顶，花冠宽钟形，长约4cm，白色，芳香；雄蕊10，花萼绿色，裂片5，披针形，长约1.2cm，具毛，花梗长0.5~1.5cm，密被毛。**花果期：**花期4~5月。**分布：**原产我国，长江以南多地栽培，北方多盆栽。

快速识别要点

　　半常绿灌木。叶二型，春叶长椭圆形或卵状披针形，夏叶长圆状倒披针形或长圆状披针形；花冠宽钟形，白色。

	相似特征	不同特征	
杜鹃	 叶形	 花2~6朵簇生枝顶	 花冠宽漏斗形，鲜红色
白花杜鹃	 叶形	 花1~3朵簇生枝顶	 花冠宽钟形白色或粉白色

87

人心果 VS 珊瑚树

人心果 *Manilkara zapota* (Linn.) van Royen 铁线子属

树形

果

果枝

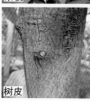

叶

树皮

形态: 常绿乔木, 高 6~20cm。**树皮:** 浅灰色, 纵裂或长方块状裂。**枝:** 幼枝具黄褐色绒毛。**叶:** 单叶互生, 常集生枝端, 卵状长椭圆形或长圆形, 革质, 全缘, 长 6~13cm, 宽 3~4cm; 先端短尖或钝, 基部楔形, 叶面中脉下凹, 侧脉多而平行, 叶柄长约 2.5cm。**花:** 1~2 朵腋生, 花冠白色, 6 裂, 先端具齿裂, 萼片 6, 长卵圆形; 雄蕊 6, 花瓣状, 退化雄蕊 6。**果:** 浆果近球形或椭圆形, 褐色, 长 4~6cm。**花果期:** 花期 6~8 月, 果期 9 月至翌年 3 月。**分布:** 原产南美洲。我国粤、琼、桂、滇有分布。

快速识别要点

　　常绿乔木。树皮浅灰色, 纵裂; 叶常集生枝端, 卵状长椭圆形或长圆形, 革质, 侧脉多而平行; 花白色, 6 裂, 裂片卵形; 浆果近球形或椭圆形。

珊瑚树 (法国冬青) *Viburnum odoratissimum* Ker-Gawl. 荚蒾属

树形

叶枝

叶

形态: 常绿乔木, 高达 10m。**树皮:** 灰褐色。**枝条:** 较粗壮, 小枝褐色。**叶:** 常集生枝顶, 倒卵状长椭圆形或长椭圆形, 长 6~15cm; 先端钝尖, 基部宽楔形, 叶缘波状或上部有疏浅钝齿; 革质, 具光泽, 侧脉 6~9 对, 叶柄长 1.5~2cm。**花:** 聚伞花序组成伞形总花序, 花冠筒长约 4mm, 花柱纤细, 裂片比筒部短, 柱头比萼片高。**果:** 核果倒卵形, 熟时由红变蓝黑。**花果期:** 花期 5~6 月, 果期 7~9 月。**分布:** 我国浙、台、苏、皖、赣、鄂等地。

快速识别要点

　　常绿乔木。叶常集生枝顶, 倒卵状长椭圆形或长椭圆形, 先端钝尖, 基部宽楔形, 叶缘波状或上部有疏浅钝齿; 核果倒卵形, 熟时由红变蓝黑。

相似特征	不同特征		
人心果			
 叶形	 树皮浅灰色, 长方块状裂纹	 叶柄绿色, 叶全缘	 小枝灰褐色
珊瑚树			
 叶形	 树皮灰褐色, 平滑	 叶柄浅紫红色, 叶缘上部有疏浅齿	 小枝褐色

芒果 VS 蛋黄果

芒果 *Mangifera indica* L. 芒果属

树形

花

叶

果

形态: 常绿乔木, 高达 20m。**树皮:** 灰褐色, 幼皮平滑。**枝条:** 小枝无毛, 较粗。**叶:** 单叶互生, 常集生枝顶, 长椭圆状披针形, 长 12~30cm; 先端渐尖或长渐尖, 全缘, 叶缘波状, 基部楔形, 叶柄叶基膨大, 长 2~5cm, 侧脉 20~25 对。**花:** 圆锥花序, 长 20~35cm, 具多花; 花小, 杂性, 淡黄色; 花瓣长圆形, 花序梗被灰黄色柔毛。**果:** 核果肾形, 侧扁, 熟时黄色。**花果期:** 花期 2~5 月, 果期 7~8 月。**分布:** 我国分布于闽、台、桂、粤、琼、滇等地。

快速识别要点

　　常绿乔木。单叶互生, 常集生枝顶, 长椭圆状披针形; 圆锥花序较大, 具多花; 果肾形, 熟时黄色。

蛋黄果 *Lucuma nervosa* A. DC. 蛋黄果属

树形

叶枝

果

叶

树皮

形态: 常绿小乔木, 高达 6m。**树皮:** 褐红色, 平滑。**枝条:** 幼枝被褐色绒毛。**叶:** 单叶互生, 窄椭圆形, 长 12~20cm, 宽 3~4.5cm; 全缘, 先端钝或渐尖, 基部楔形, 无毛, 叶具光泽, 侧脉 13~16 对, 凸起; 叶柄长约 5mm, 常集生枝顶。**花:** 2~4 朵簇生, 萼裂片卵形; 花冠钟状 4~6 裂, 窄卵形, 绿白色, 长约 5mm; 具发育雄蕊 5 及披针状退化雄蕊, 子房 5 室; 花梗长 1.3~1.7cm, 被褐色绢毛。**果:** 浆果肉质, 长约 8cm, 卵形或倒卵形, 黄褐色或黄绿色, 顶端尖。**花果期:** 花期 4~5 月, 果期秋冬季。**分布:** 原产南美洲。我国滇、琼、桂、台等地有分布。

快速识别要点

　　常绿小乔木。树皮褐红色, 平滑; 单叶互生, 常集生枝顶, 窄椭圆形, 具侧脉 13~16 对; 浆果肉质, 长约 8cm, 卵形或倒卵形, 黄褐色或黄绿色。

相似特征	不同特征		
	树皮	叶	果

	相似特征	不同特征		
芒果	 叶形	 树皮褐灰色, 细纵裂	 叶先端急尖	 肾形侧扁, 熟时黄色
蛋黄果	 叶形	 树皮褐色, 平滑	 叶先端急尖或渐尖	 卵形, 熟时黄绿色

柿树 VS 黑枣

柿树 *Diospyros kaki* Thunb.　柿树属

树形

花

果

树皮

形态：落叶乔木，高达 15m，树冠半圆形。**树皮：**暗灰色，方块状开裂。**枝条：**小枝粗壮，有褐色柔毛，无顶芽，侧芽先端钝，卵状扁三角形，芽鳞 2~3。**叶：**单叶互生，宽椭圆形至卵状椭圆形，长 6~18cm，宽 3~9cm；近革质，全缘，叶面深绿，有光泽，叶背有柔毛，先端渐尖，基部宽楔形或圆，侧脉 5~7 对，叶柄长 1~2cm。**花：**单性异株或杂性同株，花黄白色，雄花聚伞花序，花萼钟形，4 裂，花冠钟形，4 深裂，雄蕊 16~24；雌花单生，花萼 4 深裂，花冠壶形或近钟形，4 裂。**果：**浆果大，扁球形或近扁方形，径 3.5~8.5cm，熟时橙红色或橙黄色；宿萼宽 3~4cm，4 裂，果柄长 0.6~1.2cm。**花果期：**花期 5~6 月，果期 9~10 月。**分布：**我国北起辽南，南至长江流域，西至陕、甘、川、滇的广大地域，华北地区为主产区。日本也有分布。

快速识别要点

落叶乔木。树皮暗灰色，方块状开裂；叶宽大，近革质，全缘，有光泽；花黄白色，树冠钟形，4 裂；浆果橙红色或橙黄色，扁球形，径 3.5~8.5cm。

黑枣（君迁子、软枣）*Diospyros lotus* L.　柿树属

树形

叶

树皮

花

果

形态：落叶乔木，高达 16m。**树皮：**灰黑或灰褐色，方块状裂。**枝条：**灰绿色，被灰色毛，后渐脱落，冬芽尖卵形。**叶：**长椭圆形，长 6~13cm，宽 3~6cm，先端渐尖，基部宽楔形，叶正面深绿色，较柿叶薄，叶背面灰绿色，被毛，侧脉 7~10 对，叶柄长 0.8~1.8cm。**花：**单性异株，淡黄至淡红色，花冠壶形，4 裂，雄花 1~3 朵簇生叶腋，雄蕊 16，雌花单生，具退化雄蕊，子房 8 室。**果：**浆果近球形，径 1.5~2cm，初果淡黄色，后渐变蓝黑色，外被蜡质白粉，宿存萼 3~4 裂，近无柄。**花果期：**花期 5~6 月，果期 10~11 月。**分布：**我国辽宁及华北、华东、华中、西南地区。

快速识别要点

落叶乔木。树皮灰黑色，方块状裂；叶长椭圆形；花小，单性异株，淡黄至淡红色，花冠壶形，4 裂；浆果近球形，径 1.5~2cm，果面被蜡质白粉。

相似特征	不同特征		

| 柿树 | 树皮  树皮 | 叶  叶宽椭圆状卵形或倒卵形，具侧脉 5~7 对 | 花冠  花冠钟形较大 | 果  浆果近球形黄色，径 4~8cm |
| 黑枣 |  树皮 |  叶卵圆形或长椭圆形，侧脉 7~10 对 |  花冠壶形较小 |  浆果近球形由黄色变黑色，径 1.2~2cm |

黑枣 VS 鼠李 *

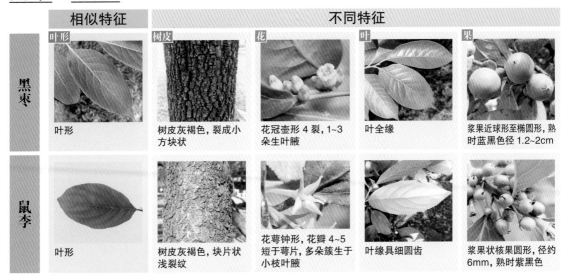

	相似特征	不同特征			
	叶形	树皮	花	叶	果
黑枣	叶形	树皮灰褐色，裂成小方块状	花冠壶形4裂，1~3朵生叶腋	叶全缘	浆果近球形至椭圆形，熟时蓝黑色径1.2~2cm
鼠李	叶形	树皮灰褐色，块片状浅裂纹	花萼钟形，花瓣4~5短于萼片，多朵簇生于小枝叶腋	叶缘具细圆齿	浆果状核果圆形，径约6mm，熟时紫黑色

黑枣

---

* 鼠李形态特征见于第189页。

秤锤树 VS 狭果秤锤树

秤锤树　*Sinojackia xylocarpa* Hu　野茉莉属

形态: 落叶小乔木,高达7m。**树皮:** 浅灰色,平滑。**枝条:** 幼枝被星状毛。**叶:** 单叶互生,椭圆形至椭圆状倒卵形,长3~9cm,叶缘具硬质细齿,叶先端短尖,基部圆或楔形,侧脉5~7对,叶脉在背面凸起,两面沿侧脉有星状毛,叶柄长,长约5mm,生于花序基部之叶较小。**花:** 聚伞花序腋生,具花3~5朵,花白色;花冠5~7裂,裂片长筒状椭圆形,长约1cm;基部合生,具雄蕊10~14,着生于花冠基部,成轮生状。花丝长约4mm,花柱长约8mm,花梗长达3cm,下垂;萼筒长约4mm。**果实:** 果卵形,长2~2.5cm,木质,有白色斑纹,喙凸尖圆锥形,红褐色;皮孔浅棕色,种子两头尖,果褐色,长约1cm。**花果期:** 花期4~5月,果期9~10月。**分布:** 我国苏、浙、皖、鄂、豫、鲁等地。

快速识别要点

　　落叶小乔木。叶椭圆形至椭圆状倒卵形,叶缘具硬质细锯齿,叶脉在背面凸起,叶柄短;果卵形,木质,有白色斑纹,喙凸尖圆锥形,红褐色,皮孔浅棕色。

狭果秤锤树　*Sinojackia rehderiana* Hu　野茉莉属

形态: 落叶小乔木,高达5m,或呈灌木状。**树皮:** 灰色,平滑。**枝条:** 幼枝具星状毛。**叶:** 单叶互生,倒卵状椭圆形或椭圆形,长5~9cm,叶先端短尖,基部楔或圆形,缘具硬齿,花序下部叶较小;侧脉5~7对,叶脉在叶正面凹下,叶柄长1~4mm,被星状毛。**花:** 聚伞状圆锥花序腋生,具花4~6朵,白色;萼倒圆锥形,萼齿5~6,花冠裂片卵状椭圆形,长1~1.2cm,宽4mm,花梗长2cm。**果:** 果长圆状圆柱形,长2~2.5cm,褐色;皮孔浅棕色,具圆锥状长喙。**花果期:** 花期4~5月,果期8~9月。**分布:** 我国赣、湘、鄂等地。

快速识别要点

　　落叶小乔木。叶倒卵状椭圆形或椭圆形;花序下部叶较小,花序聚伞状圆锥形,具花4~6朵,白色,花柱长;果长圆状圆柱形,具圆锥状长喙。

	相似特征	不同特征	
秤锤树	 叶形	叶中部最宽	果较短,卵形
狭果秤锤树	叶形	叶中上部最宽	果较长,长圆状圆柱形

秤锤树 VS 稠李 *

	相似特征		不同特征	
	花	叶形	树皮	果
秤锤树	花	叶形	树皮灰褐色,有细裂纹	果长卵形,木质,具长柄尖啄
稠李	花	叶形	树皮灰色,有白色条纹	果近球形,由红色变黑色

稠李

---

* 稠李形态特征见于第 125 页。

东北山梅花 VS 太平花

东北山梅花 *Philadelphus schrenkii* Rupr. 山梅花属

形态: 落叶灌木, 高 3~4m。**枝条:** 干枝褐色, 枝皮具纵裂纹, 小枝黄褐色。**叶:** 卵形, 缘有疏散的细尖齿或全缘, 叶长 4~7cm, 宽 3~5cm; 先端渐尖, 基部宽楔形或圆; 叶面无毛, 叶背具柔毛; 3 主脉, 侧脉 6~8 对, 明显, 叶柄紫红色。**花:** 总状花序, 具花 5~7 朵, 下部时有分枝; 花径 3~3.5cm, 花瓣 4, 白色, 卵圆形至倒卵形, 顶端有凹裂, 中上部张开, 基部重叠; 花丝白色, 花药黄色; 花梗长约 1cm, 有柔毛, 萼片卵形, 萼筒被柔毛。**果:** 蒴果卵圆形, 长约 1cm, 径 0.5cm。**花果期:** 花期 6 月。**分布:** 我国东北、华北地区有分布。

快速识别要点

落叶灌木。卵叶、白花、蒴果为主要特征。叶卵形, 3 主脉, 侧脉 6~8 对, 明显; 总状花序, 具花 5~7 朵, 花瓣 4, 白色; 蒴果卵圆形。

太平花(京山梅花) *Philadelphus pekinensis* Rupr. 山梅花属

形态: 落叶灌木, 高达 3m。**树皮:** 易剥落。**枝条:** 一年生小枝紫褐色, 二年生枝栗褐色, 无毛。**叶:** 卵形或椭圆状卵形, 长 3~6 (9)cm; 先端长渐尖, 基部宽楔形, 具齿, 两面无毛; 5 出脉, 叶柄常带浅紫色。**花:** 总状花序具花 5~7(9) 朵, 花序轴长 2~4cm; 花乳白色, 有香气, 花萼苞黄绿色; 花冠盘形, 径 2~3cm, 花瓣倒卵形, 长 0.9~1.2cm, 宽 8mm, 4 瓣裂。**果:** 蒴果近球形, 径约 6mm, 宿存萼片上位。**花果期:** 花期 5~6 月, 果期 8~9 月。**分布:** 我国华北地区及辽、川等地。

快速识别要点

落叶灌木。树皮灰褐色易剥落; 叶卵形或椭圆状卵形, 两面无毛; 总状花序具花 5~7 朵, 花冠盘形, 乳白色, 径 2~3cm, 花瓣 4 裂。

相似特征	不同特征	
东北山梅花		
 花	 叶卵形或椭圆形, 缘具尖齿	 花白色 7~11 朵成总状花序
太平花		
 花	 叶卵状椭圆形, 缘有疏齿	 花乳白色 5~7 朵成总状花序

山梅花 VS 东北山梅花

山梅花 *Philadelphus incanus* Koehne 山梅花属

树形

花

花枝

叶

形态: 落叶灌木,高达4m。**树皮:** 褐色不剥落或剥落较迟。**枝条:** 一年生小枝黄褐色,被柔毛,二年生小枝灰色或褐色。**叶:** 卵形或椭圆形,长5~9cm,缘具疏细齿;叶正面被刚毛,叶背面具白色粗毛;5主脉,侧脉不明显,叶柄紫红色。**花:** 总状花序具花7~11朵,花序轴长3~7cm;花冠白色,近钟形,径2~3cm;花瓣近圆形,4裂,花盘及花柱无毛,有香气,顶有凹缺,大部覆瓦状重叠。**果:** 蒴果倒卵形,长约8mm,径约6mm。**花果期:** 花期5~6月,果期7~8月。**分布:** 我国苏、赣、豫、陕、甘、晋、鄂、湘、川等地有分布。

快速识别要点

落叶灌木。树皮灰褐色不剥落;叶卵形或椭圆形,两面被毛;总状花序具花7~11朵,花冠近钟形,白色,径2~3cm,花瓣4裂。

	相似特征	不同特征		
	叶形	叶	花	花序
山梅花	 叶形	 叶卵状椭圆形较狭长,5主脉侧脉不明显	 花冠近钟形,花瓣不展开	 花序具花7~11朵
东北山梅花	 叶形	 叶卵形较宽短,3主脉侧脉明显	 花瓣展开	花序具花5~7朵

山梅花 VS 小花溲疏

	相似特征	不同特征		
	花形	叶	花	花序
山梅花	 花形	 叶卵形或椭圆形具疏细齿	 花冠钟形花瓣4,不展开,较大	 总状花序具花7~11朵
小花溲疏	 花形	叶卵状椭圆形至狭卵形具细尖齿	 花冠初开时钟形,后展开,花瓣5较小	 伞房花序具多花

大花溲疏 VS 小花溲疏

大花溲疏 *Deutzia grandiflora* Bge. 溲疏属

植株

叶枝

花

叶

形态：落叶灌木，高 2~3m。**树皮**：棕褐色。**枝条**：小枝褐色，被毛。**叶**：单叶对生，卵形或卵状椭圆形，长 2.5~5cm；缘有芒状细腺齿，叶先端渐尖或尾尖，基部圆、叶面粗糙，疏被毛，羽脉 5~6 对；叶柄短，约 3mm，红色。**花**：1~3 朵聚伞状顶生，花冠白色，较大，径 2.5~3.5cm；花瓣 5，长圆形或长圆状倒卵形，长 1~1.5cm，顶端有裂齿；花丝具钓状裂齿，带状，花柱 3，短于花丝；花药浅黄色；萼被毛，萼片长于萼筒。**果**：蒴果半球形，径约 5mm。**花果期**：花期 4 月中下旬，果期 6 月。**分布**：我国豫、鄂、陕、甘、晋、鲁、冀、蒙等地。

快速识别要点

　　落叶灌木。小枝褐色，叶较稀疏，单叶对生，卵形或卵状椭圆形；花冠白色，5 瓣裂。

小花溲疏 *Deutzia parviflora* Bge. 溲疏属

花序

花

叶枝

叶

形态：落叶灌木，高达 2m。**树皮**：茎枝皮灰褐色，剥落。**枝条**：小枝褐色，疏被星状毛，平滑。**叶**：单叶互生，卵状椭圆形至狭卵形，长 3.5~7cm；叶缘具细尖齿，叶先端渐尖，基部宽楔形或圆，叶面被疏毛，叶柄长约 1cm。**花**：伞房花序具多花，花冠初开时呈钟形，开放后展开，较小，花瓣白色，倒圆形，5 瓣，瓣长 3mm；雄蕊 10，分内外两轮；花柱 3，短于花丝，花梗与萼片密被毛，萼片短于萼筒。**果**：蒴果，径约 2.5mm，种子褐色，纺锤形，长 1mm。**花果期**：花期 5~6 月中旬，果期 8 月。**分布**：我国分布于陕、甘、豫、晋、冀、辽、吉等地。

快速识别要点

　　落叶灌木。对叶、小花为主要特征。单叶互生，卵状椭圆形至狭卵形，缘有细尖齿；伞房花序具多花，花冠小，白色，花冠初开时呈钟形，开放后展开。

相似特征	不同特征		
 叶形 叶形	叶 叶较宽短，叶缘具芒状细腺齿 叶形	花 花 1~3 朵聚伞状，花冠较大，花瓣基部离生展开	花瓣 花瓣长圆形或长圆状倒卵形
叶形 叶形	叶较狭长，叶缘具细尖齿	伞房花序具多花，花冠小，花瓣基部合生初开时呈钟形，后半展开	花瓣倒卵形

大花溲疏

小花溲疏

鸡麻 VS 太平花

鸡麻（蔷薇科） *Rhodotypos scandens* (Thunb.) Makino 鸡麻属

树形

形态：落叶灌木，高达3m。**枝条：**小枝细，无毛，淡紫红色。**叶：**单叶对生，卵形或卵状椭圆形，长4~9cm，缘具不规则尖重锯齿，先端渐尖，基部广楔形至圆；叶背具丝毛，叶柄长约5mm，有毛。**花：**单生侧枝端部，两性花；花瓣近圆形，白色，4裂片，雄蕊多数；副萼条形，萼裂片4，萼筒短。**果：**核果4，亮黑色，倒卵状椭圆形，长约8mm。**花果期：**花期4~5月，果期7~9月。**分布：**我国分布于东北南部、华北、西北、华中、华东地区。

花

叶枝

果

快速识别要点

落叶灌木。红枝、卵叶、白花、黑果为主要特征。小枝细，淡紫红色；叶卵形，花单生侧枝端部，花瓣近圆形，白色，4裂片；核果亮黑色，4枚同苞。

	相似特征		不同特征		
	花	叶	叶	果	小枝
鸡麻	花	叶	叶缘具不规则尖重锯齿，侧脉羽状	核果4，亮黑色	小枝绿色
太平花	花	叶	叶缘具疏齿，叶脉为3主脉	蒴果近球形	小枝红褐色

注：太平花形态特征见于第94页。

西洋山梅花 VS 稠李 *

西洋山梅花 *Philadelphus coronariusl* 山梅花属

形态: 落叶灌木,高 2~3m。**树皮:** 茎皮褐色。**枝条:** 小枝平滑,棕褐色。**叶:** 单叶对生,卵形或卵状长椭圆形,长 5~7.5cm;叶缘有锯齿,叶背面脉腋有毛,余皆光滑无毛,叶先端渐尖,基部圆或宽楔形,羽脉 5~6 对,叶柄红色,长 1~1.2cm。**花:** 总状花序具花 5~9 朵,花冠径 3.5~5cm,乳白色,有香气;花瓣 4~7,倒卵形或长圆形倒卵形,花瓣开张,近基部不重叠;雄蕊多数,花丝白色,花药黄色。**花果期:** 花期 5~6 月,果期 8 月。**分布:** 原产欧洲。我国沪、杭有栽培。

快速识别要点

落叶灌木。单叶对生,卵形或卵状长椭圆形,叶缘有锯齿,叶柄红色;花瓣白色裂片 4~7,倒卵形或长圆状倒卵形。

	相似特征		不同特征		
西洋山梅花	花	叶形	树形	花	果
	花	叶形	落叶灌木	伞形花序,花少	蒴果卵圆形
稠李	花	叶形	落叶小乔木	总状花序,花多	核果黑色或紫红色

---

* 稠李形态特征见于第 125 页。

白鹃梅 VS 齿叶白鹃梅

白鹃梅 *Exochorda racemosa* (Lindl.) Rehd. 白鹃梅属

树形

树皮

花

果

形态：落叶灌木，高达 5m。**树皮：**深灰褐色，平滑。**枝：**枝较细而开展，小枝具浅棱。**叶：**单叶互生，椭圆形或长圆状倒卵形，叶长 3~6.5cm，叶先端圆钝或急尖，无毛，全缘；叶背面粉蓝色，叶柄长约 1cm，侧脉 10~11 对。**花：**总状花序顶生，具花 6~10 朵，花白色，径 3~4cm；花瓣宽，基部收缩成窄柄（似爪），顶部常凹缺；雄蕊约 20，花梗长 5mm，萼片宽三角形。**果：**蒴果倒圆锥形，具 5 棱；内 5 室，沿腹缝开裂，每室具 1~2 籽，籽扁平有刺。**花果期：**花期 4~5 月，果期 6~8 月。**分布：**我国豫、苏、皖、浙、赣等地。

快速识别要点
　　落叶灌木。叶椭圆形或长圆状倒卵形，全缘；花序具花 6~10 朵，花瓣宽，基部收缩成爪状，顶部常凹缺。

齿叶白鹃梅 *Exochorda serratifolia* S. Moore 白鹃梅属

树形

花

叶

果

树皮

形态：落叶灌木，高达 2.5m。**树皮：**浅灰褐色，片状脱落。**枝：**小枝黄绿色。**叶：**倒卵状椭圆形，稀椭圆形，长 6~9cm；中、上部有锯齿，下部全缘；叶先端急尖或钝，基部宽楔形，叶背疏毛；叶柄长 1.5~2cm，淡红色，弧形侧脉 12~14 对。**花：**顶生总状花序，具花 4~7 朵，无毛，白色，花径 3~4cm；花瓣较狭长，雄蕊约 25，花梗长 2~3mm；萼片三角状卵形，花与叶同放。**果：**蒴果倒卵形，具 5 棱脊。**花果期：**花期 4~5 月，果期 7~8 月。**分布：**我国冀、辽、京等地。

快速识别要点
　　落叶灌木。叶倒卵状椭圆形，中、上部有锯齿，叶柄淡红色；花序具花 4~7 朵，白色，花瓣较狭长；蒴果倒卵形，具 5 棱脊。

	相似特征	不同特征	
白鹃梅	  果形	叶 叶较狭小全缘	花 花序有花 6~10 朵，花瓣宽短
齿叶白鹃梅	 果形	 叶较宽大中上部有锯齿	  花序有花 4~7 朵，花瓣较狭长

齿叶白娟梅 VS 翅果油树

翅果油树 *Elaeagnus mollis* Diels 胡颓子属

形态：落叶乔木，高达 10m。**树皮：**灰褐色，纵裂。**枝条：**幼枝灰绿色，密被星状绒毛及鳞片，芽球形，黄褐色，被绒毛。**叶：**卵形或卵状椭圆形，长 6~9cm，宽 3~6cm；先端钝尖，基部楔形，叶正面绿色，疏生腺鳞，叶背面灰绿色，密生银白色腺鳞；侧脉 6~9 对，在叶背面隆起，叶柄长约 1cm。**花：**花灰绿色，单生或 2~5 朵簇生叶腋，花梗长约 4mm；萼筒筒状钟形，花柱下部密生绒毛。**果：**核果卵形或椭球形，径约 2cm，具 8 条翅状纵棱脊，果肉粉质。**花果期：**花期 4~5 月，果期 8~9 月。**分布：**我国晋、陕、冀等地。

快速识别要点

落叶乔木。果核具 8 条翅状纵棱脊，故名"翅果油树"。树体被灰白色星状毛为主要特征，叶卵形或卵状椭圆形，花灰绿色，具较长的萼筒。

	相似特征		不同特征		
	果	叶形	树皮	叶	花
齿叶白娟梅	果	叶形	树皮浅灰褐色，片状脱落	中上部有锯齿，无毛	总状花序，花白色，花瓣 5，萼筒短
翅果油树	果	叶形	树皮灰褐色，纵裂	全缘，密被星状毛	花单生或 2~5 朵簇生，花灰绿色，萼筒长

土庄绣线菊 VS 三裂绣线菊

土庄绣线菊（柔毛绣线菊） *Spiraea pubescens* Turcz. 绣线菊属

花序

叶枝

花

叶

形态: 落叶灌木,高达 2m。**枝条:** 小枝开展,稍拱形,幼枝被毛。**叶:** 单叶互生,菱状卵形或椭圆形,先端急尖,基部广楔形,中部以上或端部具粗齿或 3 浅裂;叶面被疏毛,叶背具灰色柔毛,叶长 2~4.5cm,叶柄长 2~4mm。**花:** 伞形花序呈半球形,具总梗,有花约 20 朵,花瓣 5,白色,较小,约 7mm,宽倒卵形,雄蕊多数,与花瓣近等长,花盘环形;萼筒钟形,萼片 5,被毛,花梗长约 1cm。**果:** 蓇葖果 5,沿腹缝开裂。**花果期:** 花期 5 月,果期 7~8 月。**分布:** 我国甘、陕、晋、冀、豫、鄂、湘、赣、浙、川等地。

快速识别要点

　　落叶灌木。叶菱状卵形或椭圆形,先端急尖,基部广楔形,中部以上或端部具粗齿或 3 浅裂,被毛;伞形花序呈半球形,具花约 20 朵,白色。

三裂绣线菊（三桠绣球） *Spiraea trilobata* L. 绣线菊属

树形

叶正面

叶背面

花

形态: 落叶灌木,高达 2m。**树皮:** 褐色,平滑。**枝条:** 小枝细而开展,略呈之字形弯曲,无毛。**叶:** 单叶互生,近圆形,先端钝,多 3 裂,中部以上具疏圆锯齿;基部圆或宽楔形,长 1.6~3.2cm,基出脉 3~5,两面无毛,叶柄长约 1cm。**花:** 伞形花序,密集成总状,具总梗,花小,白色,径 6~8mm;花瓣 5,宽倒卵形,先端微凹,雄蕊多数,比花瓣短;具 5 个离生雌蕊,正常发育可形成 5 个果,花梗长 1~1.3cm,无毛,花盘 10 裂,裂片大小不齐;萼片三角形。**果:** 蓇葖果多为 5,腹缝裂,萼片直立。**花果期:** 花期 5~6 月,果期 7~9 月。**分布:** 我国东北、华北地区及陕、甘、皖等地。

快速识别要点

　　落叶灌木。小枝呈"之"字形弯曲;叶先端钝,多 3 裂,中部以上具疏圆锯齿,基出脉 3~5;伞形花序密集成总状,花小,白色。

相似特征	不同特征	

土庄绣线菊

花 / 花

叶中部以上或端部具粗齿或 3 浅裂

花盘绿色,花蕊绿白色

三裂绣线菊

花

叶近圆形,先端 3 裂

花盘、花蕊黄色

风箱果 VS 无毛风箱果 VS 金叶风箱果

风箱果 *Physocarpus amurensis* (Maxim.) Maxim. 风箱果属

形态: 落叶灌木, 高达3m。**树皮:** 纵向剥裂, 灰褐色。**枝条:** 老枝灰褐色, 幼枝紫红色。**叶:** 单叶互生, 广卵形或三角状卵形, 先端急尖, 基部近心形; 3~5浅裂, 缘有重齿, 叶长4~5.5cm; 叶背面沿脉有毛, 叶柄长1.5~2.5cm。**花:** 呈顶生伞形总状花序, 径3~4cm, 花径0.8~1.3cm; 花瓣倒卵形, 白色; 雄蕊多数, 花药紫色; 雌蕊2~4; 萼片三角状, 有毛, 花梗长1.3~1.8cm。**果:** 蓇葖果, 卵形, 开裂, 种子黄色有光泽。**花果期:** 花期6月, 果期7~8月。**分布:** 我国分布于黑、冀等地。

快速识别要点

　　落叶灌木。裂叶, 伞花为主要特征。叶广卵形或三角状卵形, 3~5浅裂, 缘有重齿; 顶生伞形总状花序, 具多花, 白色, 花药紫色。

无毛风箱果 (北美风箱果) *Physocarpus opulifolius* (Linn.) Maxim. 风箱果属

形态: 落叶灌木, 高达3m。**树皮:** 灰褐色, 纵向剥裂。**枝条:** 黄褐色, 幼枝绿色。**叶:** 宽披针形或三角状披针形, 长5~8cm, 宽3~4cm; 先端急尖, 基部宽楔或截形, 叶中下部具3浅裂, 上部具重锯齿; 叶面绿色, 叶背灰绿色, 叶柄长约1.5cm, 基出3主脉。**花:** 伞房形总状花序顶生, 径约4cm; 花蕾稍粉红色, 花白色, 径5~10mm; 花瓣倒卵形, 雄蕊多数, 突出于花冠外; 花药紫色, 萼筒杯状三角形。**果:** 蓇葖果, 先端淡红色, 无毛, 卵形。**花果期:** 花期7月, 果期8~9月。**分布:** 我国东北地区及鲁、冀、京等地。

快速识别要点

　　落叶灌木。因树体无毛, 故名"无毛风箱果"。叶宽披针形或三角状披针形, 叶中、下部具3浅裂, 上部具重锯齿; 花蕾稍粉红色, 花冠白色; 蓇葖果, 先端淡红色。

金叶风箱果 *Physocarpus opulifolius* var. *luteus* (hort. ex Petz. & G. Kirchn.) Dippel 风箱果属

形态: 落叶灌木, 高达2m。**叶:** 三角状卵形, 基部截形, 具3裂, 裂片先端渐尖, 缘有锯齿; 叶长4~6.5cm; 侧脉, 叶柄长约1.5~2cm; 生长期叶金黄色, 落叶前黄绿色。**花:** 伞房形总状花序顶生, 花白色, 径约1cm, 雄蕊多数, 花药紫红色。**果:** 外面光滑, 膨大呈卵形, 黄色带红晕。**花果期:** 花期5~6月, 果期8月。**分布:** 我国东北、华北地区。

快速识别要点

　　落叶灌木。生长期叶片金黄色, 故名"金叶风箱果"。叶三角状卵形, 具3裂, 裂片先端渐尖, 缘有锯齿; 果黄色, 带红晕。

风箱果 VS 无毛风箱果 VS 金叶风箱果

	相似特征	不同特征		
	果形	叶	花	果
风箱果	果形	叶广卵形基部心形或圆，3~5浅裂，裂片先端圆钝，叶鲜绿色	花蕾白色	蓇葖果黄色，略带红色，有毛
无毛风箱果	果形	叶三角状卵形基部广楔形，3浅裂，裂片先端渐尖，叶绿色	花蕾稍粉红色	蓇葖果红色，无毛
金叶风箱果	果形	叶三角状卵形或阔卵形，3~5裂，裂片先端尖，叶黄绿色	花蕾白色	蓇葖果红色无毛

金叶风箱果

无毛风箱果 VS 野珠兰

野珠兰　*Stephanandra chinensis* Hance　野珠兰属

植株

叶

小枝

花

形态：落叶灌木，高达 1.5m。**枝条：**小枝细，微被毛。**叶：**卵状长椭圆形或卵形，长 5~7cm，常具浅裂，重锯齿；先端渐尖或尾尖，基部心形或圆，两面无毛，或叶背面沿脉被疏毛，侧脉7~10 对，叶柄长约 8mm。**花：**顶生圆锥花序，长 5~8cm，径 2~3cm，较疏松；花梗长约 5cm，花小，花瓣白色；雄蕊 10，长为花瓣的 1/2，心皮 1，无毛。**果：**蓇葖果，果径约 2mm，具种子1~2，卵球形。**花果期：**花期 5 月，果期 7~8 月。**分布：**我国豫、皖、苏、浙、赣、湘、鄂、川、粤、闽等地。

快速识别要点

落叶灌木。叶卵状长椭圆形或卵形，常具浅裂，重锯齿；顶生圆锥花序，较疏松，花小，花瓣白色；蓇葖果径约 2mm。

相似特征	不同特征		
叶形	花	小枝	叶柄
无毛风箱果  叶形	 伞房形总状花序顶生	 小枝绿色	叶柄较长
野珠兰 叶形	 圆锥花序顶生	 小枝红色	叶柄较短

风箱果 VS 天目琼花 *

	相似特征	不同特征		
	叶形	花	干皮	果
风箱果	 叶形	 花序为伞形总状,花一型	 干皮灰褐色,爆皮状剥裂	 蓇葖果黄色,聚生
天目琼花	 叶形	 聚伞花序复伞形,具边花和中央花,花二型	 干皮灰褐色,平滑	核果近球形,红色

风箱果 VS 照山白

照山白 *Rhododendron micranthum* Turcz. 杜鹃花属

植株

叶

花

形态: 常绿灌木,高达 2m。**树皮:** 灰褐色,平滑。**枝条:** 小枝细,具鳞片及细毛。**叶:** 倒披针形,长 3~4cm,宽 0.8~1.2cm;先端钝,基部窄楔形,叶缘略反卷,两面被鳞片,叶背较多,叶柄长约 4mm。**花:** 呈顶生伞形总状花序,具多花;花乳白色,径约 1cm,5 瓣裂,雄蕊伸长,花柱无毛,萼片 5 裂,窄三角形,花梗长约 7mm。**果:** 蒴果,圆柱形,长 5~7mm。**花果期:** 花期 7 月,果期 9 月。**分布:** 我国分布于东北、华北、西北地区及西南地区的北部。

快速识别要点

常绿灌木。窄叶、伞花为主要特征。叶倒披针形,先端钝,基部窄楔性,叶缘略反卷;呈顶生伞形总状花序,具多花,花乳白色。

	相似特征	不同特征	
	花序	树皮	叶
风箱果	 花序	 树皮灰褐色,爆皮状剥裂	 叶广卵形 3~5 裂
照山白	 花序	树皮褐色,平滑	 叶倒披针形无裂

* 天目琼花形态特征见于第 277 页。

东北珍珠梅 VS 珍珠梅

东北珍珠梅 *Sorbaria sorbifolia* (L.) A. Braun 珍珠梅属

叶

花序

花

树皮

形态：落叶灌木，高达 2m。**树皮**：红褐色，光滑。**枝条**：枝条开展，小枝稍弯曲，无毛。**叶**：羽状复叶，长 13~23cm，小叶 11~17，对生，叶轴有柔毛，卵状披针形，长 4.5~7cm，宽 2cm；基部圆或楔形，先端渐尖，缘有尖重齿；侧脉 25~30 对，小叶近无柄。**花**：圆锥花序顶生，长 10~20cm，径 5~12cm，分枝近直立；花梗长 5~8mm，花径 1~1.2cm，萼片三角状卵形；花瓣白色，雄蕊 40~50，比花瓣长 1.5~2 倍，雌蕊 5。**果**：蓇葖果长圆形，果梗直立，萼片反折。**花果期**：花期 6~8 月，果期 8~9 月。**分布**：亚洲东部。我国东北及华北地区。

快速识别要点

　　落叶灌木。羽状复叶，小叶 11~17，对生，卵状披针形，缘有尖重齿，侧脉 25~30 对；圆锥花序顶生，长 10~20cm，径 5~12cm；花瓣白色，雄蕊 40~50，比花瓣长 1.5~2 倍。

珍珠梅 *Sorbaria Kirilowii* (Regel) Maxim 珍珠梅属

花

叶

茎皮

形态：落叶灌木，高达 3m。**枝条**：枝条开展，小枝稍弯曲。**叶**：羽状复叶，长 21~25cm，小叶 13~21，对生，长圆状披针形，长 4~7cm；先端渐尖，基部圆或楔形，锯齿锐，无毛，侧脉 15~25 对，平行，近无梗。**花**：密集圆锥花序顶生，长 15~20cm，径 7~11cm，分枝斜；花梗长 3~4mm，花径 5~7mm；萼片长圆形，与萼筒近等长；花瓣白色而小，蕾时如珍珠；雄蕊 20，与花瓣等长或稍短，雌蕊 5，无毛。**果**：蓇葖果长圆形，萼片反折。**花果期**：花期 6~7 月，果期 9~10 月。**分布**：我国产于华北、西北地区及内蒙古。

快速识别要点

　　落叶灌木。羽状复叶，小叶 13~21，对生，长圆状披针形，锯齿锐；圆锥花序密集，分枝斜出，花瓣白色而小，雄蕊 20，与花瓣等长或稍短，因其花蕾洁白如珍珠，花放时又酷似梅花，故名"珍珠梅"。

	相似特征		不同特征	
东北珍珠梅	　叶形	花序	　叶 小叶较狭长，侧脉多	　花序 花序较狭小，直立，雄蕊多且长
珍珠梅	　叶形	花序	　小叶较宽短，侧脉较少	花序 花序较宽大，雄蕊较短且少

月季 VS 玫瑰

月季 *Rosa chinensis* Jacq. 蔷薇属

植株

叶

花

花枝

果

种子

形态: 落叶灌木。高达 2m。**树皮:** 褐色。**枝条:** 小枝具钩刺无毛。**叶:** 奇数羽状复叶, 小叶 3~5(~7), 卵状椭圆形或阔卵形, 长 3~6cm, 宽 2~3.5cm; 缘有尖齿, 先端短渐尖, 基部圆; 叶背面具柔毛, 叶柄及叶轴疏生小皮刺, 托叶大部与叶柄联合, 边缘具腺毛。**花:** 数朵集成伞房花序或单生, 径 4~5cm; 花瓣紫红、粉红及白色, 重瓣芳香; 花柱分离, 长为雄蕊之半, 重瓣类型雄蕊很少露出花瓣, 花梗长 3~5cm; 萼片卵形, 端尾尖, 羽裂。**果:** 蔷薇果卵球形, 径约 1.5cm, 红色, 顶端宿存萼片。**花果期:** 花期 5~10 月, 果期 9~10 月。**分布:** 我国东北地区南部至粤、桂、黔、滇多地有分布。

快速识别要点

落叶灌木。奇数羽状复叶, 小叶 3~5(~7), 上部小叶较大, 基部小叶较小, 卵状椭圆形或阔卵形; 花具单瓣和重瓣类型, 重瓣类型雄蕊很少露出花瓣。

玫瑰 *Rosa rugosa* Thunb. 蔷薇属

植株

树皮

叶

花

果

形态: 落叶灌木, 丛生, 高达 2m。**树皮:** 褐色具皮刺。**枝条:** 枝条较粗, 密生细刺及毛。**叶:** 奇数羽状复叶互生, 小叶 5~9, 椭圆形, 缘有钝锯齿, 长 2~5cm; 先端急尖或钝尖, 基部宽楔形或圆, 叶面网脉凹下, 具皱纹; 叶背网脉显著, 灰绿色, 被毛, 叶柄与叶轴疏生皮刺及毛, 托叶大部与叶柄联合。**花:** 3~6 朵集生或单生, 径 6~8cm, 花梗长 1.5~2.5cm; 花瓣紫红色, 单瓣或重瓣, 浓香, 雌雄蕊露出; 萼片 5, 多扩大为叶状。**果:** 蔷薇果扁球形, 光滑, 红色, 径约 2cm, 萼片宿存。**花果期:** 花期 5~7 月, 果期 9~10 月。**分布:** 我国东北地区南部、华北、华东、华中等地。

快速识别要点

落叶灌木。复叶小叶 5~9, 椭圆形, 缘有钝锯齿, 叶面皱缩, 具单瓣或重瓣类型, 多玫瑰红色; 蔷薇果扁球形。

相似特征	不同特征	

<table>
<tr><td rowspan="2">月季</td><td>花形

花形</td><td>树皮

叶广卵形至卵状矩圆形,叶面平光</td><td>叶

蔷薇果球形,径约1~1.5cm,橙红色</td></tr>
</table>

月季	花形  花形	树皮  叶广卵形至卵状矩圆形,叶面平光	叶  蔷薇果球形,径约1~1.5cm,橙红色
玫瑰	 花形	 叶卵圆形至椭圆形,叶面皱缩	蔷薇果扁球形,径2~3cm,红色

玫瑰 VS 紫玫瑰

紫玫瑰 *Rosa rugosa* var. *typica* Regel 蔷薇属

植株

花

叶

果

树皮

形态:落叶灌木,高达1.5m。**树皮:**淡褐色。**枝条:**枝具皮刺。**叶:**奇数羽状复叶互生,小叶5~7(~9),椭圆形,缘有细齿,叶长2~4.5cm;先端尖,基部宽楔形,叶面具浅皱纹,托叶大部与叶柄联合。**花:**多单生枝端,径5~7cm,花瓣紫红色,单瓣或重瓣。**果:**蔷薇果扁球形,橙黄色,萼片宿存。**花果期:**花期4~6月,果期8~9月。**分布:**我国华北、东北地区。

快速识别要点

落叶灌木。花紫色或深紫色故名"紫玫瑰"。多单生枝端,羽叶具小叶5~7(~9),椭圆形,叶面具浅皱纹。

相似特征	不同特征		
玫瑰	果形  果形	叶  叶脉凹下,叶面粗糙不平	花  花玫瑰红色,多重瓣	果  果鲜红色
紫玫瑰	 果形	 叶脉不凹下,叶面较平	 花紫红色单瓣或重瓣	 果橙黄色或浅红色

白玉堂 VS 白玫瑰

白玉堂 *Rosa multiflora* var. *alboplena* T. T. Yu & T. C. Ku 蔷薇属

植株

叶

花

形态: 落叶灌木,高达 2.5m。**枝条:** 细长,略下垂。**叶:** 奇数羽状复叶,小叶 5~7,长卵形或倒卵形,缘有尖锯齿,叶长 1.5~2cm;先端突尖,基部宽楔形或圆,侧脉 8~10 对,托叶与叶柄合生,具长毛刺。**花:** 白色,重瓣,常 7~10 朵簇生;花瓣卵圆形,覆瓦状排列,雄蕊多数,分为数轮,短于花瓣。**分布:** 我国华北、东北地区。

快速识别要点

　　落叶灌木。花洁白如玉,重瓣,常 7~10 朵簇生,花瓣卵圆形,覆瓦状排列,雄蕊短于花瓣;叶长卵形或倒卵形,缘有尖锯齿。

白玫瑰 *Rosa rugosa* var. *alba* (T. S. Ware) Rehder 蔷薇属

植株

叶

花

形态: 落叶灌木,高达 2m。**树皮:** 淡褐色,具皮刺。**枝条:** 小枝具细刺。**叶:** 奇数羽状复叶,小叶 5~9,椭圆形,缘有锯齿,先端尖或钝,基部圆或宽楔形;叶正面下陷而具皱纹,叶背面具柔毛,中间小叶柄较长,两侧小叶近无柄。**花:** 单生叶腋或数朵集生,单瓣或重瓣,白色,花瓣倒卵形;花丝、花药黄色。**果:** 扁球果,红色,径约 1.2cm。**花果期:** 花期 5~6 月,果期 8~9 月。**分布:** 我国华北、西北、西南地区。

快速识别要点

　　落叶灌木。花白色故名"白玫瑰"。具单瓣或重瓣,花瓣倒卵形,花丝、花药黄色;奇数羽状复叶,小叶 5~9,缘有锯齿。

相似特征	不同特征	

	叶形	叶	花
白玉堂	 叶形	 倒广卵形	 花重瓣,白色雄蕊短于花瓣,不露或微露
白玫瑰	 叶形	 椭圆形	 花单瓣或重瓣,白色,雄蕊长于花瓣,露出

木香花 VS 山木香

木香花 *Rosa banksiae* Ait. 蔷薇属

植株

花

叶

花序

花枝

形态: 落叶或半常绿攀缘灌木, 高达 10m。**枝条:** 枝细长, 疏生钩刺, 无毛, 小枝绿色, 大枝褐色。**叶:** 奇数羽状复叶, 小叶 3~5(7), 椭圆状披针形或长圆状披针形, 缘有细尖齿, 叶长 2~6cm, 叶先端急渐尖, 基部楔形或近圆; 叶背中脉被疏毛, 托叶线形, 与叶柄离生, 早落。**花:** 伞形花序, 多朵簇生, 花瓣白色或淡黄色; 重瓣或半重瓣, 径约 2.5cm, 花瓣长圆形, 覆瓦状排列, 雄蕊多数; 花柱离生, 柱头突出, 萼片长卵形, 全缘。**果:** 蔷薇果近球形, 红色, 径约 5mm, 萼片脱落。**花果期:** 花期 5~7 月, 果期 9~10 月。**分布:** 我国陕、甘、青、冀、鲁、豫、晋及西南、中南地区。

快速识别要点

落叶或半常绿攀缘灌木。长叶、白花、红果为主要特征。小叶椭圆状披针形或长圆状披针形; 伞形花序, 多朵簇生, 花瓣白色; 蔷薇果近球形, 红色, 小。

山木香 *Rosa cymosa* Tratt. 蔷薇属

花序

花

叶枝

形态: 常绿攀缘灌木, 长达 5m 以上。**枝条:** 茎枝褐色, 小枝较细长, 具较多钩刺, 无毛。**叶:** 奇数羽状复叶, 小叶 3~5(7), 卵状披针形或椭圆形, 缘有细尖齿, 长 2~5cm, 先端渐尖, 基部近圆, 具细锯齿, 无毛, 叶轴背面有倒钩刺, 托叶条形, 与叶柄分离, 早落, 小叶柄长。**花:** 复伞房花序, 花白色, 径约 2cm, 单瓣 5, 花瓣卵形, 芳香, 花柱分离, 有毛。**果:** 蔷薇果近球形, 径约 5mm, 红色。**花果期:** 花期 4~5 月, 果期 10~11 月。**分布:** 我国华东、中南及西南地区。

快速识别要点

常绿攀缘灌木。奇数羽状复叶, 小叶 3~7, 卵状披针形或椭圆形, 长 2~5cm, 花白色, 径约 2cm, 单瓣 5, 果近球形, 径约 5mm, 红色。

相似特征	不同特征		
木香花			
羽叶	小枝绿色, 少刺	花瓣长圆形多重瓣或半重瓣	小叶椭圆状披针形, 较长
山木香			
羽叶	小枝绿色, 多刺	花瓣卵形, 单瓣 5	小叶卵状披针形或椭圆形, 较短

黄蔷薇 VS 峨眉蔷薇

黄蔷薇（红眼刺） *Rosa hugonis* Hemsl. 蔷薇属

植株

花枝

果

叶

树皮

形态：落叶灌木，高达 2.5m，树皮红褐色。**枝条：**多分枝，枝拱曲且细长，具扁刺及刺毛。**叶：**奇数羽状复叶对生，稀互生，小叶 5~13，卵形或椭圆形，长 1~2cm，缘具单锯齿；先端钝或微尖，基部近圆，无毛或叶背幼时具疏毛，叶柄及叶轴无毛，有小刺，托叶与叶柄大部连合。**花：**花单生枝端，径约 5cm，花瓣 5，淡黄色；花柱离生，柱头略突出，花梗无毛。**果：**蔷薇果扁球形，径约 1.5cm，深红色，无毛，萼片反折。**花果期：**花期 4~6 月，果期 8~10 月。**分布：**我国鲁、晋、陕、甘、青、川等地。

快速识别要点

　　落叶灌木。拱枝、小叶、大花、红果为主要特征。枝拱曲细长；小叶 5~13，长 1~2cm；花单生枝端，径约 5cm；蔷薇果深红色。

峨眉蔷薇（刺石榴） *Rosa omeiensis* Rolfe 蔷薇属

植株

花

果

花枝

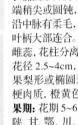
叶

形态：落叶灌木，高达 4m，茎直立，树皮红褐色。**枝条：**密生，幼枝被刺毛，茎与枝具宽皮刺。**叶：**奇数羽状复叶，小叶 9~17（20），长椭圆形，稀长圆状倒卵形，长 1~2.5cm；先端稍尖或圆钝，基部楔形，具尖锯齿；叶背沿中脉有柔毛，叶柄及叶轴具小刺，托叶与叶柄大部连合。**花：**单生，白色，花心具黄色雌蕊，花柱分离，柱头略突出；花瓣 4（~5），花径 2.5~4cm，花梗及花托无毛。**果：**蔷薇果梨形或椭圆形，长 1~1.5cm，鲜红色，果梗肉质，橙黄色，熟时膨大，萼片直立。**花果期：**花期 5~6 月，果期 7~9 月。**分布：**我国陕、甘、鄂、川、黔、滇、藏、青等地。

快速识别要点

　　落叶灌木。直茎、宽刺、白花、梨果为主要特征。茎直立，茎与枝具宽皮刺；花单生，白色，具黄色雄蕊群；蔷薇果梨形或椭圆形。

相似特征	不同特征			
羽叶	**茎枝**	**枝刺**	**叶**	**花**
黄蔷薇 羽叶	茎枝细长拱曲	茎枝皮刺较窄而稀	叶稍短	花黄色，花瓣 5
峨眉蔷薇 羽叶	茎枝直立	茎枝皮刺宽而密	叶稍长	花白色，花瓣 5（4） 雄蕊黄色

美蔷薇 VS 缫丝花

美蔷薇 *Rosa bella* Rehd. & Wils. 蔷薇属

植株

叶

果

叶枝

花

形态: 落叶灌木,高达 3m。**茎皮:** 具细瘦直刺。**枝条:** 具散生皮刺,近基部有刺毛。**叶:** 奇数羽状复叶,小叶 5~9,椭圆形或卵形,长 1~2.5cm;先端急尖,基部楔形或近圆,具尖锯齿;叶背主脉具疏毛,灰绿色,叶柄、叶轴被疏毛和小刺,托叶大部与叶柄连合。**花:** 花粉红色,1~3 朵聚生,径约 5cm,柱头不伸出。**果:** 蔷薇果椭圆形至长卵形,长 1.5~2cm,深红色,顶端具短颈,花萼宿存。**花果期:** 花期 5~7 月,果期 8~10 月。**分布:** 我国吉、蒙、晋、冀、鲁、豫等地。

快速识别要点

落叶灌木。蔷薇果椭圆形至长卵形,深红色,顶端具短颈;花萼宿存;小叶 5~9,椭圆形或卵形,长 1~2.5cm,先端尖,基部楔形或近圆。

缫丝花(刺梨) *Rosa roxburghii* Tratt. 蔷薇属

植株

叶

树皮

果

花

形态: 落叶灌木,高达 2.5m。**茎皮:** 褐灰色,剥落。**枝条:** 小枝无毛,托叶下具成对微弯扁刺,多分枝。**叶:** 奇数羽状复叶,小叶 7~13,椭圆形,长 1~2cm;先端急尖,基部广楔形,缘有细锯齿,叶柄、叶轴疏生小皮刺;叶背沿中脉具小刺,托叶大部与叶柄连合。**花:** 1~2 朵生于短枝上,淡紫红色;重瓣具单瓣类型,径 4~6cm,微香,花梗较粗,生针刺;花柱离生,柱头微突出。**果:** 蔷薇果扁球形,径 3~4cm,黄绿至红色,密被针刺,萼片直立。**花果期:** 花期 5~6 月,果期 8~10 月。**分布:** 我国苏、浙、赣、鄂、川、黔、滇、粤等地。

快速识别要点

落叶灌木。蔷薇果扁球形,径 3~4cm,密被针刺,又名"刺梨"。花 1~2 朵生于短枝上,淡紫红色,径 4~6cm;小叶 7~13,椭圆形。

	相似特征	不同特征	
美蔷薇	 羽叶	 花粉红色	 果椭圆形至长卵形,顶端具短颈
缫丝花	 羽叶	 花淡紫色	 果扁球形,密被针刺,径 3~4cm

黄刺玫 VS 棣棠花

黄刺玫 *Rosa xanthina* Lindl. 蔷薇属

花枝

花

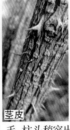

茎皮

果枝

形态：落叶灌木，高达 3m。**枝条：**小枝细长，红褐色，散生直硬刺，无刺毛。**叶：**羽状复叶，小叶 7~13，宽卵或近圆形，稀椭圆形，长 0.8~2cm；先端钝，基部圆形，缘具钝齿；叶背有毛，叶柄及叶轴疏生柔毛和刺，托叶中部以下与叶柄联合。**花：**黄色，单生，茎约 4cm，花柱离生，被柔毛，柱头稍突出，重瓣或半重瓣，有单瓣类型。**果实：**很少结果，果近球形，径 1cm，褐红色，萼片反折。**花果期：**花期 4~6 月，果期 7~9 月。**分布：**我国吉、辽、冀、鲁、晋、蒙、陕、甘、青等地。

快速识别要点

　　落叶灌木。小叶、红茎、黄花、硬刺为黄刺玫的主要特征。小叶长不足 2cm；花中型，黄色，茎干为红色，具坚硬的皮刺；球形果，熟时褐红色。

棣棠花 *Kerria japonica* (L.) DC. 棣棠属

植株

花

叶

形态：落叶丛生小灌木，高达 2m。**枝条：**小枝绿色具纵纹，无毛。**叶：**单叶互生，卵状椭圆形，长 3~9cm；先端长渐尖，基部近圆或平截，具不规则重齿，常浅裂，叶背微被柔毛，叶柄长 0.5~1.5cm，无毛。**花：**单生侧枝端，花径 3~4.5cm，金黄色；萼片、花瓣各 5，有重瓣类型。**果实：**瘦果倒卵形，褐黑色，生于蒴果状果苞内，4 数。**花果期：**花期 4~5 月，果期 7~8 月。**分布：**我国华北、华东、华中、西南等地。

快速识别要点

　　落叶丛生小灌木。其特征为大齿（具不规则重尖齿，常浅裂）；黄花（中型花，金黄色）；瘦果（倒卵形，褐黑色）。

相似特征	不同特征		
花	叶枝	叶	果

黄刺玫

叶形

小枝红褐色

奇数羽状复叶

单果近圆形，红黄色

棣棠花

叶形

小枝绿色

单叶互生

瘦果 5~8，离生

黄蔷薇 VS 单瓣黄刺玫

	相似特征	不同特征		
	花	枝	叶	果
黄蔷薇	花	枝拱形, 细长	小叶卵形或椭圆形具单锯齿	果稍扁
单瓣黄刺玫	花	枝较短不拱曲	小叶宽卵形或近圆形缘有钝齿	果圆形

棣棠花 VS 野珠兰

	相似特征	不同特征	
	叶形	花	叶
棣棠花	叶形	花单生侧枝顶, 金黄色	叶基部圆或平截, 缘齿裂稍小
野珠兰	叶形	顶生疏松的圆锥花序, 花白色	叶基部心形, 叶缘齿裂较大

棣棠花

多花蔷薇 VS 伞花蔷薇

多花蔷薇（野蔷薇） *Rosa multiflora* Thunb. 蔷薇属

花序

花

果

形态：落叶灌木，高达3m。**枝条：**枝条细长，上升或攀缘状，无毛，有皮刺，多生于托叶下。**叶：**奇数羽状复叶，小叶5~7（~9），倒卵状椭圆形或长圆形，长2~3cm；先端急尖，基部宽楔形，缘具尖齿；叶背具柔毛，托叶篦齿状大部与叶柄连合，边缘具腺毛。**花：**圆锥状伞形花序，具花多朵，单瓣，白色。**果：**蔷薇果球形，红褐色，径约6mm。**花果期：**花期5~6月，果期8~9月。**分布：**我国黄河流域以南。

快速识别要点

　　落叶灌木。奇数羽状复叶，小叶5~7（~9），倒卵状椭圆形；圆锥状伞形花序，具花多朵，单瓣，白色。

伞花蔷薇 *Rosa maximowicziana* Regel 蔷薇属

植株

花

果

叶

形态：落叶灌木，高达2m。**枝条：**蔓生或拱曲，具皮刺与刺毛。**叶：**奇数羽状复叶互生，小叶5~9，长圆形或卵状椭圆形，缘具细齿，长2~4cm；先端短渐尖或急尖，基部近圆或宽楔形，无毛，叶轴具倒刺，托叶与叶柄合生，有腺齿，小叶近无柄。**花：**伞房花序，花白色至粉红色，单瓣或重瓣，雄蕊多数；花柱头头状，靠合并突出，与雄蕊近等长；萼片及花托具腺毛。**果：**果近球形，径约1cm，红色。**花果期：**花期6~7月，果期9~10月。**分布：**我国辽、冀、鲁等地。

快速识别要点

　　落叶灌木。伞房花序，故名伞花蔷薇。花白色至粉红色，单或重瓣；羽叶具小叶5~9，长圆形或卵状椭圆形，缘具细齿，托叶与叶柄合生；果近球形，径约1cm，红色。

	相似特征	不同特征		
多花蔷薇	  果	 枝 托叶下有皮刺	 叶 小叶长椭圆形，中部以上有锐齿	 花 圆锥状伞形花序，具花多朵，单瓣，白色
伞花蔷薇	 果	 小枝在叶柄基部无皮刺	 小叶卵状椭圆形，缘有细齿	 伞房花序具多花，花白色至浅粉红色

李 VS 杏

李（李子树） *Prunus salicina* Lindl. 李属

树形

花枝

果

树皮

形态： 落叶小乔木，高达 7m。**树皮：** 灰褐色，有裂纹。**枝条：** 小枝无毛，褐色，腋芽单生，卵圆形。**叶：** 倒卵状椭圆形或倒卵状披针形，长 3~7cm；缘具不整齐细齿，先端渐尖或突尖，基部楔形；叶正面无毛，叶背面中脉基部两侧被疏毛；叶柄长 0.5~1.5cm。**花：** 白色，3 朵簇生，径约 1.5~2cm，具长柄；先叶开放，稀与叶同放；花梗长约 1cm，萼片长圆状卵形；花瓣倒卵状椭圆形，雄蕊 30，花柱无毛。**果：** 近球形，红色或黄色，被白霜，径 4~7cm，具一纵沟。核两侧扁平，表面有皱纹。**花果期：** 花期 3~5 月，果期 7~9 月。**分布：** 我国东北南部、华北、华东、华中地区。

快速识别要点

落叶小乔木。红果、白花、倒卵叶为主要特征。果红色或黄色，近球形；花白色，3 朵簇生，径约 1.5~2cm；叶倒卵状椭圆形或倒卵状披针形。

杏（杏树） *Armeniaca vulgaris* Lam. 李属

树形

花枝

果

树皮

形态： 落叶乔木，高达 12m。**树皮：** 红褐色，浅纵裂纹。**枝条：** 小枝红褐色，无毛，芽卵圆形，单生。**叶：** 卵圆形或卵状椭圆形，长 5~8cm；缘具钝齿，先端突渐尖或突尖，基部圆或广楔形，叶柄带红色，长 2~3.5cm；具 2 腺体。**花：** 单生，稀 2 朵并生；近白或淡粉色，花瓣倒卵圆形，雄蕊 30~40，花萼 5，反曲，花梗极短，近无梗。**果：** 近球形，淡黄色常一边带红晕，光滑，径 2~3.5（4）cm，具纵沟；核卵圆形两侧扁，表面光滑。**花果期：** 花期 3~4 月，果期 6~7 月。**分布：** 我国西北、东北、西南地区及长江中下游各地。

快速识别要点

落叶乔木。黑皮、红枝、圆叶、黄果为主要特征。树皮黑褐色；小枝红褐色；叶卵圆形或卵状椭圆形；果淡黄色带红晕，近球形。

	相似特征	不同特征			
	果	花	果	叶	果核
李	果	 花白色，3 朵簇生	 果红色或黄色，较大	叶倒卵状椭圆形或倒卵状披针形	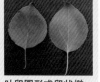 果核表面有皱纹
杏	 果	 花近白色或浅粉白色，单生或 2 朵并生	 果淡黄色，一边带红晕，较小	 叶卵圆形或卵状椭圆形	果核表面无皱纹

杏 VS 山杏

山杏 *Prunus sibirica* L. 李属

形态: 落叶乔木, 高达 5m, 或呈灌木状。**树皮:** 灰黑色, 粗糙。**枝条:** 小枝无毛。**叶:** 卵形或近扁圆形, 缘具细钝锯齿, 先端尾尖, 基部宽楔形或圆, 两面无毛, 叶柄较长, 达 3.5cm。**花:** 单生或 2 朵并生; 白色或浅粉色; 花瓣 5, 近圆形, 雄蕊与花瓣近等长; 萼片长圆状椭圆形; 花后反折, 花梗短或近无梗。**果:** 扁球形, 径 1.5~2.5cm, 橙黄或黄色, 稍带红晕, 果肉薄, 熟时开裂; 可食; 果核扁球形, 易与果肉分离。**花果期:** 花期 3~4 月, 果期 6~7 月。**分布:** 我国分布于东北、华北地区及甘肃等地。

快速识别要点

　　落叶乔木。树皮粗糙, 灰黑色; 叶卵形或近扁球形, 缘具细钝齿, 先端尾尖; 果扁球形, 黄色, 果肉薄; 果核扁球形, 易与果肉分离。

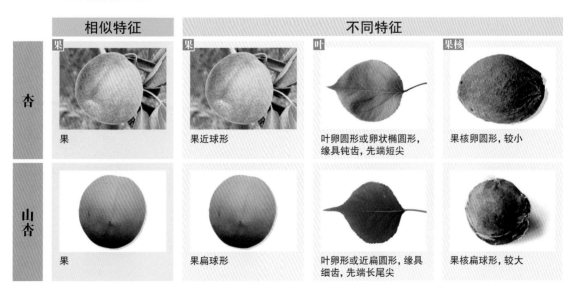

	相似特征	不同特征		
杏	果	果近球形	叶卵圆形或卵状椭圆形, 缘具钝齿, 先端短尖	果核卵圆形, 较小
山杏	果	果扁球形	叶卵形或近扁圆形, 缘具细齿, 先端长尾尖	果核扁球形, 较大

山杏 VS 乌桕

乌桕(蜡子树) *Sapium sebiferum* (L.) 乌桕属

植株 | 树皮 | 叶

形态: 落叶乔木,高达 15m。**树皮:** 灰褐色,纵裂。**枝条:** 小枝细。**叶:** 单叶互生,菱状广卵形,长 3~8cm,宽 3~9cm;先端尾状长渐尖,基部广楔形,全缘,侧脉 6~10 对;无毛,顶端具 2 腺体。**花:** 顶生穗状花序,长 6~14cm,花单性,无花瓣,基部为雌花;苞片 3 深裂,每苞片具 1 花,上部为雄花;雄苞片宽卵形,每苞具花 10 朵以上,雄蕊 2(3) 伸出花萼外。**果:** 蒴果 3 瓣裂,径 1.3cm,梨状球形,熟时黑色。**花果期:** 花期 4~7 月,果期 10~11 月。**分布:** 我国产于秦岭、淮河以南,北起陕、豫、甘,南至华南、西南各地。

快速识别要点

落叶乔木。单叶互生,菱状广卵形,先端尾状长渐尖,基部广楔形,全缘;蒴果 3 瓣裂,梨状球形,黑色。

叶枝

	相似特征	不同特征		
	叶	叶	树皮	花
山杏	叶	叶近扁圆形	树皮黑褐色,具裂纹	花白色,漏斗形
乌桕	叶	叶菱状广卵形	树皮灰褐色,纵裂	顶生穗状花序

杏梅 VS 杏

杏梅 *Prunus mume var. bungo* 李属

花枝

树皮

叶

果

形态：落叶乔木，高达 6m。**树皮：**灰褐色，粗糙。**枝条：**较粗壮，小枝褐色，幼枝绿褐色。**叶：**单叶互生，卵状椭圆形，长 4~8cm；先端长渐尖，基部楔形，缘有细锯齿，侧脉 5~7 对，叶柄长 1.5~2cm。**花：**白色或粉红色，半重瓣；单生，花托肿大，花不香。**果：**椭球形，微扁，长约 6cm。**花果期：**花期 3~4月，与叶同放。果期 6~8 月。**分布：**我国华北地区。

快速识别要点

　　落叶乔木。形态介于杏与梅之间。叶卵状椭圆形，先端长渐尖，基部楔形，缘有细锯齿，侧脉 5~7 对，叶柄长 1.5~2cm；花白色，半重瓣。

	相似特征	不同特征		
杏梅	 花	 树皮灰褐色，粗糙	 叶先端长渐尖，基部楔形，叶缘有细锯齿	 果椭圆形，微扁
杏	 花	 树皮红褐色，浅纵裂	叶先端短尖，叶缘有钝锯齿	果近球形

紫叶李 VS 紫叶矮樱

紫叶李 *Prunus cerasifera* Ehrhar f. *atropurpurea* (Jacq.) Rehd. 李属

树形

叶枝

花枝

果枝

树皮

形态: 落叶小乔木,高达 6m,树冠倒卵形至球形。**树皮:** 灰紫色。**枝条:** 小枝细弱,多分枝,红褐色,无毛。**叶:** 单叶互生,卵状椭圆形或卵形,长 3.5~5.5cm,宽 2.5~4cm;紫红色,有细尖齿或重齿,叶基圆形,先端尖。**花:** 多单生,稀 2 朵簇生,较小,淡粉红色;径 2cm 左右,单瓣,叶前开花或与叶同放。**果:** 核果球形,暗红色,径 1.2~1.6cm。**花果期:** 花期 4~5 月,果期 6~7 月。**分布:** 我国东北、华北及西南地区。

快速识别要点

落叶小乔木。小枝细弱,多分枝,红褐色;叶卵状椭圆形或卵形,紫红色;花单生,稀 2 朵簇生,径 2cm 左右,单瓣,淡粉红色;果球形,暗红色,径 1.2~1.6cm。

紫叶矮樱 *Prunus* × *cistena* 李属

树形

花

树皮

果

叶

形态: 落叶灌木或小乔木,高达 2.5m。**树皮:** 灰褐色,平滑。**枝条:** 小枝紫红色,老枝具皮孔。**叶:** 卵形或长椭圆状卵形,长 5~8cm;缘具不齐细齿,先端长渐尖,基部宽楔形;叶两面紫红色,叶背面色重,新叶鲜紫红色。**花:** 单生或 2 朵并生,花瓣 5,淡粉红色,有香气;具雄蕊多数,单雌蕊,花萼、花梗均为红色。**果:** 椭圆形,紫红色,径约 1.2cm。**花果期:** 花期 4~5 月,果期 6~7 月。**分布:** 我国多地有栽培,以华北地区为多。

快速识别要点

落叶灌木或小乔木。红枝、红叶、红果为主要特征。小枝紫红色;叶卵形或长椭圆状卵形,两面紫红色,叶背面色重,新叶鲜红色;果椭圆形,紫红色。

	相似特征		不同特征		
	叶形	花	新叶	叶	果
紫叶李	 叶形	 花	 新叶色稍浅	 叶卵状椭圆形或卵形	 核果球形暗红色,较大
紫叶矮樱	 叶形	 花	 新叶鲜紫红色	 叶卵形或长椭圆状卵形	 核果椭圆形紫色,较小

紫叶李 VS 美人梅

	相似特征	不同特征		
	叶形	叶	花	果
紫叶李	叶形	嫩叶鲜红色，老叶紫红色	花为单瓣，浅粉白色，较小，无香味	果较小，暗红色，果肉薄，味酸涩
美人梅	叶形	嫩叶鲜红色，老叶呈绿色略带红晕	花为重瓣，粉红色，有清香	果较大，鲜红色，果肉较厚，味甘甜

美人梅

美人梅 VS 红宝石海棠

美人梅 *Prunus × blireana* 'Meiren' 李属

树形

花枝

叶枝

果枝

树皮

形态：落叶灌木或小乔木。**树皮**：黑褐色，粗糙。**枝条**：细弱、红褐色，似紫叶李。**叶**：单叶互生，幼时在芽内席卷；叶卵圆形，长5~9cm，初展时紫色，渐变绿带红色。**花**：较似梅，淡紫红色或粉红色，半重瓣或重瓣；花梗长约1.5cm，萼筒宽钟状，萼片5枚，近圆形或扁圆；花瓣15~17，小瓣5~6，雄蕊多数。**果**：近球形至椭圆形，鲜红色，径1~1.5cm，果核褐色，扁椭圆形。**花果期**：花期4月，果期7~9月。**分布**：华北地区。

快速识别要点

落叶灌木或小乔木。单叶互生，卵圆形，初展时紫色，渐变绿带红色；花似梅，淡紫红色或粉红色，半重瓣，花瓣15~17枚，果近球形，鲜红色，径1~1.5cm。

红宝石海棠 *Malus micromalus* 'Ruby' 李属

树形

叶枝

叶

花枝

果

形态：落叶小乔木，高3~5m。**树皮**：灰棕色，较平滑。**枝条**：小枝红色，较细。**叶**：单叶互生，卵状椭圆形，缘有钝锯齿，侧脉6~8对；叶先端渐尖，基部圆形，密被柔毛；新叶紫红色，渐转绿色，托叶线形；叶柄长1~1.5cm，红色。**花**：伞形花序组成总状总花序，花瓣粉红色或玫瑰红色，多5瓣或重瓣，径约3cm。**果**：果实球形，径约1cm，红色，果面光滑。**花果期**：花期4~5月，果期7~8月。**分布**：我国华北、华东地区。

快速识别要点

落叶小乔木。花粉红色或玫瑰红色，亮如宝石，故名红宝石海棠。叶卵状椭圆形，新叶紫红色，月余转绿，整个生长期红绿相间。

相似特征	不同特征		
叶形	树皮	花	果

美人梅

叶形

树皮黑褐色，粗糙

花半重瓣或重瓣

果近球形或椭球形，鲜红色

红宝石海棠

叶形

树皮灰色，较平滑

花多单瓣，有重瓣类型

果球形，亮红色

麦李 VS 郁李

麦李 *Cerasus glandulosa* (Thunb.) Lois. 李属

植株

叶

花

果

形态：落叶灌木，高 1.5~2m。**枝条：**小枝红褐色，较细长。**叶：**长圆状披针形或椭圆状披针形，最宽处在中部，长 5~8cm；缘有细重齿，较钝，侧脉 4~5 对；叶柄短，托叶线形。**花：**单生或 2 朵簇生，花叶几同放，萼筒钟形，长宽近相等；花瓣白或粉红色，花径 1.5~2cm；重瓣或半重瓣，时有单瓣；花梗长约 1cm。**果：**核果红色或紫红色，近球形径 1~1.3cm。**花果期：**花期 3~4 月，果期 5~8 月。**分布：**产于长江流域及西南地区，华北、华东、华南地区均有分布。

快速识别要点

　　落叶灌木。小枝红褐色，较细长；较标准的椭圆形叶，有侧脉 4~5 对；花 1 或 2 朵簇生于小枝上，形似于较长的总装花絮；红色的核果似球形。

郁李 *Cerasus japonica* (Thunb.) Lois. 李属

植株

叶

花

果

形态：落叶灌木，高达 1.5m。**枝条：**红褐色，细密，无毛，冬芽 3 枚并生。**叶：**单叶互生，卵形至卵状长椭圆形，长 3~7cm，最宽 1.5~2.5cm；先端渐尖，基部楔形，侧脉 5~8 对；最宽在中部以下，缘有尖锐重齿；叶柄长 2~3mm，托叶线形。**花：**1~3 朵簇生，花梗长 0.5~1.2cm 先叶开放或与叶同放，粉红或近白色；花径约 1.5cm，花瓣 5，多单瓣，时有重瓣类型。**果实：**核果球形，深红色，径 1cm，籽核表面光滑。**花果期：**花期 4~5 月，果期 7~8 月。**分布：**东北、冀、鲁、浙等地。

快速识别要点

　　落叶灌木。叶椭圆形似卵状（最宽处在中部以下），侧脉 5~8 对；花 1~3 朵簇生于枝上，似疏散的总状花序。

	相似特征	不同特征	
麦李	 叶形	 花单生或两朵簇生，花冠粉红色	 叶椭圆状披针形最宽处在中部
郁李	 叶形	 花 1~3 朵簇生，花冠近白色	叶卵状长椭圆形最宽处在中下部

123

郁李 VS 长梗郁李

长梗郁李 *Cerasus japonica* var. *nakaii* (Levl.) Bar. & Liou　李属

植株

花

形态：落叶灌木，高 1~1.5m。
枝条：较纤细，褐色，具光泽。
叶：互生，卵状长椭圆形或卵圆形，长 4~8cm，宽 2~4cm；先端渐尖或尾尖，基部圆，叶缘具尖锐重锯齿；叶柄长 3~6mm，托叶线形。**花：**常 2~3 朵簇生，花梗有毛，梗长 1~2cm；花萼筒陀螺形，萼片、花瓣各 5；花瓣粉红或粉白色，雄蕊约 32 枚。**果：**核果球形，红色，径 1~1.2cm，果顶具尖头。**花果期：**花期 4~5 月，果期 6~8 月。**分布：**我国东北、华北地区。

叶

果枝

快速识别要点
　　落叶灌木。枝条纤细，褐色，具光泽；叶卵圆形或卵状长椭圆形，叶缘具尖锐重锯齿；花多 2~3 朵簇生，花梗有毛；核果球形，红色，果顶具尖头。

	相似特征	不同特征		
	果	叶	果	花
郁李	果	叶窄卵形或卵状披针形，较小	果近球形，径 0.8~1.0cm，	花单生或 2~3 朵簇生，花裂片白近色
长梗郁李	果	叶卵圆形或卵状长椭圆形，较大	果球形，径 1~1.2cm	花多 2~3 朵簇生，花裂片粉红色

稠李 VS 紫叶稠李

稠李 *Padus avium* Miller 李属

树形

花枝

果枝

叶枝

树皮

形态：落叶乔木，高达14m。**树皮**：灰褐色，具灰白色裂纹。**枝条**：小枝灰绿色，芽长卵形。**叶**：椭圆状卵形或倒卵形，缘具细齿，长5~11cm；先端渐尖，基部圆或宽楔形，叶背脉腋有簇毛；侧脉10~12对，托叶长带状，与叶柄近等长，约1.5cm，叶柄具腺体。**花**：总状花序下垂，长8~15cm，茎部有叶，具花约20朵，花白色，径约1.6cm；有清香；花瓣倒卵形，雄蕊短于花瓣之半，花梗长约1.5cm；花序轴被柔毛，萼片宽三角状卵形。**果**：核果近球形，黑色或紫红色，径约1cm。**花果期**：花期4~5月，果期7~9月。**分布**：我国东北、华北、西北地区。

快速识别要点

落叶乔木。卵叶、窄花、黑红果为主要特征。叶椭圆状卵形或倒卵形；总状花序较长，如串状下垂；果近球形，黑色或紫红色。

紫叶稠李 *Prunus virginiana* 'Canada Red' 李属

树形

果枝

叶枝

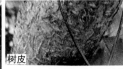

树皮

形态：落叶乔木，高达15m。**树皮**：褐色，具裂纹。**枝条**：小枝褐色。**叶**：单叶互生，卵状长椭圆形或倒卵形，长6~14cm；缘具细齿，基部有2腺体，侧脉11~13对；叶柄红色，长1~1.5cm；幼叶绿色，具光泽，后随温度升高渐变紫红色；叶背初生簇毛白色，后也随之变褐色，秋季又转红。**花**：总状花序下垂，花瓣近圆形，较大，白色。**果**：核果球形，红色，后变紫黑色，径约1.2cm。**花果期**：花期4~5月，果期7~8月。**分布**：东北及华北地区。

快速识别要点

落叶乔木。小枝褐色；叶卵状长椭圆形或倒卵形，侧脉11~13对，幼叶绿色，后转紫红色，秋季又转红；花白色；核果球形。

	相似特征		不同特征		
稠李	果	花	树皮灰褐色，具灰白色条纹	叶绿色，稍短小，叶柄绿色	果较小，直径1cm
紫叶稠李	果	花	树皮褐色，具裂纹	叶先绿后紫色，叶柄红色	果较大，直径1.2cm

尾叶樱 VS 东京樱花

尾叶樱 *Cerasus dielsiana* (Schneid.) Yu & Li 李属

树形

花

树皮

果

形态:落叶小乔木,高达10m。**树皮:**暗灰色,粗糙无裂。**枝:**褐色,较粗壮。**叶:**长椭圆状倒卵形或长椭圆形,缘有尖锐锯齿,叶先端尾状渐尖,基部圆形或宽楔形,叶面无毛,叶背有柔毛;叶长6~13cm,侧脉10~13对,叶柄长1~1.7cm,红色;顶端具1~3腺体,幼叶带古铜色或紫色。**花:**伞形花序,具花3~5,花瓣白色或带粉红色,先端具二裂,宽卵形;雄蕊约35,花梗长2~3.5cm;萼筒钟形,萼片长于萼筒2倍,萼紫红色,花瓣谢后,萼宿存数日。**果:**核果近球形,红色,径约8mm,核面平滑。**花果期:**花期4月,花先叶开放,果期5月。**分布:**我国赣、鄂、川等地。

快速识别要点

落叶小乔木。叶尾尖、白花、红果为主要特征。叶长椭圆状倒卵形或长椭圆形,先端尾状尖;花瓣白色或带粉红色,先端二裂;核果近球形,红色。

东京樱花(日本樱花) *Cerasus yedoensis* (Matsum.) Yu & Li 李属

树形

花

树皮

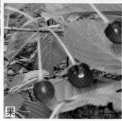
果

形态:落叶乔木,高达15m。**树皮:**暗灰色,粗糙无裂。**枝:**嫩枝有毛。**叶:**阔椭圆状卵形或倒卵状椭圆形,缘有刺芒状重锯齿,叶先端渐尖或尾尖,基部圆形;叶面无毛,叶背沿脉有疏毛;叶柄长约1.5cm,顶端具1~2腺体,密被柔毛;侧脉7~10对,幼叶带紫色。**花:**伞形花序或短总状花序,具花4~6,花淡粉色或白色,花瓣5,先端具1~2凹缺,雄蕊30以上,花梗长2~2.5cm,被毛,萼筒短管状,有毛,萼片具尖腺齿。**果:**核果近球形,黑色,径约1cm。**花果期:**花期4月,果期5月。**分布:**原产日本。我国京、冀、陕、苏、赣等地有分布。

快速识别要点

落叶乔木。树皮暗灰色,粗糙无裂;叶阔椭圆状卵形或倒卵状椭圆形,缘有刺芒状重齿,叶先端渐尖或尾尖;花单瓣,花瓣5,淡粉色或白色。

	相似特征	不同特征	
尾叶樱	 树皮 树皮	 叶 叶较狭长,端尖较长,侧脉10~13对	 花 花序具花3~5,花多白色,花瓣顶端1凹缺花梗较长,萼片长
东京樱花	 树皮	 叶较短粗,端尖较短,侧脉7~10对	 花序具花4~6,花多淡粉色,花瓣顶端1~2凹缺,花梗稍短

大山樱 VS 尾叶樱

大山樱 *Cerasus sargentii* (Rehder) Eremin, Yushev & L. N. Novikova 李属

叶枝

花

果

树皮

形态：落叶乔木，高达 25m。**树皮：**栗褐色，粗糙，具环状纹。**枝：**小枝褐色，粗壮，幼枝黄绿色。**叶：**椭圆状倒卵形，缘有不规则芒状尖齿；叶长 7~12cm，宽 3~6cm；叶先端尾状渐尖，基部圆形，两面无毛，侧脉 10~12 对；叶柄长 2~2.5cm，具 2 腺体；幼叶带古铜色，后转绿。**花：**2~4 朵，花瓣 5，倒卵形，粉红带紫色，径 3~4cm；花瓣先端微凹，雄蕊多数，比花瓣短，花柱比雄蕊长；花梗长 2~3cm，花萼片卵形。**果：**椭球形，长约 1cm，径 0.8mm，深红色。**花果期：**花期 4~5 月，果期 6~7 月。**分布：**我国辽、冀等地。

快速识别要点

落叶乔木。树皮栗褐色；小枝褐色，幼枝黄绿色；叶椭圆状倒卵形，具芒状尖齿，幼叶带古铜色；花粉红带紫色；果深红色。

	相似特征		不同特征		
大山樱	叶	果	树皮栗褐色	叶稍宽短，尾尖稍短	果椭球形
尾叶樱	叶	果	树皮灰褐色	叶稍狭长，尾尖稍长	果球形

东京樱花 VS 杜仲

杜仲 *Eucommia ulmoides* Oliver 杜仲属

树形

花枝

叶

树皮

形态：落叶乔木，高达 20m，胸径 50cm，干通直，树冠卵形。**树皮：**灰色，纵裂。**枝：**具片状髓，小枝红褐色。**叶：**椭圆状卵形或椭圆形，先端渐尖，基部近圆或宽楔形，缘有锯齿，叶长 7~13cm，宽 4~5.5cm；叶面微皱，叶背脉腋有毛；叶柄长 1~2cm，侧脉 6~9 对。**花：**单性异株，无花被。雄花苞片匙形，早落；雌花苞片倒卵形，子房有短柄；花药线形，长约 1cm，花丝长约 1mm，药隔突出。**果：**小坚果具窄翅，长椭圆形，长约 3.5cm；宽约 1.3cm；种子扁平，条形，长约 1.5cm，扁而薄，顶端二裂。**花果期：**花期 4~5 月，果期 9~10 月。**分布：**我国鲁、豫、陕、甘、鄂、湘、皖、苏、浙、粤、桂、川、黔、滇。

快速识别要点

落叶乔木。树干通直；树皮灰色，纵裂；叶椭圆状卵形或椭圆形，较大，叶面微皱；小坚果长椭圆形，具窄翅，扁而薄，顶端二裂。

相似特征	不同特征		
叶形	树皮	花	果

东京樱花

叶形

花白色或粉色，花瓣 5

(树皮暗灰色，粗糙)

树皮暗灰色，粗糙

核果球形，径约 1cm

杜仲

叶形

花无花被，雄花苞片匙形，雌花苞片倒卵形

小坚果长椭圆形，具窄翅，扁而薄顶端二裂

树皮灰色，纵裂

桃 VS 山桃

桃 *Amygdalus persica* L. 李属

树形

花

树皮

叶

果

果核

形态: 落叶小乔木, 高 4~6m。**树皮:** 浅灰褐色, 平滑。**枝条:** 小枝无毛, 冬芽密生灰绒毛, 3 芽并生, 两侧芽为花芽, 中间芽为叶芽。**叶:** 长椭圆状披针形, 长 7~16cm, 中间最宽, 先端渐尖; 基部宽楔形; 叶缘有细锯齿, 无毛; 叶柄长约 1.5cm, 顶端有腺体, 托叶带状披针形。**花:** 单生, 花瓣粉红色, 卵圆形, 雄蕊多数, 花柱基部被毛, 花梗极短。花萼被绒毛。**果:** 卵状椭圆形或卵球形, 径 4~7cm, 熟果黄绿或带红色, 核两侧扁, 顶端尖, 具沟纹、棱脊。**花果期:** 花期 3~4 月, 叶前花, 果期 6~8 月。**分布:** 我国东北南部至闽、粤、陕、甘、宁、川、滇等地。

快速识别要点

落叶小乔木。叶长椭圆状披针形, 中间最宽, 缘有细锯齿, 叶柄顶端有腺体; 花单生, 粉红、红或白色, 梗短; 果卵状椭圆形或卵球形, 径 4~7cm。

山桃 *Amygdalus davidiana* (Carrière) de Vos ex Henry 李属

树形

树皮

叶

花

果

形态: 落叶乔木, 高达 10m。**树皮:** 紫红色, 光滑, 具白色横纹。**枝条:** 小枝较细而直伸, 幼枝绿带紫色, 无毛, 芽卵形。**叶:** 狭卵状披针形或椭圆状披针形, 长 6~12cm; 先端渐尖, 基部楔形或宽楔形, 中下部最宽, 叶缘有尖锯齿, 叶柄长 1.5~2cm, 无毛, 较细, 托叶带状披针形, 早落。**花:** 单生, 淡粉红或近白色, 花瓣倒卵状圆形, 雄蕊多数, 花柱基部有毛, 花近无梗, 萼筒淡紫色, 萼片椭圆状卵形, 与萼筒等长。**果:** 近球形, 径约 2cm, 密被茸毛, 核两侧略扁, 果肉薄而干燥。**花果期:** 花期 3~4 月, 叶前花, 果期 9~10 月。**分布:** 我国黄河流域各地, 东北地区有栽培。

快速识别要点

落叶小乔木。红皮、长叶、球果为主要特征。树皮紫红色, 光滑, 具白色横纹; 叶狭卵状披针形或椭圆状披针形; 果近球形, 密被茸毛, 径约 2cm。

	相似特征	不同特征		
	叶	花	果	树皮
桃	 长圆状披针形, 缘有密齿	 花瓣白带粉红, 缘波状	 核果卵圆形或扁球形, 径 3~7cm	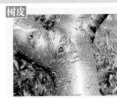 树皮灰褐色, 平滑
山桃	 狭卵状披针形, 缘有尖齿	 花瓣白带浅红, 缘平坦	 核果近球形, 径约 3cm	 树皮红紫色, 光滑

白花山桃 VS 山桃

白花山桃 *Amygdalus davidiana* f. *alba* (Carr.) Rehd. 李属

树形

花

果

树皮

形态: 落叶小乔木,高达 10m。**树皮:** 紫褐色,有光泽,多具横向环纹,老皮剥落。**枝条:** 褐绿色,较细。**叶:** 长椭圆形或椭圆状披针形,长 6~12cm;先端长渐尖,基部楔形或宽楔形,叶缘有细齿,叶面微皱;叶柄长 1.5~2cm,无毛。**花:** 花先叶开放,白色,稀淡粉红色,5 瓣,雄蕊多数,花近无梗。萼筒钟形,萼片卵圆形。**果:** 近球形,被疏柔毛。**花果期:** 花期 3~4 月,果期 7~9 月。**分布:** 我国黄河流域为主要分布区。

快速识别要点

落叶小乔木。以紫皮、白花为主要特征。树皮紫褐色,有光泽,多具横向环纹,老皮剥落;花先叶开放,白色,5 瓣,雄蕊多数,近无梗。

	相似特征	不同特征		
	树皮	叶	花	果
白花山桃	 树皮	 叶长椭圆形或椭圆状披针形,叶面波皱	 花冠白色	 果近球形,疏被毛
山桃	 树皮	 叶狭卵状披针形或椭圆状披针形,叶面平坦	 花冠淡粉红或近白色	 果卵球形,密被茸毛

山桃 VS 雪柳

雪柳 *Fontanesia phillyreoides* subsp. *fortunei* (Carrière) Yalt. 雪柳属

树形

树皮

叶

果

花

种子

形态： 落叶小乔木或灌木，高达 7m。**树皮：** 褐灰色，条状纵裂。**枝条：** 四棱形，细长直立无毛。**叶：** 单叶对生，卵状披针形，长 5~12cm；先端长渐尖，基部楔形，全缘，无毛，侧脉 12~15 对；叶柄长约 5mm。**花：** 圆锥花序顶生或腋生，顶生的稍长，花冠 4 深裂，裂片卵状披针形，几乎达基部，长约 3mm，绿白微带红色；雄蕊 2，花萼杯状，四裂。**果：** 翅果倒卵形或阔椭圆形，长约 1cm，宽约 5mm，扁平，周边有翅。**花果期：** 花期 5~6 月，果期 9~10 月。**分布：** 我国吉、辽、蒙、冀、陕、豫、鲁、皖、苏、浙、赣等地。

快速识别要点

落叶小乔木或灌木。棱枝、长叶、绿花、翅果为主要特征。枝 4 棱，细长直立；叶卵状披针形，长宽比为 3：8；花绿白微带红色；翅果倒卵形或阔椭圆圆形。

	相似特征	不同特征			
	叶形	树皮	叶	花	果
山桃	叶形	树皮紫红，光滑	叶缘有细锯齿	花白色或淡红色	核果近球形
雪柳	叶形	树皮褐灰色，条状纵裂	叶全缘	花绿白微带红色	翅果倒卵形

帚桃 VS 白碧桃

帚桃 *Amygdalus persica* var. *persica* f. *pyramidalis* Dipp. 李属

树形

叶

树皮

花

形态：落叶小乔木，高达 5m，树冠窄圆锥形。**树皮：**褐色，粗糙。**枝条：**大枝褐色，小枝绿色，细而丛生，直立向上，分枝角度小。**叶：**椭圆状披针形或长椭圆形，先端渐尖，基部圆或宽楔形，缘有细钝齿；叶长约 8~12cm，叶侧脉 12~15 对；叶柄长约 1cm。**花：**纯白色，重瓣，花瓣约 30，长卵形或卵圆形，长达 2cm，雄蕊多数，花丝白色，雌蕊长于雄蕊，花萼两轮，红褐带绿色。**果：**卵圆形，红色，果核椭圆形。**花果期：**花期 4 月，先叶开放。**分布：**华北地区及东北南部。

快速识别要点

  落叶小乔木。冠窄圆锥形，枝条直立，形同扫帚，故名"帚桃"。椭圆状披针形或长椭圆形，缘有细钝齿；花纯白色，重瓣，花瓣多而较长。

白碧桃 *Amygdalus persica* 'Alba' (Lindl.) Schneid. 李属

树形

树皮

花

叶

果

形态：落叶乔木，树冠较松散。**树皮：**灰色，光滑。**枝条：**大枝开展，小枝细长，黄绿或褐色。**叶：**长椭圆状披针形，长约 13cm，宽约 3cm；叶缘有细尖齿，先端长渐尖，基部楔形；叶柄长约 1cm。**花：**重瓣，白色，花径约 4cm，花瓣卵形或宽卵形；雄蕊多数，与花瓣近等长，萼片 2 轮，近无毛，有瓣化现象。**花果期：**花期 4 月。**分布：**我国华北地区。

快速识别要点

  落叶乔木。以长叶、白花为主要特征。叶长椭圆状披针形，叶缘有细尖齿，先端长渐尖；重瓣，白花，径约 4cm，雄蕊与花瓣近等长，萼片 2 轮。

	相似特征		不同特征			
	叶形	花形	树皮	叶	枝	花
帚桃	 叶形	花形	树皮褐色，粗糙	叶稍宽，叶缘有细钝齿	枝条直立向上分枝角度小	花瓣稍多而长，雌蕊长于雄蕊
白碧桃	 叶形	花形	树皮灰色，光滑	叶稍窄，叶缘有细尖齿	枝条斜伸分枝角度大	花瓣较少而短，雌雄蕊近等长

白花紫叶桃 VS 紫叶李

白花紫叶桃 *Prunus* 'Atropurpurea'　李属

树形

叶

果

花

树皮

形态：落叶小乔木，高达 5m。**树皮**：浅灰褐色，平滑。**枝**：小枝绿色，幼枝红褐色，无毛。**叶**：单叶互生，椭圆状披针形，长 8~10cm，先端渐尖，基部楔形，叶缘有细腺齿；叶柄长 0.5~1cm，红色，嫩叶紫红色后渐变为近绿色。**花**：蕾时粉红，开花后近白色，基部浅粉色；花丝、花药红色，单瓣 5 瓣裂，裂片倒卵形或卵圆形，花萼片 5，紫红色。**果**：核果椭圆状卵形或卵形，黄绿色。**花果期**：花期 3~4 月，果期 9~10 月。**分布**：我国东北南部至华南地区，西至甘、川均有分布。

快速识别要点

　　落叶小乔木。幼枝红褐色；嫩叶紫红色渐变近绿色，椭圆状披针形；花蕾时粉红，开花后近白色。

	相似特征	不同特征		
白花紫叶桃	 花	 树皮浅灰褐色	 叶椭圆状披针形	 核果椭圆状卵形，黄绿色
紫叶李	 花	 树皮灰紫色	 叶卵状椭圆形	核果暗红色，球形

133

碧桃 VS 菊花碧桃 VS 紫叶碧桃

碧桃（花桃） *Amygdalus persica* var. *persica* f. *duplex* Rehd. 李属

树形

花枝

果枝

形态：落叶小乔木，高达5m，树冠广卵形。**树皮**：灰褐色，较平滑。**枝条**：褐色，较粗壮。**叶**：单叶互生叶长卵状披针形，长8~11cm；叶缘有细锯齿，先端渐尖，基部楔形，稍偏斜，基部有腺体；叶柄长1~1.2cm。**花**：粉红色，重瓣或半重瓣，花瓣卵形。**果**：核果广卵圆形，果顶具尖头，果皮被柔毛。**花果期**：花期3~4月，果期7~9月。**分布**：我国华北地区。

快速识别要点

落叶小乔木。老树皮灰褐色，较平滑；叶长卵状披针形，缘有细齿；花粉红色，重瓣或半重瓣；核果广卵圆形，果顶具尖头。

菊花碧桃 *Prunus* 'Stellata' 李属

树形

叶枝

花枝

果

形态：落叶小乔木，高达3~5m。**树皮**：深灰褐色，粗糙或具块状裂纹。**枝条**：较粗，褐色。**叶**：单叶互生，长椭圆形或椭圆状披针形，长7~10cm；先端尾尖，基部楔形，缘有细锯齿，侧脉12~14对；叶柄长1.5~2cm。**花**：粉红色，花瓣细且多，如菊花状。**果**：卵圆形，顶端具歪头（歪嘴），果面密被柔毛。**花果期**：花期4月，果期7~9月。**分布**：我国华北地区。

快速识别要点

落叶小乔木。花瓣如菊花状，细且多，故名菊花碧桃。树皮深灰褐色，粗糙或具块状裂纹；果卵圆形，顶端具歪嘴，果面密被柔毛。

紫叶碧桃 *Amygdalus persica* var. *persica* f. *atropurpurea* Schneid. 李属

树形

花枝

叶枝

形态：落叶小乔木，高达5m，树冠卵形。**树皮**：灰褐色，平滑。**枝条**：小枝绿褐色，幼枝红褐色。**叶**：单叶互生，椭圆状披针形，长7~12cm；缘有细密锯齿，先端长渐尖，基部楔形，叶柄长约1cm，嫩叶紫红色，渐变绿色。**花**：紫红色，重瓣，花瓣倒卵形，微皱。**果**：核果近球形，果面被柔毛。**花果期**：花期4月，果期7~10月。**分布**：我国华北地区。

快速识别要点

落叶小乔木。幼叶紫红色，故名"紫叶碧桃"。叶色秋季由紫红渐变为绿色；花紫红色，重瓣；核果近球形，果面被柔毛。

碧桃 VS 菊花碧桃 VS 紫叶碧桃

	相似特征		不同特征		
	叶	果	树皮	花	果
碧桃	叶	果	树皮灰褐色，较平滑	花瓣卵形	核果广卵圆形果顶具尖头
菊花碧桃	叶	果	树皮深灰褐色，粗糙或具块状裂纹	花瓣细且多披针形，如菊花状	核果卵圆形果顶具歪嘴
紫叶碧桃	叶	果	树皮灰褐色，平滑	花瓣倒卵形微皱	核果近球形，果面被柔毛

碧桃 VS 榆叶梅

	相似特征	不同特征		
	花形	树皮	叶	果
碧桃	花形	树皮灰褐色，较平滑	叶长椭圆形	核果广卵圆形，被毛，果顶具尖头
榆叶梅	花形	树皮黑褐色，粗糙	叶宽椭圆形或倒卵状椭圆形	核果近球形，红色

135

榆叶梅 VS 毛樱桃

榆叶梅 *Amygdalus triloba* (Lindl.) Ricker 李属

树形

叶

花枝

果枝

形态：落叶小乔木，高达5m，多呈灌木状。**树皮**：紫褐色。**枝条**：小枝无毛或微毛，细长，冬芽3枚并生。**叶**：单叶互生，幼时在芽内对折状，宽椭圆形至倒卵状椭圆形，长3~6cm；先端时有不明显3浅裂，具粗重锯齿叶背有毛或仅脉腋有簇毛。**花**：粉红色，单生或2朵并生，径2~3cm；萼片卵状，有细齿，叶前开花。**果**：近球形，径1~1.5cm，红色，密被柔毛，有沟，果肉薄，成熟时开裂；核果，褐色，稍扁圆。**花果期**：花期4~5月，果期8~9月。**分布**：我国东北、华北及浙、苏等地。

快速识别要点

落叶小乔木。叶似榆树叶，花似梅花故名"榆叶梅"。叶宽椭圆形至倒卵状椭圆形，先端时有不明显3浅裂；花粉红色，叶前开花。

毛樱桃 *Cerasus tomentosa* (Thunb.) Wall. 李属

树形

叶

花

果

形态：落叶灌木，高达3m。**树皮**：**枝条**：幼枝密被绒毛，芽卵形。**叶**：卵状椭圆形或倒卵形，长2.5~7cm；先端急尖至渐尖，基部楔形，缘有不整齐尖锯齿，侧脉4~7对，叶柄长3~8mm。**花**：单生或2朵并生，花萼筒管状，萼片三角状卵圆形，花白色或略带粉红色，径1.5~2cm；花瓣倒卵状椭圆形，雄蕊20~25，花梗长约2mm，花叶同放或先叶开放。**果**：核果近球形，红色，径0.8~1.2cm，核棱脊两侧有纵沟。**花果期**：花期3~4月，果期6~9月。**分布**：我国分布于东北、华北、西北、西南、华东地区。

快速识别要点

落叶灌木。卵叶、白花、红果为主要特征；叶卵状椭圆形或倒卵形；花白色略带粉红；果红色，近球形。

	相似特征	不同特征		
	叶形	叶	花	果
榆叶梅	 叶形	 叶宽卵形至倒卵形，常3裂	 花冠粉红色，有重瓣变型	 果浅红色近球形，径1~1.5cm 被毛
毛樱桃	 叶形	 叶倒卵形至椭圆形	 花冠白色，无重瓣类型	 果亮红色近球形，径0.8~1.2cm

扁核木 VS 东北扁核木

扁核木（单花扁核木） *Prinsepia utilis* Royle 扁核木属

树形

叶枝

花枝

形态：落叶灌木，高达 2.5m。**树皮：**灰褐色。**枝：**小枝灰褐色，较长，呈拱形。幼枝灰绿色，被柔毛。**叶：**单叶互生，带状长圆形或窄披针形，长 3~5cm，宽 1~1.5cm；全缘或有细尖齿，叶先端急尖或圆钝，基部楔形；叶柄长约 5mm，无毛，托叶钻形。**花：**花 1~4 簇生叶腋，花瓣白色，倒卵形；雄蕊 10，花梗长约 6mm，无毛，萼片三角状卵形。**果：**核果扁球形，黑色或紫红色，径约 1.5cm，萼片宿存，核有雕纹。**花果期：**花期 5 月，果期 7~8 月。**分布：**我国蒙、陕、甘、晋、豫、苏、浙、川等地。

快速识别要点

落叶灌木。拱枝、窄叶、白花为主要特征。小枝灰褐色，呈拱形；叶带状长圆形或窄披针形；花白色，花瓣较狭长，1~4 朵簇生叶腋。

东北扁核木 *Prinsepia sinensis* (Oliv.) Oliv. ex Bean 扁核木属

树形

叶

花枝

果枝

形态：落叶灌木，高达 3m。**树皮：**灰色。**枝：**多分枝，枝刺细瘦。**叶：**互生或簇生，长椭圆形或长圆状披针形，全缘，缘波状；长 4~7cm，宽 2~2.5cm；叶先端渐尖或急尖，基部楔形；叶柄长约 1cm，托叶针刺状。**花：**两性，1~4 朵簇生叶腋，花瓣 5，黄色，雄蕊 10~18，有香气，花径约 1.5cm。**果：**核果球形，径约 1.5cm，鲜红或紫红色，核具皱纹。**花果期：**花期 4 月，果期 8~9 月。**分布：**我国东北、华北地区。

快速识别要点

落叶灌木。多枝、长叶、黄花为主要特征。茎干多分枝；叶长椭圆形或长圆状披针形，长达 7cm，；花黄色，1~4 朵簇生叶腋。

	相似特征	不同特征		
扁核木	 叶形 叶形	 小枝 小枝呈拱形	 叶 叶较宽短	 花 花白色，雄蕊较少
东北扁核木	 叶形	 小枝较直立，多分枝	 叶较狭长	花黄色，雄蕊较多

水枸子 VS 毛叶水枸子

水枸子 *Cotoneaster multiflorus* Bge. 枸子属

树形

叶

果枝

花

形态: 落叶灌木,高达5m。**树皮:** 灰色,粗糙。**枝:** 小枝细长拱形,幼枝紫色并有毛。**叶:** 卵形或卵状椭圆形,长2.5~5cm;全缘,先端急尖或钝,基部宽楔形;叶面无毛,叶背幼时被疏毛;叶柄长约5mm。**花:** 聚伞花序,具花5~20朵,花白色,花瓣5,平展,近圆形,具短爪;具雄蕊20,短于花瓣;花柱2,离生,短于雄蕊;花梗长约5mm,花径1~1.2cm,花萼无毛。**果:** 椭球形或近圆形,径约8mm,鲜红色,内含1核。**花果期:** 花期5~6月,果期8~9月。**分布:** 我国华北、西北、西南地区。

快速识别要点

落叶灌木。卵叶、白花、红果为主要特征。叶卵形或卵状椭圆形,先端急尖或钝,基部宽楔形;花瓣5,白色,平展,近圆形;果椭球形或近圆形,红色。

毛叶水枸子 *Cotoneaster submultiflorus* Popov 枸子属

树形

花

树皮

果枝

形态: 落叶灌木,高达4m。**树皮:** 浅灰色,平滑。**枝:** 小枝细,黄褐色,幼枝密被柔毛,后脱落。**叶:** 椭圆形或卵状椭圆形,全缘,长2~4cm;先端急尖或圆钝,基部宽楔形;叶面幼时被疏毛,叶背具柔毛;叶柄长4~7mm,被疏毛。**花:** 聚伞花序,具花数朵,花白色,平展,花径约1cm;雄蕊15~20,短于花瓣;花柱2,离生,稍短于雄蕊;花梗长4~6mm,花序梗、花梗被长柔毛,萼筒及萼片外被柔毛。**果:** 近球形,红色,径约7mm,果面具光泽,内含1核。**花果期:** 花期5~6月,果期9月。**分布:** 我国蒙、新、青、陕、甘、宁、晋等地。

快速识别要点

落叶灌木。多毛为主要特征。枝拱形,幼枝密被柔毛;叶稍小于水枸子,叶背具柔毛,叶柄被疏毛;花序梗、花梗被长柔毛,花萼被柔毛。

	相似特征	不同特征		
	花形	树皮	叶	果
水枸子	 花形	 树皮灰色,粗糙	 叶卵形或卵状椭圆形,稍大	 果椭球形或近圆形,鲜红色,稍大
毛叶水枸子	 花形	 树皮浅灰色,平滑	 叶椭圆形或卵状椭圆形,稍小	果近球形,红色,稍小

火棘 VS 窄叶火棘

火棘（火把果）*Pyracantha fortuneana* (Maxim.) Li　火棘属

树形

花

果

叶

形态：常绿灌木，高达 3m。**枝条**：枝拱形下垂，幼时有锈色柔毛，具枝刺，老枝无毛，芽小。**叶**：单叶互生，倒卵形或倒卵状长圆形，长 1.5~6cm；先端圆钝或微凹，基部楔形，缘有疏钝齿，基部渐狭；全缘，无毛，叶柄短。**花**：复伞房花序，径 3~4cm，花白色，径约 1cm；萼片三角状卵形，花瓣长约 4mm；花柱 5，雄蕊 15~20，花药黄色。**果**：梨果球形，宿存萼片，红色，径约 5mm。**花果期**：花期 4~5 月，果期 8~10 月。**分布**：我国陕、甘、豫、苏、浙、闽、桂、湘、鄂、川、黔、滇、藏等地。

快速识别要点

　　常绿灌木。单叶互生，倒卵形或倒卵状长圆形，先端圆钝或微凹，叶柄短；复伞房花序，花白色；梨果球形，宿存萼片，红色。

窄叶火棘　*Pyracantha angustifolia* (Franch.) Schneid.　火棘属

树形

叶

花

果枝

形态：常绿灌木或小乔木，高达 4m。**枝条**：枝刺多而较长，并生短叶，稀无刺，芽卵形。**叶**：单叶互生，狭长椭圆形或倒披针状长圆形，长 1.5~5cm，宽 4~8mm；先端圆钝或具尖，基部楔形多全缘；叶背、叶柄具白绒毛。**花**：复伞房花序，径 2~4cm；花白色，花瓣 5，近圆形，萼片三角形。**果**：梨果砖红色，径约 5~6mm，宿存不落。**花果期**：花期 5~6 月，果期 10~12 月。**分布**：我国鄂、川、滇、陕、藏等地。

快速识别要点

　　常绿灌木或小乔木。叶狭长椭圆形或倒披针状长圆形，先端圆钝或具尖，基部楔形；花白色；果砖红色，径 5~6mm。

相似特征	不同特征	

火棘

花　　花

叶倒卵形或倒卵状长圆形

果较小

窄叶火棘

花　　花

叶狭长椭圆形

果稍大

山楂 vs 山里红

山楂 *Crataegus pinnatifida* Bge 山楂属

树形

叶

果

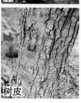
花

树皮

形态: 落叶小乔木,高达 6m。**树皮:** 灰色,具块片状裂。**枝:** 具短枝刺,小枝紫褐色。**叶:** 单叶互生,卵形,长 5~10cm,宽 4~7cm;羽状 5~7深裂,裂片带形或披针形,裂缘有锯齿;叶面光滑,叶背沿脉具毛;侧脉 6~10 对,达裂端;叶柄长 3~6cm,托叶较大,呈半圆形。**花:** 顶生伞房花序,径 4~6cm,花白色,稀粉红色;花瓣 5,径约 2cm,雄蕊 8~25,花柱 3~5;花序梗、花梗具长柔毛,萼筒钟状,萼片 5。**果:** 梨果近球形,深红色,果面具白色皮孔点,果径 1~1.5cm,内含小核 3~5。**花果期:** 花期 4~6月,果期 9~10月。**分布:** 我国东北、华北地区及苏、浙。

快速识别要点

落叶小乔木。裂叶、白花、红果为主要特征。叶卵形,5~7 羽状深裂;顶生伞房花序,花白色,花瓣 5;梨果近球形,深红色,具白色皮孔点,内含籽 3~5。

山里红 *Crataegus pinnatifida* var. *major* N. E. Br 山楂属

树形

叶

果

花

形态: 落叶小乔木,高达 5m。**树皮:** 灰色,平滑。**枝:** 小枝紫褐色,无刺。**叶:** 宽卵形,长 7~11cm,宽 5~9cm;羽状 5~9浅裂,裂缘有重锯齿;侧脉 8~10 对,叶柄长约 5cm,无毛。**花:** 顶生伞房花序,具花多朵,白色。**果:** 梨果近球形,鲜红色,径达 2.5cm,果面具皮孔点,有棱脊。**花果期:** 花期 4~6月,果期 9~10月。**分布:** 我国东北、华北地区,南至长江流域。

快速识别要点

落叶小乔木。叶宽卵形,羽状 5~9 浅裂,裂缘有重锯齿,侧脉 8~10 对;梨果近球形,鲜红色,径达 2.5cm,果面皮孔点较小。

	相似特征		不同特征	
	花形	树皮	叶	果
山楂	 花形	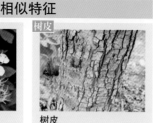 树皮	 叶卵形较小,羽状 5~7深裂	 果近球形,深红色,较小
山里红	 花形	 树皮	 叶宽卵形较大,羽状 5~9浅裂	 果近球形,鲜红色,较大

山楂 VS 华丁香

华丁香(甘肃丁香)　*Syringa protolaciniata* P. S. Green & M. C. Chang　丁香属

树形

茎皮

形态: 落叶灌木,高达 3m。**树皮:** 紫褐色,薄膜状剥裂。**枝条:** 小枝细,无毛,黄褐色。**叶:** 羽状 3~9 深裂至全裂,顶裂片椭圆形或倒卵形较大,侧裂片披针形或椭圆形,全缘,长 1.5~4cm,宽 0.5~2cm;基部楔形,叶背有黑腺点,无毛,叶柄长约 2.5cm。**花:** 圆锥花序侧生,花冠淡紫色,长约 2cm;冠筒圆形长约 1cm,裂片卵形,花药黄绿色,花梗细,无毛,花萼长约 2mm。**果:** 蒴果四棱状长圆形,长 1~1.5cm。**花果期:** 花期 4~5 月,果期 8~9 月。**分布:** 我国甘、青等地,华北地区有栽培。

叶　花

快速识别要点

　　落叶灌木。裂叶、紫花、蒴果为主要特征。叶羽状 3~9 深裂至全裂,顶端裂片长约 4cm,侧裂片长 1.5cm;花冠淡紫色;蒴果四棱状长圆形。

	相似特征	不同特征		
	叶	树皮	叶	花
山楂	叶	树皮灰褐色,平滑	叶裂片有锯齿	伞房花序顶生,花白色
华丁香	叶	树皮灰色、平滑	叶裂片全缘	圆锥花序侧生,花冠淡紫色

石楠 VS 楼木石楠

石楠 *Photinia serratifolia* (Desf.) Kalkman 石楠属

树形

叶

花

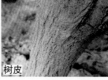

树皮

形态：常绿小乔木或灌木，高 4~6m。**树皮：**灰褐色，平滑。**枝：**小枝无毛。**叶：**单叶互生，革质，长椭圆状倒卵形或长圆形，长 10~20cm；缘有细腺齿，叶先端渐尖，基部宽楔形；叶面具光泽，深绿色，侧脉 25~30 对；叶柄长 2~4cm，较粗，幼柄被毛。**花：**复伞形花序，花白色，较小，花瓣近圆形；花柱 2，花梗长约 5mm，无毛，萼无毛。**果：**梨果近球形，径约 6mm，红色，具 1 种子，棕色，平滑，卵形，长约 2mm。**花果期：**花期 4~5 月，果期 10 月。**分布：**我国华东、中南、西南地区及陕、甘等地。

快速识别要点

常绿小乔木或灌木。叶长椭圆状倒卵形或长圆形，先端渐尖，缘有细腺齿，侧脉约 30 对；花白色，较小。

楼木石楠 *Photinia bodinieri* H. Lév. 石楠属

树形

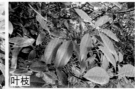

叶枝

树皮

花枝

形态：常绿乔木，高达 15m。**树皮：**浅灰色，平滑。**枝：**幼枝疏被柔毛，有时具刺，带红色。**叶：**单叶互生，革质，长圆形或卵状披针形，长 6~15cm；缘有细腺齿，先端急尖或渐尖，有短尖头；基部楔形，叶缘稍反卷，幼叶中脉被平伏毛；侧脉 10~12 对，叶柄长 1~1.5cm，无毛。**花：**复伞形花序，花白色，花瓣圆形；两面无毛，具短爪；花柱 2，花梗被平伏柔毛。**果：**近球形，径约 1cm，黄红色，种子 2~4，卵形，褐色。**花果期：**花期 5 月，果期 9~10 月。**分布：**我国分布于长江流域至华南。

快速识别要点

常绿乔木。树皮浅灰色，平滑；幼枝有时具刺，带红色；叶长圆形或卵状披针形，先端急尖或渐尖，有短尖头，侧脉 10~12 对。

	相似特征	不同特征	
石楠	 叶形	 树皮灰褐色，平滑	 叶较宽长，叶基宽楔形，叶脉多达 25~30 对，叶缘不反卷
楼木石楠	 叶形	 树皮浅灰色，平滑	 叶较狭短，叶基楔形，叶脉较少 10~12 对，叶缘稍反卷

光叶石楠 VS 琴叶珊瑚

光叶石楠 *Photinia glabra* (Thunb.) Maxim. 石楠属

形态: 常绿乔木或大灌木, 高 3~5m。**枝条:** 枝无刺, 老枝无毛。**叶:** 长椭圆形或长圆状倒卵形, 长 6~10cm; 先端渐尖, 基部楔形(两头尖), 缘具浅钝细齿, 侧脉 10~18 对; 叶柄长 0.8~1.5cm, 幼叶多呈红色, 老叶紫红色, 革质。**花:** 复伞房花序, 花白色, 径约 1cm; 花瓣倒卵形, 反卷, 内面基部具白绒毛, 具短爪; 花柱 2, 花序梗及花柄光滑。**果:** 红色, 卵形, 长约 5mm。**花果期:** 花期 4~5 月, 果期 9~10 月。**分布:** 我国皖、苏、浙、赣、闽、湘、鄂、川、黔、滇、桂等地。

快速识别要点

常绿乔木或灌木。幼叶多呈红色, 老叶紫红色故称"红叶石楠"。复伞房花序, 花白色, 花瓣倒卵形, 反卷。

琴叶珊瑚 (日日樱) *Jatropha integerrima* Jacq. 麻风树属

形态: 常绿灌木, 高达 2m。**叶:** 常集生枝顶, 倒卵状长椭圆形, 长 5~12cm, 全缘, 先端渐尖, 基部楔形, 侧脉 8~10 对, 较直, 近叶基两侧各有一尖齿, 叶柄长 1.5~3cm; 绿带红色。**花:** 聚伞花序顶生, 花序梗长; 花红色, 花瓣 5, 卵形, 雄蕊 5, 花药黄色。**果:** 球形, 有纵棱。**花果期:** 全年开花。**分布:** 我国华南地区。

快速识别要点

常绿灌木。叶常集生枝顶, 倒卵状长椭圆形, 全缘, 先端渐尖, 基部楔形, 侧脉 8~10 对, 较直, 叶柄绿带红色。

	相似特征	不同特征		
光叶石楠	 叶形	 叶缘有细齿	 幼枝红色	 复伞房花序, 花白色, 较小
琴叶珊瑚	 叶形	 叶全缘	 幼枝绿色	聚伞花序, 花红色, 较大

木瓜 VS 木瓜海棠

木瓜 *Chaenomeles sinensis* (Thouin) Koehne 木瓜属

树形

果枝

树皮

形态: 落叶小乔木,高达 10m。**树皮:** 斑状薄片剥落,青灰色。**枝条:** 无刺,小短枝多呈棘状,幼枝被柔毛,后脱落。**叶:** 单叶互生,卵状椭圆形或椭圆状长圆形,缘具芒状锐齿,叶长 5~8cm;革质,先端急尖,基部宽楔形或圆;幼叶背面密被黄白绒毛,后脱落。叶柄长约 1cm,被微毛。**花:** 单生叶腋,淡粉红色,花瓣倒卵形,雄蕊多数,花柱 3~5;基部连合,被柔毛,花径 3~4cm,花梗粗,长约 1cm;萼片反折,萼筒无毛。**果:** 梨果长椭圆形,长 10~15cm,木质,深黄色,芳香,果梗短。**花果期:** 花期 4~5 月,果期 9~10 月。**分布:** 我国陕、豫、鲁、冀、皖、苏、浙、赣、湘、鄂、粤、桂等地。

快速识别要点

落叶小乔木。树皮斑状薄片剥落,青灰色;叶卵状椭圆形或椭圆状长圆形,缘具芒状锐齿,革质;梨果长椭圆形,深黄色,木质。

木瓜海棠 *Chaenomeles cathayensis* Schneid. 木瓜属

树形

叶

花

果

树皮

形态: 落叶灌木或小乔木,高达 6m。**树皮:** 褐灰色,平滑。**枝条:** 枝条直立,枝刺短,小枝无毛。**叶:** 长椭圆形至椭圆状披针形,长 5~11cm;缘具芒状尖齿,叶先端急尖或短渐尖,基部楔形;叶面深绿有光泽,叶背幼时被褐色绒毛,后脱落。**花:** 2~3 朵簇生,先叶开放,粉红色或近白色,花瓣倒卵形或近圆形,雄蕊约 50;花柱基部有毛,花梗粗短,花萼片较直立。**果:** 果卵球形或椭球形,长约 10cm,径 6cm;黄色具红晕,有香味。**花果期:** 花期 3~5 月,果期 9~10 月。**分布:** 我国陕、甘、赣、湘、鄂、川、滇、黔等地。

快速识别要点

落叶灌木或小乔木。叶长椭圆形至椭圆状披针形,缘具芒状尖齿;叶面深绿有光泽,幼叶背面被褐色绒毛;果卵球形或椭圆形,黄色具红晕。

相似特征	不同特征		
木瓜			

果形

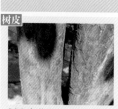

树皮青黄两色,斑状薄片剥落

叶卵状椭圆形或椭圆状长圆形,基部宽楔形或圆

梨果长椭圆形,深黄色

木瓜海棠

果形

树皮褐灰色,平滑

叶长椭圆形至椭圆状披针形,基部楔形

梨果卵球形或椭球形,较小,黄色具红晕

贴梗海棠 VS 木瓜海棠

贴梗海棠（皱皮木瓜）*Chaenomeles speciosa* (Sweet) Nakai　木瓜属

树形

叶

花

果

树皮

形态：落叶灌木，高达 2.5m。**树皮：**褐色，平滑。**枝条：**枝有刺，小枝平滑，无毛。**叶：**单叶互生，叶卵形至椭圆状卵形，稀长椭圆形；叶长 4~9cm，缘具锐锯齿，叶先端急尖或钝，基部宽楔形；叶面具光泽，叶背脉稍有毛；托叶大，肾形，叶柄长约 1cm。**花：**3~5 朵簇生于二年生枝，花瓣倒卵形或近圆形，具短爪，朱红色或粉红色，稀白色；雄蕊约 50，花径约 3.5cm，梗短，花萼片直立，先叶开花。**果：**梨果球形或卵形，黄色或黄绿色带红晕，径 4~6cm；有香味，果梗短或无梗，贴茎着生。**花果期：**花期 3~4 月，果期 9~10 月。**分布：**我国陕、甘、豫、鲁、冀、皖、苏、浙、赣、湘、鄂、川、黔、滇、粤等地。

快速识别要点

落叶灌木。因花朵几无梗，外形好像直接贴在粗枝上一样，故名"贴梗海棠"。单叶互生，叶卵形至椭圆状卵形，托叶大，肾形；梨果球形或卵形，黄色或黄绿色带红晕。

	相似特征	不同特征		
贴梗海棠	 果形	 叶卵形至椭圆状卵形，端尖或钝，托叶大	 果球形或卵形，黄色或黄绿色带红晕	 花 3~5 朵簇生，朱红色或粉红色，稀白色
木瓜海棠	果形	叶长椭圆形至椭圆状披针形，无托叶	果卵球形或椭球形，黄色具红晕	花 2~3 朵簇生，粉红色或近白色

西府海棠 VS 山荆子

西府海棠 *Malus × micromalus* Makino 苹果属

树形

花枝

叶

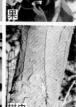
果

形态: 落叶小乔木,高达 5m,树冠倒卵形。**树皮:** 青褐色,平滑。**枝条:** 枝条耸立向上,小枝紫褐或暗褐色,较细。**叶:** 长椭圆形或椭圆形,缘具细密锯齿,长 6~10cm,宽 2.5~5cm;先端尖或渐尖,基部宽楔形或近圆;幼叶被柔毛,叶背为多,老时脱落;叶柄长 2.5~3.5cm,侧脉 6~8 对。**花:** 伞形花序,具花 4~7 朵,集生小枝端;花蕾粉红色,花开后呈淡粉色,单瓣或半重瓣;花瓣长椭圆形,具短爪,雄蕊 20;花柱 5,花梗、萼片均被毛;萼片与萼筒近等长。**果:** 近球形,红色,径 1~1.5cm,梗洼、萼洼均凹陷,萼片多脱落。**花果期:** 花期 4~5 月,果期 9~10 月。**分布:** 我国辽、冀、鲁、陕、甘、滇等地。

快速识别要点

　　落叶小乔木。原产于陕西宝鸡,宝鸡市古称西府,故名"西府海棠"。长叶、粉花、红果为主要特征。叶长椭圆形;花粉红色;果近球形,红色。

山荆子 *Malus baccata* (L.) Borkh. 苹果属

树形

花

叶

形态: 落叶乔木,高达 12m,树冠广圆形。**树皮:** 灰褐色,平滑,老皮块状剥裂。**枝条:** 小枝红褐色,较细,无毛。**叶:** 单叶互生,椭圆形或卵形,缘具细尖齿,较光滑;叶长 4~8cm,先端渐尖,基部圆或楔形;幼叶稍被毛,后脱落;叶柄较长 3~5cm。**花:** 伞形花序,无总花梗;具花数朵,集生小枝顶;花梗细长,花两性,花瓣白色,倒卵形,雄蕊多数,花柱 4~5,基部有长毛。萼片披针形,长于萼筒。**果:** 果近球形,红色或黄色,果梗长 3~4cm,果径约 1cm,果顶萼片脱落。**花果期:** 花期 4~5 月,果期 8~10 月。**分布:** 我国东北、华北、西北地区,黄河流域为集中分布区。

快速识别要点

　　落叶乔木。红枝、卵叶、白花、长柄为主要特征。小枝红褐色;叶椭圆形或卵形;花白色;叶柄、花梗、果柄均较长。

	相似特征	不同特征		
西府海棠	 叶形	 树皮淡褐色,平滑	 花淡粉红色	 花梗较短
山荆子	 叶形	 树皮灰褐色,平滑	 花冠白色	 花梗较长

海棠花 VS 海棠果

海棠花（海棠） *Malus spectabilis* (Ait.) Borkh.　苹果属

树形

花

树皮

叶

果

形态：落叶小乔木，高达8m，树冠倒卵形。**树皮：**灰青色，平滑。**枝条：**小枝较粗，幼枝被毛，绿色。**叶：**单叶互生，椭圆形或卵状椭圆形，长4~8cm；具贴缘细密齿，先端尖，基部宽楔形或圆；侧脉8~10对，叶柄长1.5~2cm。**花：**近伞形花序，花4~6朵，蕾时粉红色，开花后近白色；花瓣卵形，雄蕊多数，花药黄色，花柱5(4)；萼片短于萼筒或等长，萼片三角状卵形，宿存。**果：**果黄色，近球形，径1.5~2cm；基部不凹陷，端部隆起；果梗较细，长3~4cm，梗端肥厚。**花果期：**花期4~5月，果期8~9月。**分布：**我国陕、甘、辽、冀、鲁、豫、苏、浙、滇等地。

快速识别要点

落叶小乔木。小枝较粗；叶椭圆形或宽卵状椭圆形，长4~8cm，具贴缘锯齿；花蕾粉红色，开花后近白色，花瓣卵形；果黄色球形，基部不凹陷，端部隆起。

海棠果（楸子、沙果） *Malus prunifolia* (Willd.) Borkh.　苹果属

树形

花

叶

果

形态：落叶小乔木，高达8m。**树皮：**灰褐色，平滑。**枝条：**小枝被柔毛，老枝无毛。**叶：**单叶互生，卵形或椭圆形，长5~9cm；缘有细尖齿，先端渐尖或急尖，基部宽楔形；幼叶两面被毛，老叶仅叶背中脉疏被毛；叶柄长2~5cm，幼时具毛。**花：**近伞形花序，具花约10朵，花梗细长；花瓣5，倒卵形或椭圆形，白色，蕾时淡粉色；雄蕊20，花柱4(5)；萼片比萼筒长，萼片三角状披针形，具毛。**果：**果卵形，红色，稀黄色，径2~2.5cm，顶端渐窄，稍突起，萼片宿存。**花果期：**花期4~5月，果期8~9月。**分布：**我国东北南部、华北地区及陕、甘等地均有分布。

快速识别要点

落叶小乔木。果较大，卵形，红色；径2~2.5cm，萼片宿存；花蕾时淡粉色，花开后白色，花梗细长；叶卵形或椭圆形。

	相似特征	不同特征	
海棠花	 叶形	 花序具花4~6朵，近白色	 果黄色，径1.5~2cm，梗洼不凹，端部隆起
海棠果	 叶形	 花序具花约10朵，白色	 果红色，径2~2.5cm，梗洼稍凹，端部突起，渐窄

杜梨 VS 豆梨

杜梨（棠梨） *Pyrus betulifolia* Bunge 梨属

树形

花

树皮

果

形态：落叶乔木，高达 10m。**树皮：**灰褐或黑褐色，细纵裂。**枝：**常具棘刺，小枝时有棘状刺，幼枝密被灰白色绒毛。**叶：**菱状长卵形或椭圆状卵形，缘有粗尖锯齿，叶长 4~8cm，幼叶两面被毛，后脱落，先端渐尖，基部宽楔形，叶柄长 2~4cm，秋叶变红色。**花：**伞形总状花序，密被灰白色绒毛，花白色，稀粉红色；花瓣 5，卵圆形，具爪；雄蕊约 25，花药紫红色，花柱 2~3，离生。**果：**果小，径约 1cm，褐色，2~3 室，近球形，皮孔色淡；果梗长约 2cm，萼片脱落。**花果期：**花期 4~5 月，果期 8~9 月。**分布：**我国东北南部，自黄河流域至长江流域多地。

快速识别要点

落叶乔木。菱叶、白花、褐果为主要特征。叶菱状长卵形或椭圆状卵形，幼叶两面被毛；花白色，花药紫红色；果褐色，近球形。

豆梨（糖梨） *Pyrus calleryana* Dcne. 梨属

树形

叶

果

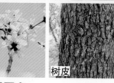
花

树皮

形态：落叶乔木，高达 8m。**树皮：**灰色，长块状纵裂。**枝：**小枝较粗，幼枝有绒毛，后脱落。**叶：**阔卵形或椭圆状卵形，叶长 4~8cm；缘有细锯齿叶先端渐尖或凸尖基部宽楔形或圆，两面无毛；叶柄长约 3cm，侧脉 12~16 对。**花：**伞形总状花序，花白色，径约 2.5cm；花瓣卵形，雄蕊多数，花柱 2，稀 3，花梗长 2~3cm，花序梗及花梗均无毛。萼筒无毛，萼片内面被绒毛。**果：**近球形，褐色，径 1.2~1.5cm，具斑点，萼片脱落，具梗洼，果梗细长。**花果期：**花期 4 月，果期 8~9 月。**分布：**我国华北至华南地区及陕、甘等地有分布。

快速识别要点

落叶乔木。树皮灰色，长块状纵裂；叶阔卵形或椭圆状卵形，两面无毛，叶先端渐尖或凸尖；果近球形，褐色，径 1.2~1.5cm，果面具斑点，萼片脱落，具梗洼。

相似特征	不同特征		

杜梨

果

树皮
树皮灰褐或黑褐色，细纵裂

叶
叶菱状长卵形，缘有粗尖锯齿，叶面皱

果
果较小，果面平滑无斑点

豆梨

果

树皮
树皮灰色，长块状纵裂

叶
叶阔卵形或椭圆状卵形，缘有细尖齿，叶面平坦

果
果较大，果面有斑点

唐棣 VS 东亚唐棣

唐棣（红栒子）　*Amelanchier sinica* (Schneid.) Chun　唐棣属

叶正面

花

叶背面

树皮

形态：落叶小乔木，高达 5(~8)m。**树皮：**灰黑色，平滑。**枝条：**枝条稀疏，小枝细长，近无毛，紫褐或黑褐色。**叶：**单叶互生，卵形或长椭圆形，先端急尖，基部圆或宽楔形，长 4~7cm；中部以上常具细尖齿，近基部全缘，幼叶背具毛，叶柄长1~2cm，侧脉 13~15 对。**花：**总状花序具多花，长 4~5cm；花梗细长，花白色，花瓣 5，长圆状披针形；雄蕊 20，花柱 5，合生，基部具黄白色绒毛；萼宿存，反折。**果：**梨果近球形，径约 1cm，蓝黑色。**花果期：**花期 5 月，果期 9~10 月。**分布：**秦岭、甘、晋、豫、鄂、川等地有分布。

快速识别要点

　　落叶小乔木。枝条稀疏，小枝细长，紫褐或黑褐色；叶长椭圆形；总状花序具多花，花白色，花瓣 5，长圆状披针形。

东亚唐棣　*Amelanchier asiatica* (Sieb. & Zucc.) Endl. ex Walp.　唐棣属

花

叶

果

树皮

形态：落叶小乔木，高 5~10m。**树皮：**灰黑色，平滑。**枝条：**小枝细弱，圆柱形，老枝褐色，散生皮孔，幼枝被柔毛。**叶：**单叶互生，长椭圆形或卵状披针形，先端急尖，基部圆或近心形，缘有细密锯齿，叶长 4~6cm，宽 2.5~3.5cm；侧脉 13 对，幼叶背面密生灰白色毛，叶柄长约 1.5cm。**花：**总状花序略下垂，长 5~7cm；花序梗、花萼密生白柔毛，花白色；花瓣细长，长圆状披针形或卵状倒披针形，雄蕊短于雌蕊。**果：**梨果近球形，径 1.2~1.5cm，蓝黑色，萼片宿存反折。**花果期：**花期 4~5 月，果期 9 月。**分布：**我国陕西秦岭及西南、西北地区。

快速识别要点

　　落叶小乔木。幼枝被白柔毛后脱落；叶长椭圆形，基部圆或近心形；花白色，花瓣细长；梨果近球形，径 1.2~1.5cm，蓝黑色。

相似特征	不同特征		
唐棣 花	 叶卵形或长椭圆形，中部以上具齿	 果序较紧密，果较小	 小枝、花萼被灰白柔毛
东亚唐棣  花	 叶长椭圆形或卵状披针形，缘有细密锯齿	果序稀疏，果较大	小枝近无毛

合欢 vs 美洲合欢

合欢（马缨花）*Albizia julibrissin* Durazz. 合欢属

树形

果

花

叶

树皮

形态：落叶乔木，高达15cm，树冠伞形或倒卵形。**树皮：**褐灰色，浅纵裂，幼树不裂。**枝条：**小枝褐绿色，无毛，有棱，皮孔黄绿色。**叶：**复叶，具羽片4~12(~20)对，每羽片有小叶10~30对，小叶镰状长圆形，长6~12mm，宽1.5~4mm；先端尖，内弯，基部截形，中脉靠近叶上缘，叶缘及叶背中脉有柔毛；叶片夜合昼展；叶柄有一腺体。**花：**头状花序呈伞房状排列，顶生或腋生；花丝基部白色至顶部渐变红色，细长如缨，基部合生，萼片绿色，长约4mm。**果：**荚果带状，基部短柄状，先端尖，淡黄褐色，长8~16cm，宽1~2cm；具种子数个。**花果期：**花期6~7月，果期9~10月。**分布：**产于亚洲中东部。我国黄河流域及以南多地有分布。

快速识别要点

　　落叶乔木。褐皮、羽叶、红花、带状果为主要特征。树皮褐灰色；复叶，具羽片4~12对，每羽片有小叶10~30对，小叶镰状长圆形；花丝淡红色，细长如缨，故名"马缨花"；果带状，较长。

美洲合欢（朱樱花）*Calliandra haematocephala* Hassk. 朱樱花属

树形

花

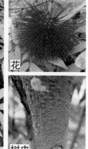
叶

树皮

形态：常绿小乔木或灌木，高达3~5cm。**树皮：**浅棕色，具疣凸状皮孔。**枝条：**小枝灰棕色，具细密皮孔及短毛。**叶：**二回羽状复叶，具托叶，羽片1~2对，各羽片具小叶5~9对；斜卵状披针形或长圆状披针形，顶生小叶最大，叶长1.5~3.5cm；先端短尖或钝，中脉偏上缘，具明显的下侧一脉，与叶缘平行；叶两面无毛，嫩叶棕红色，具1对托叶，卵状三角形，长5~6mm。**花：**腋生头状花序，花冠红色，雄蕊多数下部合生成管，长而显露；花丝朱红色，径3~5cm。**果：**窄倒披针形，长达10cm。**花果期：**花期8~9月。**分布：**原产毛利西亚岛，我国台、粤等地有分布。

快速识别要点

　　常绿小乔木或灌木。羽叶、红花为主要特征。二回羽状复叶，具羽片1~2对，各羽片具小叶5~9对，顶生小叶大，中脉偏上缘，下侧一脉，与叶缘平行，嫩叶棕红色；花丝朱红色，故名"朱樱花"。

相似特征	不同特征		
合欢 花形  花形	小枝 小枝褐绿色，无毛	羽叶 复叶，具羽片4~12对，每羽片有小叶10~30对	花 花丝淡红色
美洲合欢  花形	 小枝灰棕色，具短毛	 复叶具羽片1~2对，各羽片具小叶5~9对	 花丝朱红色

合欢 VS 蓝花楹

蓝花楹（含羞草叶楹）　*Jacaranda mimosifolia* D. Don　蓝花楹属

形态：落叶乔木，高达 15m，树冠伞形。**树皮：**灰色，浅纵裂。**枝条：**小枝细长，略下垂。**叶：**二回羽叶复叶对生，具羽片 15 对以上，各羽片具小叶 12~24 对；小叶长椭圆形或椭圆状披针形，长 0.8~1.2cm，宽约 5mm；先端凸尖，基部宽楔形，全缘，具疏毛。**花：**圆锥花序顶生或腋生，长达 30cm；花冠二唇形，5 裂，蓝色，长约 5cm，花冠筒细长；具二强雄蕊，着生于花冠筒中部。**果：**蒴果木质，扁卵球形，径约 5cm，种子有翅。**花果期：**花期 5~6 月。**分布：**原产南美洲。我国粤、琼、桂、闽、滇等地有分布。

快速识别要点

　　落叶乔木。具有蓝色花冠，故名"蓝花楹"。二回羽叶复叶对生，具羽片 15 对以上，各羽片具小叶 12~24 对，小叶较小，长 0.8~1.2cm，酷似合欢叶。

	相似特征	不同特征		
	羽叶	小叶	树皮	花
合欢	 羽叶	 小叶镰状长圆形，先端尖内弯，叶夜合昼展	 树皮褐灰色，浅纵裂	 花冠红色，头状花序
蓝花楹	 羽叶	 小叶长椭圆形或椭圆状披针形，叶不夜合昼展	 树皮淡灰色，平滑	 花冠二唇形，5 裂，蓝色

羊蹄甲 VS 红花羊蹄甲

羊蹄甲（紫羊蹄甲） *Bauhinia purpurea* L. 羊蹄甲属

叶

花

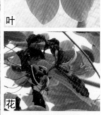

树皮

形态：常绿小乔木，高达 10m。**树皮：**灰色或褐色，近平滑，具黑色皮孔。**枝条：**小枝褐色，幼枝绿色。**叶：**近圆形，长稍大于宽，长 8~13cm，二深裂达叶之 1/3~1/2；先端圆或稍钝，基部心形或圆，掌状基出脉 7~11；叶背有毛，叶柄长 3~6cm，全缘。**花：**伞房花序，具圆锥状分枝，花瓣 5 倒披针形，不等长；淡红色，长约 5cm，发育雄蕊 3~4，子房有长柄；萼筒二裂至基部，裂片反折，1 片先端有缺口，1 片有 3 齿。**果：**带状，长约 20cm，宽约 2.5cm，柄长约 2cm。**花果期：**全年开花，3~4 月为盛花期。**分布：**亚洲南部。我国滇、粤、桂、闽、台等地有分布。

快速识别要点

常绿小乔木。叶近圆形，二深裂达叶之 1/3~1/2，基部心形或圆，掌状基出脉 7~11；伞房花序，具圆锥状分枝，花瓣 5，淡红色，不等长，发育雄蕊 3~4。

红花羊蹄甲 *Bauhinia blakeana* Dunn 羊蹄甲属

叶

花

树皮

形态：落叶小乔木，高达 12m，干多弯曲，树冠开展。**树皮：**灰褐色，具浅裂纹。**枝条：**小枝细，分枝多，有毛。**叶：**宽心形或近圆形，长 10~14cm，二裂达叶之 1/4~1/3；先端钝或圆，基部圆或心形，全缘，掌状基出脉 11~13，叶柄长 3.5~4cm，被毛。**花：**总状花序，具圆锥状分枝，花大，不呈蝶形，花瓣 5，有一瓣上翘，色重；4 瓣相对色浅，倒披针形，红色或紫红色；长 6~8cm，具 5 枚发育雄蕊，3 枚较长，2~5 枚退化雄蕊；子房有柄，花丝长，花萼二深裂，裂片反曲，顶端有裂。**果：**常不结果。**花果期：**全年开花，9~11 月为盛花期。**分布：**我国滇、粤、桂、闽等地。

快速识别要点

落叶小乔木。叶宽心形或近圆形，二裂达叶之 1/4~1/3，基部圆或心形，掌状基出脉 11~13；总状花序，具圆锥状分枝，花不呈蝶形，红色或紫红色，具 5 枚发育雄蕊。

	相似特征	不同特征		
	叶形	树皮	叶	花
羊蹄甲	 叶形	 树皮灰色，具黑色皮孔	 叶二深裂达叶之 1/3~1/2，掌状基出脉 7~11	 伞房花序，花淡红色，发育雄蕊 3~4
红花羊蹄甲	 叶形	 树皮灰色，平滑	 叶二深裂达叶之 1/4~1/3，基出脉 11~13	 总状花序，红色或紫红色，发育雄蕊 5

皂荚 VS 山皂荚

皂荚 *Gleditsia sinensis* Lam. 皂荚属

树形

花序

果

果枝

树皮

形态: 落叶乔木,高达 30m,树冠圆头形。**树皮:** 暗灰或灰黑色,粗糙,干与大枝有分枝圆刺。**枝条:** 小枝无毛。**叶:** 一回偶数羽状复叶,小叶 3~7 对;卵状椭圆形或倒卵形,长 3~9cm;缘有细钝锯齿,叶先端钝,有短尖头,基部斜圆形,侧脉 8~10 对;叶柄极短,叶轴及小叶柄无毛。**花:** 总状花序腋生,花杂性,黄白色;花瓣 4,雄蕊 4 长 4 短;花药丁字着生,纵裂,花柱短,花梗长约 1cm;花萼片 4,花序轴、花梗、花萼均被柔毛。**果:** 荚果带状,直而扁平,长 10~20cm,木质,种子多数,长圆形,扁平,长约 1cm,棕色。**花果期:** 花期 4~5 月,果期 10 月。**分布:** 我国黄河流域及以南,西至川、陕,南至粤、桂,西南至黔、滇。

快速识别要点

落叶乔木。树皮暗灰或灰黑色,有分枝圆刺,一回偶数羽状复叶,小叶 3~7 对,卵状椭圆形或倒卵形;总状花序腋生,花杂性,黄白色;荚果直而扁平。

山皂荚(紫皂荚) *Gleditsia japonica* Miq. 皂荚属

树形

花序

果

茎皮

叶

形态: 落叶乔木,高达 15m,树冠卵圆形。**树皮:** 灰褐色,具扁圆形分枝皮刺。**枝条:** 嫩枝红褐带紫色,二年生枝灰绿色,无毛。**叶:** 偶数羽状复叶,小叶 5~11 对,卵状长圆形或长椭圆形,长 4~10cm;先端圆钝或微凹,基部斜圆或宽楔形,缘有波状细齿或近全缘。**花:** 雌雄异株,雄花序总状,花瓣 4,黄绿色;具 8 个雄蕊,雌花序穗状,有退化雄蕊,子房具柄。**果:** 荚果镰形,常扭曲,棕褐色,长 12~24cm,种子扁长圆形,长约 1cm,绿褐色。**花果期:** 花期 5~6 月,果期 8~10 月。**分布:** 辽、冀、鲁、豫、苏、皖、浙、晋等地。

快速识别要点

落叶乔木。偶数羽状复叶,小叶 5~11 对,卵状长圆形或长椭圆形;雌雄异株,雄花序总状,雌花序穗状;荚果镰形,常扭曲,棕褐色。

相似特征	不同特征			
叶形	树皮	叶	花序	果

皂荚	 叶形	 树皮暗灰或灰黑色,具圆形分枝皮刺	 小叶稍短小,缘有细钝齿	 花序总状腋生	 荚果带状,直而扁平
山皂荚	 叶形	 树皮灰褐色,具扁圆形分枝皮刺	 小叶稍长大,缘有波状细齿或全缘	 雄花序总状,雌花序穗状	 荚果镰形,常扭曲

山皂荚 VS 山合欢

山合欢（白缨） *Albizia kalkora* (Roxb.) Prain　合欢属

树形

叶枝

叶

树皮

形态：落叶乔木，高达 15m，树冠开展。**树皮：**灰褐至黑褐色，浅纵裂。**枝条：**小枝紫褐或棕褐色，皮孔黄色。**叶：**复叶具羽片 2~6 对，每羽片具小叶 5~16 对；小叶矩圆形或宽镰刀形，长 1.5~5cm；先端圆钝，具短尖头，基部截形，中脉近上缘，两面具毛；叶柄、叶轴各具一腺体，密被黄毛。**花：**头状花序排成伞房状生枝顶，花丝黄白或浅粉红色，花冠长约 7mm。**果：**荚果扁平，带状，长 8~18cm，宽 1.5~2.5cm，具种子 5~13。**花果期：**花期 5~7 月，果期 9~10 月。**分布：**我国黄河流域至长江流域以及西南地区。

快速识别要点

落叶乔木。小枝紫褐或棕褐色；小叶矩圆形，长 1.5~5cm，先端圆钝，基部截形；头状花序排成伞房状生枝顶，花丝黄白或浅粉红色。

	相似特征	不同特征		
	叶形	树皮	小枝	小叶
山皂荚	羽叶	树皮黑褐色，具浅裂纹	小枝灰褐色	小叶卵状长圆形
山合欢	羽叶	树皮深灰褐色，浅纵裂	小枝棕褐色	小叶矩圆形或宽镰刀形

紫荆 VS 巨紫荆

紫荆 *Cercis chinensis* Bunge 紫荆属

果枝

叶

花枝

果

树皮

形态：落叶灌木或小乔木，高达4m。**树皮：**浅灰色，平滑。**枝条：**小枝疏被毛，芽叠生。**叶：**单叶互生，近圆形或心形，长6~12cm；全缘，先端骤尖，基部心形，叶背疏生毛；叶柄长1~1.5cm，基部与顶端膨大，掌状脉5，托叶早落，较小。**花：**花冠假蝶形，上一瓣小，下二瓣大，紫红色，5~8朵簇生于老枝及茎上，先叶开放，花梗长0.5~1.5cm；雄蕊10，离生，子房有柄，花萼红色。**果：**荚果带状，扁平，长5~10cm，宽1.2~1.5cm，腹缝有窄翅，种子黑褐色。**花果期：**花期4月，果期9~10月。**分布：**我国产于黄河流域，南至粤、桂，西至陕、甘、川、藏、黔、滇等地。

快速识别要点

落叶灌木或小乔木。心叶、紫花、荚带果为主要特征。叶心形或近圆形；花冠假蝶形，紫红色，5~8朵簇生于老枝及茎上；荚果带状，扁平。

巨紫荆（湖北紫荆）*Cercis gigantea* W. C. Cheng & Keng f. 紫荆属

树形

叶

花

果

树皮

形态：落叶乔木，高10~15m。**树皮：**灰褐色或黑褐色，平滑，老皮有浅裂纹。**枝条：**较细长。**叶：**单叶互生，近圆形或卵圆形，长5~13cm；叶面光滑，先端短尖，基部心形，叶背具褐毛；叶柄长2~5cm，掌状侧脉5~7。**花：**假蝶形，淡紫色，7~14朵簇生老枝，花梗长1~2cm；花萼暗紫红色，叶前开花。**果：**荚果扁平，带状，紫红色，长8~14cm，宽1.5~2cm；背腹缝线不等长，腹缝线具窄翅，果先端渐尖，基部钝圆。**花果期：**花期3~4月，果期10~11月。**分布：**浙、皖、豫、鄂、湘、粤、黔等地。

快速识别要点

落叶乔木。树形高大；枝细长；花紫红色，7~14朵簇生老枝，叶前花；荚果扁平，带状，紫红色，背腹缝线不等长，腹缝线具窄翅，果先端渐尖。

	相似特征	不同特征		
	叶形	花	果	树皮
紫荆	  叶形	 花5~8朵簇生	 荚果褐色，背腹缝线等长	 树皮浅灰色，平滑
巨紫荆	 叶形	 花7~14朵簇生	 荚果紫红色，背腹缝线不等长	树皮黑褐色，平滑具黑色皮孔

155

黄槐 VS 双荚决明

黄槐（黄槐决明） *Senna surattensis* (Burm. f.) H.S. Irwin & Barneby 　决明属

树形

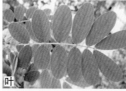
叶

花

树皮

形态：落叶小乔木，高达 8m，或灌木状。**树皮**：灰褐色，平滑。**枝条**：小枝有毛，绿色。**叶**：一回偶数羽状复叶，小叶 6~9 对，倒卵状椭圆形或椭圆形，长 2~3.5cm；先端微凹或圆，叶基稍扁圆形，下部 2 或 3 对小叶间有一棒状腺体；叶柄极短；2~3mm。**花**：伞房状花序腋生，花较大，鲜黄色，发育雄蕊 7~10，全年开花。**果**：荚果带状扁平，长 8~12cm，有时种间稍缢缩，果缘波状，黄色，种子扁椭圆形。**花果期**：集中开花期 3~12 月。**分布**：产热带。我国粤、琼、桂、川、闽、台等地有分布。

快速识别要点

　　落叶小乔木。偶叶、黄花、带果为主要特征。小叶 6~9 对，倒卵状椭圆形或椭圆形，叶柄极短；花较大，鲜黄色；荚果带状，扁平。

双荚决明（双荚黄槐） *Casin bicapsularis* L. 　决明属

树形

叶

花

果

形态：落叶或半长绿蔓性灌木，高达 3m。**树皮**：浅灰褐色。**枝条**：多分枝，绿色，有棱。**叶**：偶数羽状复叶，小叶 3~5 对，倒卵形或长圆形，先端钝，有微凸尖，基部稍斜圆形，全缘；叶背中脉被毛，侧脉 8~10 对，纤细，最下 1 对小叶间有一大腺体；小叶柄约 3mm，叶缘常呈金黄色。**花**：伞房状总状花序，花金黄色，径约 2cm，具发育雄蕊 7，其中 1 枚特大，退化雄蕊 3；花瓣 5，倒卵形，具 3 条三出脉状竖线。**果**：荚果圆锥形，较细，微弯，两果并生，长 9~16cm，种子褐黑色。**花果期**：花期 10~11 月，果期 11~12 月。**分布**：原产南美洲。我国粤、琼、桂、台等地有分布。

快速识别要点

　　落叶或半长绿蔓性灌木。绿枝、偶叶、黄花、双果为主要特征。枝绿色有棱，偶数羽状复叶，小叶 3~5 对，最下 1 对小叶间有一大腺体；花金黄色；荚果圆锥形，两果并生，故名"双荚决明"。

相似特征	不同特征		
花形  花形	**叶** 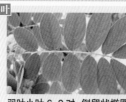 羽叶小叶 6~9 对，倒卵状椭圆形或椭圆形，下部 2~3 对小叶间有一腺体	**花**  花冠具发育雄蕊 7~10	**树形** 落叶小乔木
花形  花形	 羽叶小叶 3~5 对，倒卵形或长圆形，最下 1 对小叶间有一大腺体	 花冠具发育雄蕊 7，其中 1 枚特大，退化雄蕊 3	 落叶或半常绿蔓性灌木

黄槐

双荚决明

黄槐 VS 刺槐

	相似特征	不同特征		
黄槐	叶形  叶形	树皮 树皮浅灰褐色，平滑	叶 偶数羽状复叶，小叶 6~9 对	花 伞房状花序腋生，花大， 鲜黄色
刺槐	叶形 叶形	树皮灰褐色，纵裂	奇数羽状复叶，小叶 5~10 对	总状花序，花蝶形，较小

黄槐

槐树 VS 刺槐

槐树（国槐、家槐） *Sophora japonica* Linn. 槐树属

树形

花

叶

果

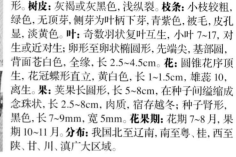
树皮

形态：落叶乔木，高达 25m，胸径 1.5m，树冠阔卵形。**树皮：**灰褐或灰黑色，浅纵裂。**枝条：**小枝较粗，绿色，无顶芽，侧芽为叶柄下芽，青紫色，被毛，皮孔显，淡黄色。**叶：**奇数羽状复叶互生，小叶 7~17，对生或近对生；卵形至卵状椭圆形，先端尖，基部圆，背面苍白色，全缘，长 2.5~4.5cm。**花：**圆锥花序顶生，花冠蝶形直立，黄白色，长 1~1.5cm，雄蕊 10，离生。**果：**荚果长圆形，长 5~8cm，在种子间缢缩成念珠状，长 2.5~8cm，肉质，宿存越冬；种子肾形，黑色，长 7~9mm，宽 5mm。**花果期：**花期 7~8 月，果期 10~11 月。**分布：**我国北至辽南，南至粤、桂，西至陕、甘、川、滇广大区域。

快速识别要点

　　落叶乔木。因在我国栽培历史悠久，栽培面积大，故称"国槐"。卵叶、蝶花、连豆果为槐树的主要特征。小叶卵状椭圆形，先端急尖，顶生圆锥花序；蝶形花冠，黄白色；荚果念珠状，连豆形。

刺槐（洋槐） *Robinia pseudoacacia* L. 刺槐属

树形

叶

花

果

树皮

形态：落叶乔木，高达 25m，胸径 1m，树冠长圆形。**树皮：**褐色至灰褐色，深纵裂。**枝条：**幼枝稍被毛，枝具托叶刺，冬芽藏于叶痕内。**叶：**奇数羽状复叶互生，小叶 7~19，卵形至长圆形，长 1.5~5cm；先端圆或微凹，有小刺尖，基部圆。**花：**总状花序腋生下垂，长 10~20cm；花冠蝶形，白色，芳香，旗瓣基部有黄斑，长 1.5~2cm。**果：**荚果扁平条状长圆形，长 4~10cm，褐色或红褐色，腹缝有窄翅。**花果期：**花期 4~5 月，果期 9~10 月。**分布：**原产美国，19 世纪传入欧洲及非洲，20 世纪末引入我国。现我国东北南部、华北、中南、西南都有栽培。

快速识别要点

　　落叶乔木。19 世纪末我国自欧洲引进，因枝条有托叶刺，叶、花似槐故称"刺槐"，又名"洋槐"。钝叶、蝶花、扁平果为刺槐的主要特征。小叶长圆形，先端圆钝；腋生总状花序下垂，花冠蝶形，白色；荚果条状长圆形，扁平。

	相似特征	不同特征			
槐树	 花	 树皮 树皮浅纵裂，裂隙较窄	 叶 小叶卵状椭圆形，先端急尖	果 荚果圆形，念珠状	 花 圆锥花序顶生，不下垂，花期 7~8 月
刺槐	花	树皮 树皮浅纵裂，裂隙较宽	 叶 小叶椭圆形，先端圆或微凹	果 荚果扁平，长圆形	 花 总状花序腋生，下垂，花期 4~5 月

香花槐 VS 毛刺槐

香花槐（富贵树）*Robinia* × *ambigua* 'Idahoensis'　刺槐属

树形

花

果

叶

树皮

形态：落叶乔木，高达10m，树冠狭伞形。**树皮：**灰褐色或褐色，浅纵裂。**枝条：**二年生小枝褐色，幼枝绿色，具疏生枝刺。**叶：**奇数羽状复叶，小叶7~19；椭圆形至卵状长圆形，长4~8cm；先端钝或具凸尖，基部圆形，略偏斜，全缘，侧脉8~10对；叶柄短，长约5mm。**花：**总状花序腋生，下垂，长约10cm，具花10朵以上；花萼棕色，密被柔毛，花冠紫红或深粉红色，芳香。**果：**极少结果，荚果棕褐色，略呈螺旋状缢缩纹，长3~8cm。**花果期：**花期一年4次，自5月至9月。**分布：**原产北美洲，我国华北、华东地区有栽培。

快速识别要点

　　落叶乔木。花紫红或深粉红色芳香，故名"香花槐"。羽叶具小叶7~19，椭圆形至卵状长圆形，先端钝或具凸尖，基部圆形，略偏斜，叶柄短。

毛刺槐（江南树）*Robinia hispida* L.　刺槐属

树形

树皮

花

果

形态：落叶灌木或小乔木，高达5m。**树皮：**浅灰色，深纵裂。**枝条：**幼枝褐色，密被红色刺毛，二年生枝褐色。**叶：**奇数羽状复叶，叶轴有槽，被毛，具小叶9~15对；卵圆形或卵状长圆形，先端钝，具芒状长尖头，基部圆形，稍偏斜，全缘；侧脉5~6对，小叶柄长约0.5cm。**花：**总状花序腋生，具花3~7朵，花冠玫瑰红色或紫红色，花瓣具柄，旗瓣近肾形，翼瓣镰形，花萼棕红色，密被红色刺毛。**果：**荚果带状，稍厚，长4~9cm，被棕色硬腺毛。**花果期：**花期5~7月，果期8~10月。**分布：**原产北美洲，我国沪、浙、苏、京、冀等地有分布。

快速识别要点

　　落叶灌木或小乔木。因多器官被棕色刺毛，故名"毛刺槐"。奇数羽状复叶，小叶卵圆形或卵状长圆形，先端钝，具芒状长尖头；花冠玫瑰红色或紫红色，花萼棕红色，密被毛。

相似特征	不同特征			
花形	茎枝	叶	果	树皮

香花槐

花形

茎枝与花序无毛

小叶7~19枚，椭圆形，全缘，长2~5cm

荚果扁圆平，有毛，具缢缩纹

树皮浅裂

毛刺槐

花形

茎枝与花序密被红色长刺毛

小叶7~13枚，矩圆形至近圆形，全缘

荚果扁平，无毛

树皮深裂

159

金枝槐 VS 金叶槐

金枝槐（黄金槐） *Sophora japonica* 'Golden Stem' 槐树属

树形

叶

小枝

树皮

形态：落叶乔木，高达 10m，树冠卵形至长卵形。**树皮：**深灰褐色，纵裂。**枝条：**较粗壮，枝褐色，小树枝黄绿色秋冬季变为黄色，大树小枝叶全年黄色。**叶：**奇数羽状复叶互生，小叶 9~15，椭圆形至椭圆状披针形，先端渐尖，基部圆形，全缘，叶长 3~5cm，全年黄色。**花果期：**花期 8 月，果期 10~11 月。**分布：**华北地区。

快速识别要点

落叶乔木。小树枝叶黄绿色，秋冬季变为黄色，大树大枝褐色，小枝黄色；奇数羽状复叶，小叶 9~15，椭圆形至椭圆状披针形，长 3~5cm，全年黄色。

金叶槐 *Sophora Chrysophylla* 槐树属

树形

小枝

叶

树皮

形态：落叶乔木，高达 8m，树冠卵圆形。**树皮：**淡灰色，浅纵裂。**枝条：**较粗壮，大枝褐色，幼枝绿色。**叶：**奇数羽状复叶，小叶 9~13，对生，卵状椭圆形，叶先端短尖；基部圆稍偏斜，侧脉 12~14 对，不整齐；小叶柄短，约 5mm，嫩叶先黄色后渐变为绿色。**花果期：**花期 7~8 月，果期 10~11 月。**分布：**华北地区。

快速识别要点

落叶乔木。树皮淡灰色，浅纵裂；大枝褐色，幼枝绿色，奇数羽状复叶，小叶 9~13，卵状椭圆形，嫩叶先黄色后渐变为绿色。

相似特征	不同特征		
金枝槐	 叶 黄叶	 树皮 树皮深灰褐色，纵裂	 枝 小枝金黄色	 叶 小叶椭圆形至椭圆状披针形，全年黄色
金叶槐	 黄叶	 树皮淡灰色，浅纵裂	 小枝绿褐色	 小叶卵状椭圆形，嫩叶黄色渐变绿色

鱼鳔槐 VS 红花鱼鳔槐

鱼鳔槐（灯笼槐）*Colutea arborescens* L. 鱼鳔槐属

花

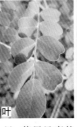

叶

果

形态：落叶灌木，高达 4m。**枝条：**幼小枝有柔毛。**叶：**奇数羽状复叶，小叶 9~13，椭圆形，长 1.5~3cm；先端微凹，基部圆，有短刺尖，叶背有柔毛，托叶披针形。**花：**总状花序腋生，具花 6~8 朵；花冠鲜黄色，长约 2cm，旗瓣反卷有红线纹，花梗长 0.8~1.1cm。**果：**荚果呈囊状，似鱼鳔，壁薄，呈膨胀状，长 6~8cm，浅黄色，光滑。**花果期：**花期 4~5 月，果期 8~10 月。**分布：**原产欧洲及非洲北部，我国青岛、南京、北京、上海等地有栽培。

快速识别要点

落叶灌木。小叶 9~13，椭圆形，先端微凹，有短刺尖；花冠鲜黄色，长约 2cm；荚果呈囊状，似鱼鳔，故名"鱼鳔槐"，浅黄色。

红花鱼鳔槐 *Colutea* × *media* Willd. 鱼鳔槐属

植株

花

果

形态：落叶灌木，高达 3~4m。**枝条：**小枝淡绿色。**叶：**奇数羽状复叶，小叶 11~13，倒卵形，长 1.5~2.5cm；先端圆或微凹，有短刺尖，灰绿色，叶背有柔毛。**花：**花萼及花梗密被柔毛，花冠红褐色或橘红色，长约 1.5cm。**果：**荚果长 5~7cm，淡紫色，顶端不裂，光滑。**花果期：**花期 4~5 月，果期 8~10 月。**分布：**原产欧洲及非洲北部。我国青岛、南京、北京、上海等地有栽培。

快速识别要点

落叶灌木。小叶 11~13，倒卵形，先端圆或微凹；花冠红褐色或橘红色，长约 1.5cm；荚果淡紫色。

	相似特征	不同特征		
	羽叶	叶	花	果
鱼鳔槐	 羽叶	 小叶椭圆形或倒卵形，稍长	 花冠鲜黄色，长约 2cm	 荚果浅黄色
红花鱼鳔槐	 羽叶	 小叶倒卵形，稍短	 花冠红褐色或橘红色，长约 1.5cm	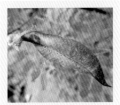 荚果淡紫色或浅红色

鸡冠刺桐 VS 龙牙花

鸡冠刺桐 *Erythrina crista-galli* Linn. 刺桐属

形态: 落叶灌木或小乔木,高2~5cm。**枝条:** 较细,具皮刺。**叶:** 三出复叶,卵形至卵状长椭圆形,长5~10cm;先端渐尖或短渐尖,基部宽楔形,叶柄及叶脉上均有刺。**花:** 红色或橙红色,旗瓣大,倒卵形,花开如佛焰苞状,萼筒端2浅裂;花单生或2~3朵簇生,枝梢成总状花序,较松散。**果:** 荚果木质长达30cm,种子褐黑色。**花果期:** 花期4~7(9)月。**分布:** 我国华南地区。

快速识别要点

落叶灌木或小乔木。叶卵形,三出复叶,小叶脉与柄上具刺,橙红色的花旗瓣,形如公鸡的红冠;狭长的木质荚果长达30cm。

龙牙花 *Erythrina corallodendron* L. 刺桐属

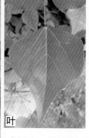

形态: 落叶小乔木,高达7m。**枝条:** 枝干具皮刺。**叶:** 三出复叶,顶生小叶菱形或菱状卵形,长4~10cm,无毛,叶柄及叶轴具皮刺。**花:** 总状花序腋生,花较疏,长30~40cm,花冠深红色长4.5~6cm,各花瓣近平行,故花盛开时仍为直筒状,花萼钟形,口部斜截,下部有一尖齿。**果:** 荚果圆柱形,长10~12cm,种子深红色,有黑斑。**花果期:** 花期6~7月。**分布:** 原产热带美洲。我国鲁、苏、浙、闽、台、粤、桂、滇有分布。

快速识别要点

落叶小乔木。三出复叶,小叶菱形,小叶柄、叶轴具皮刺;深红色的花冠如红色的象牙,盛开时仍为直筒状;圆柱形的荚果较短,长达10~12cm。

	相似特征	不同特征	
鸡冠刺桐	 花形	 总状花序顶生,花开时如佛焰苞状	 叶卵状长椭圆形
龙牙花	 花形	 总状花序腋生,花开时仍为直筒状	 叶菱状卵形

锦鸡儿 VS 红花锦鸡儿

锦鸡儿 *Caragana sinica* (Buc'hoz) Rehd. 锦鸡属

树形

叶

花

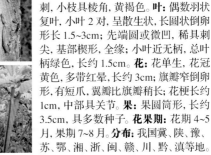

树皮

果

形态：落叶灌木，高达 2m。**树皮：**深褐色。**枝条：**长枝上的托叶、叶轴多硬化成刺，小枝具棱角，黄褐色。**叶：**偶数羽状复叶，小叶 2 对，呈散生状，长圆状倒卵形长 1.5~3cm；先端圆或微凹，稀具刺尖，基部楔形，全缘；小叶近无柄，总叶柄绿色，长约 1.5cm。**花：**花单生，花冠黄色，多带红晕，长约 3cm；旗瓣窄倒卵形，有短爪，翼瓣比旗瓣稍长；花梗长约 1cm，中部具关节。**果：**果圆筒形，长约 3.5cm，具多数种子。**花果期：**花期 4~5 月，果期 7~8 月。**分布：**我国冀、陕、豫、苏、鄂、湘、浙、闽、赣、川、黔、滇等地。

快速识别要点

落叶灌木。树皮深褐色；偶数羽状复叶，散生状两对小叶，长圆状倒卵形或椭圆状倒卵形；花冠黄色，多带红晕，长约 3cm。

红花锦鸡儿 *Caragana rosea* Turcz. ex Maxim. 锦鸡属

树形

花

叶

树皮

果

形态：落叶灌木，高达 2m。**树皮：**灰褐色。**枝条：**小枝具棱，细长，长枝具托叶刺，长约 4mm，短枝刺脱落。**叶：**叶轴刺宿存或脱落，小叶 2 对，呈掌状簇生，楔状倒卵形，长约 2.5cm；先端微凹或圆，有短刺尖，基部楔形，叶背无毛，全缘；小叶无柄，总叶柄紫红色，长约 1cm。**花：**花橙黄带红色，凋谢时变红色，旗瓣长圆状倒卵形，先端凹；翼瓣耳短齿状，萼筒多带紫色；花梗长 0.8~1cm，中部有关节。**果：**果圆筒形，长约 3.5cm，具多数种子。**花果期：**花期 4~6 月，果期 6~7 月。**分布：**我国华北、东北地区及苏、浙、陕、甘、川等地。

快速识别要点

落叶灌木。掌叶、黄花、圆筒果为主要特征，掌状小叶 2 对簇生，楔状倒卵形，花橙黄带红色，凋谢时变红色，果圆筒形，稍弯曲，较短。

	相似特征		不同特征			
锦鸡儿	 叶	果	 树皮深褐色	2 对小叶散生，长圆状倒卵形或椭圆状倒卵形，总叶柄绿色，较长	 花冠黄色带红晕	 果圆筒形，较长，种间不缢缩
红花锦鸡儿	叶	果	树皮灰褐色	2 对小叶簇生，楔状倒卵形，总叶柄紫红色，较短	花冠橙黄带红色	果较短，种间缢缩

胡枝子 VS 荛子梢

胡枝子 *Lespedeza bicolor* Turcz. 胡枝子属

树形

叶

叶枝

花

形态：落叶灌木，高达 3m。**枝条：**幼枝具柔毛。**叶：**三出复叶互生，叶柄较长；小叶卵状椭圆形或宽椭圆形，长 2~7cm；先端圆钝并有芒状小尖头，基部宽楔形，全缘；叶背灰绿色，叶两面及叶柄被毛；对生两小叶柄短 0.5mm，上部 1 小叶柄长 1.5~2cm。**花：**总状花序腋生，双朵对生于苞腋；花淡紫色，长约 1.5cm；花梗顶端无关节，花萼杯状，萼齿短于萼筒，密被柔毛，花总梗长于叶。**果：**果斜卵形较花萼长约 1cm。**花果期：**花期 7~8 月，果期 9~10 月。**分布：**分布于我国东北、华北、华东、西北东部地区。

快速识别要点

落叶灌木。三出复叶，小叶卵状椭圆形或宽椭圆形，先端钝，有芒状小尖头，对生两小叶近无柄；总状花序腋生，花淡紫色，花梗顶端无关节。

荛子梢 *Campylotropis macrocarpa* (Bunge) Rehd. 荛子梢属

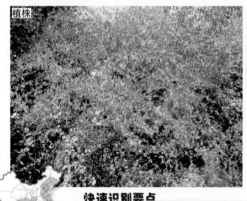

植株

叶

花

树皮

形态：落叶灌木，高 1~2m。**树皮：**深灰色，平滑。**枝条：**幼枝较圆，密被白绢毛，无棱。**叶：**三出复叶互生，具宿存托叶；小叶椭圆形，顶生小叶长 3~6cm，侧生小叶 2~5cm；先端钝尖或微凹，具小尖头，全缘，叶背有绢毛，网脉清细。**花：**总状花序，花序梗较长，近顶端花萼下有关节；苞片早落，苞腋具 1 花，花紫红色，蝶形，萼 5 裂，上两片合生。**果：**荚果具 1 种子。**花果期：**花期 6~8 月，果期 10 月。**分布：**我国东北南部、华北、华东、及西南地区。

快速识别要点

落叶灌木。三出复叶互生，小叶椭圆形，先端钝尖，具小尖头；总状花序，花序梗较长，近顶端花萼下有关节，花紫红色，蝶形。

	相似特征	不同特征	
胡枝子	 花	 小叶卵状椭圆形	 花梗顶端无关节
荛子梢	 花	 小叶椭圆形	 花梗近顶端花萼下有关节

紫藤 VS 藤萝

紫藤（葛萝树） *Wisteria sinensis* (Sims) Sweet 紫藤属

植株

花

叶

果

树皮

形态：落叶大藤本，长可达40m。**树皮**：褐灰色，茎右旋性。**枝条**：小枝被柔毛。**叶**：奇数羽状复叶对生，小叶7~13，卵状椭圆形，长4.5~8cm；幼叶有毛，渐脱，叶先端渐尖，基部楔形，叶柄长0.5cm。**花**：总状花序，下垂，长15~20（30）cm；花梗长1.5~2.5cm，花蝶形，紫堇色，长约2.5cm。**果**：荚果长条形，长10~15cm，密被黄色绒毛，具喙，木质，开裂。**花果期**：花期4~5月，果期9~10月。**分布**：我国辽、蒙、冀、豫、晋、鲁、苏、浙、皖、湘、鄂、粤、陕、甘、川等地。

快速识别要点

　　落叶大藤本。茎右旋性；小枝被柔毛，羽叶具小叶7~13，卵状椭圆形；总状花序下垂。花紫堇色，蝶形；荚果长条形，密被黄色绒毛。

藤萝 *Wisteria villosa* Rehd. 紫藤属

植株

果

叶

花

树皮

形态：落叶大藤本。**树皮**：褐灰色，茎左旋性。**枝条**：小枝密被平伏毛，渐脱。**叶**：奇数羽状复叶，小叶9~11，卵状长圆形或长圆状披针形，逐渐缩小，长5~10cm，先端渐尖，基部宽楔或圆形，幼叶面有毛渐脱，老叶背面叶轴、小叶柄均被长柔毛；叶柄长0.5cm，侧脉6~8对。**花**：总状花序下垂，长约30cm；花稍稀而少，花冠淡紫色，花开时叶半展。**果**：荚果倒披针形，长12~18cm，密被灰白色柔毛。**花果期**：花期4~5月，果期9~10月。**分布**：我国冀、豫、晋、鲁、苏、等地。

快速识别要点

　　落叶大藤本。茎左旋；小叶9~11，卵状长圆形；花序较长，花稍稀少，淡紫色；荚果倒披针形，密被灰白色柔毛。

	相似特征	不同特征		
紫藤	 花	 花开时，叶已生长定型，花较密集	 老叶背面无毛	 荚果长条形，密被黄色绒毛
藤萝	 花	 花开时，叶半展，花稍稀少	 老叶背面密被长柔毛	 荚果倒披针形，密被灰白色柔毛

紫藤 VS 多花紫藤

多花紫藤（朱藤） *Wisteria floribunda* (Willd.) DC. 紫藤属

形态： 落叶大藤本，长达 9m。**树皮：** 褐灰色，茎左旋性。**枝条：** 枝条密而较细柔，幼枝有毛。**叶：** 奇数羽状复叶，小叶 13~19；幼叶两面有毛，后脱，卵状长圆形，长 4~8cm，先端渐尖，基部圆，全缘。**花：** 下垂总状花序，长达 30~50cm；花紫蓝色，芳香，长 1.5~2cm。**果：** 荚果条形，长 10~15cm。**花果期：** 花期 5 月，果期 10 月。**分布：** 原产日本。我国长江流域有栽培，北方有引种。

快速识别要点

落叶大藤本。总状花序下垂，长达 50cm；花紫蓝色，芳香；茎左旋性，羽叶，小叶 13~19，长圆形。

	相似特征	不同特征		
	花	茎	花	叶
紫藤	花	茎右旋性	花序长达 20cm，色较浅	叶卵状椭圆形
多花紫藤	花	茎左旋性	花序长达 50cm	叶卵状长圆形

藤萝 VS 白花藤萝

白花藤萝（白花藤） *Wisteria venusta* Rehd. & Wils. 紫藤属

树形

花

形态: 落叶藤本, 长达 10m 以上。**树皮:** 灰褐色。**枝条:** 幼枝有毛。**叶:** 奇数羽状复叶, 小叶 9~13, 长圆状披针形, 长 5~10cm, 先端渐尖, 基部圆或近心形, 两面具绢毛。**花:** 总状花序粗短, 长10~15cm; 花白色, 开放前略带粉晕, 微香, 花瓣长约 2.3cm。**果:** 荚果条状倒披针形, 密被灰白色柔毛。**花果期:** 花期 4~5 月, 果期9~10 月。**分布:** 原产日本。我国华北地区有分布。

叶

茎皮

花枝

果

快速识别要点

　　落叶藤本。花白色, 较大, 开放前略带粉晕, 总状花序较粗; 奇数羽状复叶, 小叶 9~13, 长圆状披针形; 荚果条状倒披针形, 被毛。

	相似特征	不同特征	
藤萝	 果	 叶卵状长圆形, 叶背具毛	 花淡紫色, 花序较长
白花藤萝	 果	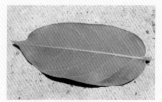 叶长圆形, 两面具绢毛	 花白色, 花序粗短

沙枣 VS 牛奶子

沙枣（桂香柳） *Elaeagnus angustifolia* Linn.　胡颓子属

树形

花

果　树皮

形态：落叶乔木，高达 13m，干弯曲，时呈灌木状。**树皮：**灰褐色，浅纵裂。**枝：**有枝刺，幼枝被银白色鳞片。**叶：**单叶互生，长圆状披针形或长椭圆形，长 3~8cm；先端钝或钝尖，基部楔形，幼叶正面具银白色鳞片，叶背面密被银白色鳞片；侧脉 6~8 对，叶柄长约 1cm，全缘。**花：**两性，无花瓣，花被外面银白色，内面黄色，直立，2~3 朵簇生或单生；雄蕊几无花丝，花药长约 2mm，花柱上部弯曲，花盘明显，萼筒钟形，4 裂。**果：**核果椭球形，黄色或淡红色，长约 1cm，果梗长约 5mm，果肉粉质。**花果期：**花期 5~6 月，果期 9~10 月。**分布：**我国辽、蒙、冀、晋、豫、陕、甘、宁、新、青等地。

快速识别要点

　　落叶乔木。枝叶、花、果多器官密被银白色鳞片，呈灰白色；叶长圆状披针形或长椭圆形；花两性，无花瓣，花被外面银白色，内面黄色。

牛奶子（秋胡颓子） *Elaeagnus umbellata* Thunb.　胡颓子属

植株

花枝

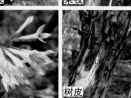
果枝　花　树皮

形态：落叶灌木，高达 4m。**树皮：**灰褐色，纵裂。**枝：**具刺，幼枝被银白色鳞片。**叶：**单叶互生，长椭圆形或倒卵状披针形，长 4~8cm，先端钝，基部宽楔形；幼叶正面具白色鳞毛，叶背面具银白色鳞片；侧脉 5~7 对，叶柄长约 7cm，全缘。**花：**两性，无花瓣，白色，芳香，2~7 朵簇生，呈伞形花序，花被筒部比裂片长，稀单生，萼筒管状漏斗形，4 裂。**果：**卵形或近球形，长约 7mm，熟时红色，具纵脊，被白鳞片；果梗粗，直立。**花果期：**花期 4~5 月，果期 7~8 月。**分布：**我国分布于东北、华北地区至长江流域及西北、西南地区。

快速识别要点

　　落叶灌木。叶长椭圆形或倒卵状披针形，被银白色鳞片；花白色，芳香，2~7 朵簇生，呈伞形花序，稀单生，萼筒管状漏斗形，4 裂。

	相似特征	不同特征			
	树皮	树形	树皮	花	果
沙枣	 树皮	 落叶乔木，高达 13m，时呈灌木状	 树皮灰褐色，浅纵裂	 花被外面银白色，内面黄色，2~3 朵簇生或单生	 核果稍大，无纵脊
牛奶子	 树皮	 落叶灌木，高达 4m	 树皮褐色，纵裂	 花 2~3 朵簇生，呈伞形花序，稀单生，白色	 果较小，具纵脊

紫薇 VS 红薇

紫薇（百日红） *Lagerstroemia indica* L.　紫薇属

树形

果

叶

花

树皮

形态：落叶小乔木或灌木，高达 7m。**树皮：**灰色或灰褐色，薄片脱落后很光滑。**枝条：**枝干多扭曲，小枝四棱状，较细，紫红色。**叶：**单叶互生或对生，纸质，椭圆形或长圆形，稀倒卵形，长 3~7cm；先端尖或钝，基部广楔或圆形，叶柄极短或无柄，纸质，全缘，侧脉 5~6 对。**花：**圆锥花序顶生，长 8~20cm；花亮粉红色至紫红色，花瓣 6，皱缩，长约 1.5cm，具长爪，雄蕊多数，外面 6 枚长；花萼长约 1cm，花冠轮盘状。**果：**蒴果椭圆状球形，长约 1.2cm，6 瓣裂，种子带翅长约 8mm。**花果期：**花期 6~9 月，果期 9~11 月。**分布：**我国华南、华中、华北、及西南等地区。

快速识别要点

落叶小乔木或灌木。树皮灰色或灰褐色，光滑；叶椭圆形或长圆形，先端尖或钝，基部广楔形；圆锥花序顶生，花亮粉红色至紫红色，花冠轮盘状。

红薇 *Lagerstroemia indica* 'Amabilis'　紫薇属

树形

花枝

花

形态：落叶小乔木，高 3~7m，或呈灌木状。**树皮：**灰褐色，光滑。**枝条：**幼枝略四棱，小枝红褐色。**叶：**对生，近无柄椭圆形或长椭圆形，长 3~7cm，先端尖，基部楔形，叶柄短，近无柄。**花：**圆锥花序顶生，长 5~20cm，花径 2.5~3cm；花萼 6 浅裂，花瓣 6，红色或粉红色，缘有不规则缺刻，基部有爪，雄蕊多数。**果：**蒴果椭圆状球形。**花果期：**花期 6~9 月，果期 8~10 月。**分布：**我国华东、华中、西南等地。

快速识别要点

落叶小乔木。花红色或粉红色，故名"红薇"；叶对生，椭圆形，近无柄，先端尖，基部楔形；圆锥花序较长。

相似特征	不同特征		
叶形	叶	花	树皮

	相似特征	不同特征		
紫薇	 叶形	叶较短	花紫红色或亮粉红色	 褐灰色，光滑
红薇	叶形	叶较长	 花红色或粉红色	 浅灰褐色，粗糙

银薇 VS 翠薇

银薇 (痒痒花) *Lagerstroemia indica* f. *alba* (Nichols.) Rehd. 紫薇属

树形

花

果

叶

形态: 落叶灌木或小乔木,高达 6m。**树皮:** 灰褐色,平滑。**枝条:** 小枝纤细,具四棱。**叶:** 单叶互生或对生,宽矩圆形或倒卵形,先端钝或微凹,基部近圆或宽楔形,长 4~7cm,全缘;叶背沿中脉疏被毛,侧脉 5~7 对,叶柄极短,近无柄。**花:** 顶生圆锥花序,长 13~19cm;花白色稀淡红色,径约 3.5cm,花瓣 6,皱缩,具长爪,雄蕊多数,花序梗及花梗均有柔毛,花萼 6 裂片,三角形,直立,长约 1cm。**果:** 蒴果椭球形,熟时紫褐色。**花果期:** 花期 7~9 月,果期 10 月。**分布:** 我国华北及中南地区。

快速识别要点

落叶灌木或小乔木。单叶互生或对生,宽矩圆形或倒卵形,先端钝或微凹,基部近圆或宽楔形;花冠白色,稀淡红色,花瓣 6,皱缩,具长爪。

翠薇 (满堂红) *Lagerstroemia indica* L. 紫薇属

树形

叶

花

果

形态: 落叶灌木或小乔木,高达 5m。**树皮:** 淡褐色,薄片脱落后,树干很光滑。**枝条:** 小枝细长,略下垂,幼枝红褐色。**叶:** 单叶互生或对生,长圆形或倒卵形,先端钝或微凹,长 3~6cm;先端急尖、钝或微凹,全缘,叶缘具白色透明膜质;侧脉 6~8 对,叶柄极短近无柄。**花:** 圆锥花序顶生,长 20cm,花蓝紫色,径约 4cm,花瓣 6,皱缩,有长爪,雄蕊多数。**果:** 蒴果椭球形。**花果期:** 花期 7~9 月,果期 10~11 月。**分布:** 我国华北地区。

快速识别要点

落叶灌木或小乔木。小枝细长,略下垂,幼枝红褐色;叶长圆形或倒卵形,先端急尖、钝或微凹,叶缘具白色透明膜质;花蓝紫色。

相似特征	不同特征	
花形	叶	花

银薇

花形

叶宽矩圆形或倒卵形,先端钝或微凹,侧脉 6~7 对

花白色稀淡红色

翠薇

花形

叶长圆形或倒卵形,先端急尖、钝或微凹,侧脉 6~8 对

花蓝紫色

紫薇 VS 浙江紫薇

浙江紫薇（福建紫薇） *Lagerstroemia limii* Merr. 紫薇属

树形

花

树皮

叶

形态: 落叶小乔木，高达 8m，或呈灌木状。**树皮:** 褐灰色，薄片块状纵裂。**枝条:** 小枝筒形，密生灰黄色柔毛，渐脱。**叶:** 单叶互生或近对生，近革质，长圆状椭圆形，长 8~16cm；先端渐尖，基部宽楔形，全缘，叶面有疏毛，叶背密生柔毛；侧脉 10~16 对，在叶背隆起，叶柄长 3~5mm，具毛。**花:** 圆锥花序顶生，花瓣淡红至紫色，卵圆形，具皱及爪，花序轴及花梗密被毛；萼筒具 12 棱，5~6 裂，间具明显的附属物。**果:** 蒴果卵圆形，顶端圆，长约 1cm，褐色有浅槽，具光泽，4~5 瓣裂，种子带翅约 8mm。**花果期:** 花期 5~6 月，果期 7~8 月。**分布:** 我国闽、浙、鄂等地。

快速识别要点

　　落叶小乔木。树皮褐灰色，薄片块状纵裂；小枝筒形，密生灰黄色柔毛；叶近革质，长圆状椭圆形，较大，侧脉在叶背隆起，叶柄极短。

	相似特征	不同特征		
	叶形	树皮	小枝	叶
紫薇	 花形	 树皮薄片状脱落后树干很光滑	 小枝四棱形褐色，无毛	 叶纸质，椭圆形或长圆形，稀倒卵形，长 3~7cm，叶侧脉 5~6 对
浙江紫薇	 花形	 树皮褐灰色，薄片块状纵裂	 小枝筒形灰色，无棱，密被毛	 近革质，长圆状椭圆形，长 8~16cm侧脉 10~16 对，在叶背隆起

洋蒲桃 VS 蒲桃

洋蒲桃 *Syzygium samarangense* Merr. & Perry 蒲桃属

形态: 乔木, 高达 12m。**树皮:** 褐灰色, 小块状裂。**枝条:** 嫩枝扁。**叶:** 椭圆状矩圆形, 长 10~23cm, 宽 5~8cm; 先端钝尖, 基部窄圆或微心形; 叶背有腺点, 革质, 近无柄, 侧脉 14~19 对。**花:** 聚伞花序腋生或顶生, 长 5~6cm; 萼筒倒圆锥形, 萼齿半圆形, 花白色, 花丝较短。**果实:** 浆果钟形或梨形, 淡红色, 肉质, 有光泽, 长 4~6cm, 顶端凹下, 有香味多渣。**花果期:** 花期 3~5 月, 果期 6 月。**分布:** 原产马来西亚及印度。我国粤、台、桂、滇多地栽培。

快速识别要点

　　乔木。树皮褐灰色, 小块状裂; 聚伞花序腋生, 花白色, 花丝较短; 浆果钟形或梨形, 淡红色, 顶端凹下。

蒲桃 *Syzygium jambos* (L.) Alston 蒲桃属

形态: 乔木, 高达 10m, 主干短, 多分枝, 树冠球形。**树皮:** 浅褐色, 平滑。**枝条:** 枝开展, 嫩枝圆。**叶:** 对生, 长圆状披针形, 长 12~24cm, 宽 3~4.5cm; 先端长渐尖, 基部楔形, 全缘, 叶背有腺点, 侧脉 12~16 对, 在缘处与边脉汇合; 革质, 有光泽, 叶柄长 6~8mm。**花:** 聚伞花序顶生, 花白色, 径 3~4cm, 花柄长 1~2mm, 花丝较长。**果:** 球形或卵形, 径 2.5~4cm, 淡黄或浅绿色; 具种子 1~2 粒, 种子多胚。**花果期:** 花期 4~5 月, 果期 7~8 月。**分布:** 我国华南、西南地区。

快速识别要点

　　乔木。树皮浅褐灰色, 平滑; 聚伞花序顶生, 花白色, 花丝较长; 果球形, 淡黄或浅绿色。

	相似特征	不同特征			
	花形	树皮	花	叶	果
洋蒲桃	 花形	 树皮块状细裂	 花雄蕊短, 腋生或顶生聚伞花序	 叶椭圆状矩圆形, 先端钝尖	 基部圆或近心形, 果实钟形或洋梨形, 顶端凹陷
蒲桃	 花形	 树皮浅褐色, 平滑	 花雄蕊长, 顶生圆锥花序	 叶卵圆状披针形, 先端渐尖	 基部楔形果实卵形或球形, 顶端圆形具尖

石榴 VS 玛瑙石榴

石榴（安石榴） *Punica granatum* L. 石榴属

树形

叶

花

果

树皮

形态：落叶灌木或小乔木，高达8m。**树皮：**暗灰色，粗糙。**枝条：**较直立，具长短枝，小枝有四棱，红褐色，先端带刺尖。**叶：**单叶对生或簇生，椭圆形或倒卵状椭圆形；叶质薄而密生，全缘，长3~6cm；先端钝或凸尖，基部楔形，叶色亮绿；叶柄长约1cm，无毛，侧脉10~11对。**花：**多深红色，单生枝顶，子房具叠生子室；花萼钟形，红或黄色，厚质。**果：**浆果近球形，红或黄色，径5~8cm，花萼宿存，种子多数。**花果期：**花期5~6月，果期9~10月。**分布：**原产中亚，我国黄河流域以南，长江流域各地及甘、陕、新、藏、滇、粤、桂等地有分布。

快速识别要点
　　落叶灌木或小乔木。长叶、单花、大果为主要特征。叶椭圆形或倒卵状椭圆形；花单生枝顶，红或黄色；浆果近球形，较大，果径5~8cm。

玛瑙石榴 *Punica granatum* 'Legrellei' Vanhoutte 石榴属

树形

花

叶枝

树皮

形态：落叶灌木或小乔木，高达6m。**树皮：**灰褐色，爆皮状纵裂。**枝条：**小枝较细灰褐色。**叶：**单叶簇生或对生，矩圆形或长椭圆形，长5~8cm；叶质较厚而疏生，先端钝，基部楔形，叶色暗绿，叶柄长约0.5cm，侧脉14~16对，无毛。**花：**单生枝顶，重瓣，花瓣橙红色而具黄白色条纹，并具黄白色边缘。**果：**浆果近球形，外种皮肉质半透明。**花果期：**花期5~6月，果期9~10月。**分布：**我国陕、冀、京等地。

快速识别要点
　　落叶灌木或小乔木。因重瓣、花瓣橙红色而具黄白色条纹及黄白色边缘，形似玛瑙，故名"玛瑙石榴"。具矩圆形或长椭圆形叶；半透明的外种皮也是主要特征。

相似特征	不同特征		
果形	叶	花	树皮
石榴  果形	 叶倒卵状椭圆形	 花多深红色，兼有黄、白色	 树皮暗灰色浅纵裂，裂沟黄色
玛瑙石榴  果形	 叶长椭圆形	 花重瓣，橙红色而具黄白色条纹及黄白色边缘	 树皮灰褐色，爆皮状纵裂

八角枫 VS 瓜木

八角枫　*Alangium chinense* (Lour.) Harms　八角枫属

树形

树皮

叶

花

果

形态：落叶小乔木或灌木，高达 7m。**树皮：**深灰色，平滑。**枝条：**小枝呈"之"字形曲折，叶柄下芽。**叶：**单叶互生，近圆形，长 11~18cm；质地较薄，叶基部平截或近心形，全缘或 3~5 裂；萌枝叶 5~7 深裂，侧脉 5~8 对，叶柄长 2.5~3.5cm。**花：**腋生聚伞花序，具花 3~5(7)，花梗长 1.2~1.8cm，萼齿 6~7，三角形，花瓣 5~6，长 2.3~3.5cm，基部合生，花开时分裂反卷，花白色，稀紫红色；雄蕊 6~7，花药黄色，花丝基部及花柱无毛。**果：**核果卵形，长 9~1.2mm，黑色，居多条纵肋。**花果期：**花期 5~7 月，果期 7~9 月。**分布：**华北、东北地区及陕、甘、浙、赣、鄂、川、黔等地。

快速识别要点

落叶小乔木或灌木。树皮深灰色，平滑；小枝呈"之"字形曲折，叶柄下芽；叶近圆形，长 11~18cm，3~5 浅裂或全缘，叶基部平截或近心形，萌枝叶常深裂；花白色，花瓣 5~6，花开时分裂反卷。

瓜木　*Alangium platanifolium* (Sieb. & Zucc.) Harms　八角枫属

树形

叶

花

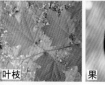
叶枝

果

形态：落叶小乔木，高达 15m。**树皮：**灰色或深灰色，平滑。**枝条：**小枝绿色。**叶：**单叶互生，卵形或近圆形，长 13~20cm，全缘或先端 2~3 浅裂；萌枝叶 5~7 裂，先端尾尖，基部偏斜，宽楔形或平截，叶面无毛，叶背簇生毛，侧脉 3~6 对，叶柄长 3~5cm。**花：**聚伞花序腋生，具花 5~15(30)；花梗长 1.5~2cm，萼齿 5~6；花瓣 6~8，长 1~1.5cm，狭带状，黄白色，花丝基部及花柱有毛，雄蕊 6~8。**果：**核果卵球形，长 5~7mm。**花果期：**花期 6~8 月，果期 9~10 月。**分布：**我国豫、陕、甘、苏、浙、闽、台、赣、鄂、川、湘、黔、滇、粤、桂等地。

快速识别要点

落叶小乔木。叶卵形或近圆形，长 13~20cm，全缘或先端 2~3 浅裂，基部偏斜，宽楔形，侧脉 3~6 对；聚伞花序腋生，具花 5~15，花瓣 6~8，长 1~1.5cm，狭带状，黄白色。

相似特征	不同特征	

八角枫

树皮

叶近圆形稍小，叶缘 3~5 浅裂或全缘

花序具花 3~5，花白色，花瓣 5~6，反卷

瓜木

树皮

叶卵形或近圆形，稍大，叶全缘或端部 2~3 浅裂，萌枝叶 5~7 裂

花序具花 5~15，花黄白色，花瓣 6~8，狭带状

粗齿角叶鞘柄木 VS 八角枫

粗齿角叶鞘柄木 *Torrecellia Angulata* var. *intermedia*（Harms）Hu 鞘柄木属

树形

树皮

叶正面

叶背面

形态： 落叶小乔木，高达8m。**树皮：** 灰色，粗糙具裂纹。**枝条：** 小枝疏被柔毛，较粗壮，具半圆形叶痕。**叶：** 单叶互生，宽卵形或五角状圆形，长6~15cm，掌状5~7浅裂，裂片具锯齿，叶柄长4~8cm，淡紫红色；基部鞘状无托叶，基部具掌状5出脉。**花：** 圆锥花序顶生，下垂；雄花萼5裂，花瓣5，雄蕊5；雌花萼3~5齿裂，无花瓣，花柱3~4。**果：** 核果卵圆形，长约4mm，紫红或灰黑色。**花果期：** 花期4月，果期6月。**分布：** 我国陕、甘、鄂、湘、黔、川、滇等地。

快速识别要点

　　落叶小乔木。叶柄基部鞘状无托叶，叶呈五角状圆形，有锯齿，故名"粗齿角叶鞘柄木"；圆锥花序顶生，下垂；核果卵圆形，较小。

	相似特征	不同特征	
粗齿角叶鞘柄木	叶	树皮 树皮灰色，粗糙具裂纹	叶 叶柄浅紫红色，较长
八角枫	叶	树皮深灰色、平滑	叶柄绿色，较短

灯台树 VS 车梁木

灯台树（六角树） *Cornus controversa* Hemsl. 梾木属

树形

花序

果序

形态： 落叶乔木，高达20m，胸径60cm，树冠近圆锥形。**树皮：** 暗灰色，平滑，老树浅纵裂。**枝条：** 大枝平展，侧枝轮状着生，层次明显，当年生枝紫红带绿色，无毛。**叶：** 互生，宽卵形或卵状椭圆形，长6~10cm；先端骤渐尖，基部楔或圆；叶面绿，无毛，叶背灰绿色，被白毛；侧脉6~7对，叶柄长3~6cm，叶多集生枝端。**花：** 伞房状聚伞花序顶生，花序径7~14cm，花径8mm，花瓣4；雄蕊长于花瓣，花梗3mm，花白色。**果实：** 球形，紫红渐变蓝黑色，径6mm，核顶有方形小孔。**花果期：** 花期5~6月，果期7~9月。**分布：** 我国辽、陕、甘及华北、华南、华东、华中、西南等地。

快速识别要点

落叶乔木。树皮暗灰色，平滑；大枝平展，侧枝轮生，层次分明，形似灯台；白色的花朵细小但花序硕大，平铺于层状枝条上。

车梁木（毛梾木） *Cornus walteri* Wangerin 梾木属

树形

花序

果序

叶

形态： 落叶乔木，高达15m以上，或呈灌木状，树冠圆锥形。**树皮：** 黑褐色，纵裂。**枝条：** 幼枝被灰白色平伏毛。**叶：** 对生，椭圆形至长椭圆形，长4~12cm；先端渐尖，基部楔形，弧形侧脉4~5对，叶柄长1~3.5cm。**花：** 聚伞花序伞房状顶生，花白色，有香气，花径9mm，雄蕊短于花瓣。**果实：** 球形，黑色，径7mm。**花果期：** 花期5月，果期9~10月。**分布：** 我国华北地区及辽、陕、甘、苏、浙、皖、赣、湘、鄂、粤、桂、川、滇、黔等地。

快速识别要点

落叶乔木。树皮黑褐色，纵裂；叶椭圆形，对生，具4~5对弧形侧脉；顶生伞房花序，花白色，有香气。

相似特征	不同特征		
灯台树  花形	 树皮暗灰色，老皮浅纵裂	 叶宽卵形，具弧形羽状脉6~7对	 花冠雄蕊长于花瓣
车梁木  花形	 树皮黑褐色，纵裂	 叶椭圆形，具弧形羽状脉4~5对	 花冠雄蕊短于花瓣

红椋子 VS 黑椋子

红椋子(青构) *Cornus hemsleyi* C. K. Schneid. & Wangerin　椋木属

树形

花

叶

树皮

形态: 落叶小乔木,高达 8m。**树皮:** 灰绿色或褐灰色,平滑。**枝条:** 大枝紫红色,幼枝绿带红色。**叶:** 单叶对生,宽卵状椭圆形;先端渐尖,或短渐尖;基部楔形或宽楔形,长 5~10cm,全缘,边缘微皱,弧形侧脉 6~7 对;在叶面凹下,在叶背凸出;叶柄长 1~1.8cm,幼叶紫红或红带绿色。**花:** 两性,花瓣白色,卵状舌形,花柱圆柱形,柱头盘状球形,花盘白色圆形,花序被褐毛,萼齿窄三角形,长于花盘。**果:** 黑色,近球形,较小,径约 4mm。**花果期:** 花期 6 月,果期 9 月。**分布:** 我国豫、陕、甘、青、鄂、黔、川、滇等地。

快速识别要点

　　落叶小乔木。具光皮、红枝、卵叶、白花为主要特征。树皮灰绿色或褐灰色,平滑;大枝紫红色,幼枝绿带红色;叶宽卵状椭圆形;花瓣白色,卵状舌形。

黑椋子 *Cornus schindleri* subsp. *poliophylla* (C. K. Schneid. & Wangerin) Q. Y. Xiang　椋木属

树形

叶枝

树皮

形态: 落叶小乔木,高达 7m。**树皮:** 浅褐色,平滑。**枝:** 大枝紫红色,幼枝带紫红色,具柔毛。**叶:** 单叶对生,卵状椭圆形或长圆状椭圆形,全缘,叶面皱,长 7~13cm;先端骤尖或短渐尖,基部圆形,叶背灰绿色,具白乳点及卷毛;弧形侧脉 7~9 对,叶柄长 1.5~3.5cm,黄红色。**花:** 伞房状聚伞花序顶生,花白色,花瓣 4,舌状长圆形或卵状披针形;雄蕊 4,柱头盘状,花梗细;萼片披针形,长于花瓣。**果:** 球形,黑色,径约 6mm。**花果期:** 花期 6 月,果期 10 月。**分布:** 我国陕、豫、鄂、川、滇等地。

快速识别要点

　　落叶小乔木。树皮浅褐色,平滑;小枝扁压状,大枝紫红色,幼枝带紫红色;叶卵状椭圆形或长圆状椭圆形,叶面皱,较长大,弧形侧脉 7~9 对,叶柄黄红色。

	相似特征	不同特征	
红椋子	树皮  树皮	叶  叶卵状椭圆形,较短小,先端渐尖叶面平坦	小枝  小枝红紫色
黑椋子	 树皮	 叶长圆状椭圆形,叶面稍皱,较长、大,先端骤尖或短渐尖	小枝浅褐色

177

红椋子 VS 灯台树

	相似特征	不同特征			
	叶形	树皮	枝	叶	花
红椋子	叶形	树皮灰绿色或褐灰色，平滑	枝紫红色	叶先端渐尖，或短渐尖	花序较小而松散，花瓣卵状舌形
灯台树	叶形	树皮暗灰色，浅纵裂	枝绿色	叶先端骤渐尖	花序较大而紧密，花瓣长圆状披针形

车梁木 VS 沙梾

沙梾 *Cornus bretschneideri* L. Henry 梾木属

形态：落叶小乔木或灌木，高达6m。**树皮：**淡红紫色，平滑。**枝条：**褐黄色，幼枝绿色。**叶：**单叶对生，卵形或椭圆状卵形，先端短渐尖，基部圆或宽楔形，长5~10cm；叶背灰白色，被毛，叶面有短柔毛；侧脉5~6对，叶柄长1~1.5cm，柄基部红色。**花：**伞房状聚伞花序顶生被毛，花乳白色；花瓣舌状长卵形，柱头扁球形，橙黄色；雄蕊4，具长爪；子房近球形，被毛；萼齿尖三角形，与花盘近等长。**果：**核果蓝黑色，近球形。**花果期：**花期6~7月，果期8~9月。**分布：**我国辽南、华北地区及陕、鄂、川等地。

快速识别要点

　　落叶小乔木或灌木。光皮、卵叶、白花、黑果为主要特征。树皮淡红紫色，平滑；叶卵形或椭圆状卵形；顶生伞房状聚伞花序，花乳白色；核果蓝黑色。

	相似特征	不同特征		
	花形	树皮	叶	小枝
车梁木	花形	树皮黑褐色，纵裂	叶对生，椭圆形或长椭圆形，侧脉4~5对，叶柄基部绿色	幼枝绿带褐色
沙梾	花形	树皮黄褐色，平滑	叶对生，卵形或椭圆状卵形，侧脉5~6对，叶柄基部红色	幼枝红紫色

沙梾 VS 领春木

领春木 *Euptelea pleiospermum* Hook. f. & Thoms. 领春木属

树形

叶　树皮

果　果枝

形态：乔木，或呈灌木状，高达15m。**树皮：**紫黑或棕灰色，平滑。**枝条：**小枝紫黑或灰色，无毛。**叶：**单叶互生，卵形，先端渐尖或尾尖，基部广楔形全缘，中上部有细尖锯齿，叶长5~13cm，宽3~8cm；羽状脉6~11对，较直，叶背淡绿色。**花：**花两性，无花被，离生心皮，雄蕊轮生8~16，具长柄，子房偏斜。**果：**聚合翅果，6~12簇生，果翅两边不对称，果长1.2~2cm，不规则倒卵形，先端圆，一边凹缺。**花果期：**花期4~5月，果期7~10月。**分布：**我国豫、鄂、川、甘、陕、皖、浙、赣及西南地区。

快速识别要点

　　乔木，或呈灌木状。单叶互生，卵形，先端渐尖或尾尖，基部宽楔形，中上部具细尖齿，羽脉较直；聚合果，6~12簇生，果翅两边不对称，先端圆，一边凹缺。

	相似特征	不同特征		
沙梾	叶	叶 叶脉羽状弧形	枝 小枝红褐色	果 果蓝黑色，近球形
领春木	叶	叶脉羽状较直	小枝黑褐色	果6~12簇生，果翅两边不对称

179

山茱萸 VS 欧洲山茱萸

山茱萸 *Cornus officinalis* Sieb. & Zucc. 山茱萸属

树形

叶

花

果

树皮

形态: 落叶乔木或灌木,高达10m。**树皮:** 灰褐色,片状剥落。**叶:** 单叶对生,卵状椭圆形,先端渐尖,基部圆形或宽楔形,长6~12cm;全缘,叶两面被平伏毛,叶背较多;侧脉6~8对,叶柄长约1.2cm。**花:** 头状伞形花序,有花15~35,花瓣舌状披针形,花小、黄色,花梗细,长约1cm;总苞片椭圆形,黄绿色,萼片宽三角形,花多单生叶腋。**果:** 核果椭圆形,长约1.8cm,红色或深红色。**花果期:** 花期3~4月,叶前花,果期8~10月。**分布:** 我国浙、皖、陕、甘、晋、豫、鲁、赣、湘、鄂、川等地。

快速识别要点

落叶乔木或灌木。叶卵状椭圆形,先端渐尖,基部圆形或宽楔形;头状伞形花序,有花15~35,多单生叶腋,花黄色,花梗较细;果椭圆形。

欧洲山茱萸 *Cornus mas* Linn. 山茱萸属

树形

果

树皮

花枝

形态: 落叶灌木或小乔木,高达8m。**树皮:** 暗灰色,片块状剥裂。**叶:** 单叶对生,卵圆形,先端渐尖,基部圆形,长5~10cm,全缘;叶背脉腋具白簇生毛,侧脉5~6对;叶柄短,长0.5~1cm,秋季叶变红色。**花:** 头状伞形花序,常2朵以上簇生于老枝叶腋,花黄色,叶前开花。**果:** 核果椭球形或近球形,紫红色,具光泽,长约2cm。**分布:** 原产欧洲。我国苏、沪、冀、京等地有分布。

快速识别要点

落叶灌木或小乔木。树皮暗灰色,片块状剥裂;叶卵圆形,先端渐尖,基部圆形;头状伞形花序,多2朵以上簇生于老枝叶腋;核果椭球形或近球形。

	相似特征	不同特征			
	花形	树皮	叶	花	果
山茱萸	 花形	 树皮灰褐色,片状剥落	 叶卵状椭圆形较长,侧脉6~8对,叶柄稍长	 头状伞形花序,多单生叶腋	 核果椭圆形
欧洲山茱萸	 花形	 树皮暗灰色,片块状剥裂	 叶卵圆形,侧脉5~6对,叶柄稍短	 头状伞形花序,多2朵以上簇生叶腋	 核果椭球形或近球形

四照花 VS 狭叶四照花

四照花(石枣) *Cornus kousa* subsp. *chinensis* (Osborn) Q. Y. Xiang　四照花属

树形

花

叶

果　树皮

形态: 落叶小乔木, 高达8m, 树冠开展。**树皮:** 暗灰色, 大薄片状剥落, 光滑。**枝条:** 嫩枝被白色柔毛, 后脱落。**叶:** 单叶对生, 厚纸质, 卵状椭圆形或卵形; 叶面鲜绿色, 疏被白柔毛, 叶背粉绿色, 被白柔毛; 叶长6~12cm, 先端尾状渐尖, 基部圆或宽楔形, 弧形侧脉4~5对, 全缘; 叶柄长约1cm, 被毛。**花:** 密集球形头状花序, 具花20~30, 外具花瓣状总苞片4枚, 白色, 较大, 卵形或卵状披针形, 长4~6cm; 花瓣黄色, 花盘垫状, 花萼片内面具一圈褐毛。**果:** 聚花果球形, 粉红色, 肉质径1.6~2.5cm, 具较长果序梗, 约6cm。**花果期:** 花期5~6月, 果期8月。**分布:** 我国华北、华中、华东、西南等地。

快速识别要点
　　落叶小乔木。树皮暗灰色, 大薄片状剥落, 剥落处光滑, 叶卵状椭圆形或卵形; 花序外具花瓣状总苞片4枚, 白色, 较大; 聚花果球形, 粉红色。

狭叶四照花 *Cornus elliptica* (Pojarkova) Q. Y. Xiang & Bofford　四照花属

树形

花

叶

果

树皮

形态: 常绿乔木, 高达13m。**树皮:** 灰暗色, 大薄片状剥落, 光滑。**枝条:** 幼枝被毛。**叶:** 单叶对生, 长椭圆形或椭圆状卵形, 革质, 长8~12cm; 先端渐尖, 基部楔形, 全缘; 叶面暗绿色, 叶背密被灰白色丁字毛, 侧脉4对, 叶柄长10~12mm。**花:** 头状花序, 具大形白色总苞片4枚, 径约1cm, 具花60~90; 苞片长卵形或倒卵形, 长3~4cm。**果:** 聚花果球形, 红色, 径2~2.5cm, 果序梗长达10cm。**花果期:** 花期6~7月, 果期10~11月。**分布:** 我国长江流域, 华南、西南地区及陕、甘等地。

快速识别要点
　　常绿乔木。叶长椭圆形或椭圆状卵形, 先端渐尖, 基部楔形, 两头尖, 较狭, 故名"狭叶四照花"。头状花序, 具花60~90。

	相似特征		不同特征		
四照花	 花形	 果形	 叶 叶厚纸质, 卵状椭圆形或卵形, 先端尾状渐尖基部圆或宽楔形, 叶面鲜绿色	 花 花序具花20~30	 果 果序梗较短, 约6cm
狭叶四照花	 花形	 果形	 叶革质, 长椭圆形或椭圆状卵形先端渐尖, 基部楔形, 叶面暗绿色	 花序具花60~90	 果序梗较长, 达10cm

卫矛 VS 栓翅卫矛

卫矛 *Euonymus alatus* (Thunb.) Sieb. 卫矛属

树形

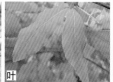
叶

花

枝翅

形态: 落叶灌木,高达 3m。**枝条:** 枝多具 2~4 条木栓质宽薄硬翅。**叶:** 长椭圆形、卵状椭圆形或倒卵形,长 3~8cm,宽 1.5~3cm;先端渐尖,基部楔形,缘有细齿,两面无毛,叶柄短。**花:** 腋生聚伞花序,花梗长约 0.5cm,花径 8mm;花丝短,花盘方形,四浅裂。**果:** 蒴果紫色,分离成 4 荚,常有 1~2 瓣成熟;种子具橙红色假种皮。**花果期:** 花期 5~6 月,果期 7~9 月。**分布:** 我国东北地区南部、华北、西北地区及长江流域。

快速识别要点

　　落叶灌木。枝多具 2~4 条木栓质宽薄硬翅,故称"鬼箭羽";叶对生,长椭圆形或卵状椭圆形,稀倒卵形。

栓翅卫矛 *Euonymus phellomanus* Loes. 卫矛属

树形

叶

枝翅

形态: 落叶灌木或小乔木,高 3~6m。**枝条:** 小枝绿色,四棱,具 4 条状木栓翅。**叶:** 长椭圆形、卵状椭圆形或窄椭圆形,长 5~12cm,宽 2~6cm;先端长渐尖,基部圆或宽楔形,缘具细密锯齿,叶柄长 1~1.5cm。**花:** 聚伞花序,1~2 回二歧分枝,花 7~15;花梗长 0.5cm,花径 6~8mm,花药紫色。**果:** 蒴果倒心形,长 0.8~1.2cm,假种皮红粉色。**花果期:** 花期 5~7 月,果期 9~10 月。**分布:** 我国晋、豫、陕、鄂、川、甘等地。

快速识别要点

　　落叶灌木或小乔木。小枝绿色,四棱,具 4 条状木栓翅,故称"栓翅卫矛";叶长椭圆形、卵状椭圆形或窄椭圆形,对生。

	相似特征	不同特征		
	叶	枝	树形	小枝
卫矛	　叶	　枝多具 2~4 条木栓质宽薄硬翅	　落叶灌木,高达 3m	　小枝绿褐色
栓翅卫矛	　叶	　枝具四棱及四条状木栓翅	落叶灌木或小乔木,高 3~6m	　小枝绿色

冬青卫矛 VS 胶东卫矛

冬青卫矛（大叶黄杨） *Euonymus japonicus* Thunb. 卫矛属

树形

花

果

形态: 常绿灌木,高达5m以上。**枝条:** 小枝密生细小瘤突,分枝点较高。**叶:** 倒卵状椭圆形,长3~6cm,宽2~3cm;先端圆或急尖,基部楔形,缘有细齿,厚革质深绿,光亮,叶柄长1cm。**花:** 聚伞花序腋生,花5~12,花序梗长2~5cm,较粗扁;花绿白色,4基数。**果:** 蒴果近球形,径约8mm,淡红色,4瓣裂,假种皮橘红色。**花果期:** 花期5~6月,果期9~10月。**分布:** 原产日本。我国华北地区以南各地均有栽培。

快速识别要点

常绿灌木。叶片四季均为绿色,叶倒卵状椭圆形;果近球形,淡红色,具双重果皮。

胶东卫矛 *Euonymus fortunei* 'Kiautschovicus' 卫矛属

树形

叶

叶枝

形态: 半常绿灌木,直立或蔓性,高达6m。**树皮:** 灰绿色,光滑。**枝条:** 小枝瘤突不明显,分枝点低,基部枝匍地并生根。**叶:** 倒卵形或椭圆形,多变,长4~8cm,宽2~4cm;冬季叶背面红色,叶面泛红;先端短尖或钝,基部楔形,浅绿色,缘具细钝齿,叶柄长0.6~1.2cm。**花:** 聚伞花序较疏散,二回分枝,具花13,梗长4~5cm,花4基数,淡绿色。**果:** 蒴果扁球形,径约1cm,粉红色,4纵裂,有浅沟,具黄红色假种皮。**花果期:** 花期7~8月,果期11月。**分布:** 我国华北地区及辽、苏、浙、皖、陕等地。

快速识别要点

半常绿灌木。叶倒卵形或椭圆形浅,绿色,冬季变褐红色,分枝点低,基部枝匍地生根;果扁球形,粉红色。

相似特征	不同特征		

	叶形	小枝	花	果
冬青卫矛	 叶形	 小枝密生瘤突,分枝点较高	 聚伞花序腋生,花绿白色	 果近球形,淡红色,具双重果皮
胶东卫矛	 叶形	 小枝无瘤突或少瘤突,分枝点低,基部枝匍地生根	 聚伞花序较疏散,花淡绿色	 果扁球形,粉红色

胶东卫矛 VS 扶芳藤

扶芳藤 *Euonymus fortunei* (Turcz.) Hand. -Mazz.　卫矛属

植株　叶枝　花　叶

形态：常绿藤本，茎攀缘。**枝条：**茎枝能随处生根。**叶：**椭圆状倒卵形或长卵形，先端急尖或短渐尖，基部广楔形，长 3~8cm，宽 1.5~4cm，缘具粗钝锯齿；叶脉 5~7 对，叶柄长 0.5~0.8cm。**花：**聚伞花序腋生，长 5~10cm，花序梗长 4cm，有花达 30 朵，较密集；花径 6~7mm，淡绿色 4 枚，花盘近方形，花梗长约 4mm。**果：**蒴果近球形，熟时橙红色，径约 1cm，种子具橙红色的假种皮。**花果期：**花期 6~7 月，果期 9 月。**分布：**我国鲁、晋、豫、陕、苏、浙、皖、赣、鄂、湘、桂、滇等地。

快速识别要点

　　常绿藤本。叶椭圆状倒卵形或长卵形，缘具粗钝锯齿，先端急尖或短渐尖；聚伞花序腋生。

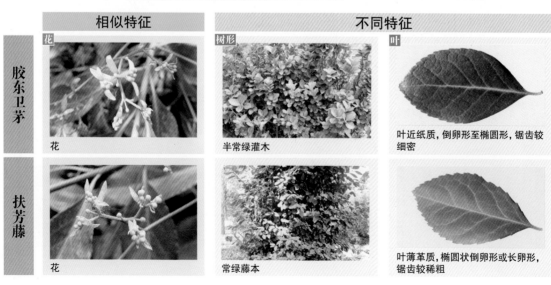

	相似特征	不同特征
胶东卫矛	花 花	树形 半常绿灌木	叶 叶近纸质，倒卵形至椭圆形，锯齿较细密
扶芳藤	花	常绿藤本	叶薄革质，椭圆状倒卵形或长卵形，锯齿较稀粗

小叶黄杨 VS 黄杨 VS 雀舌黄杨

小叶黄杨（鱼鳞黄杨） *Buxus sinica* subsp. *sinica* var. *parvifolia* M. Cheng　黄杨属

花

果

形态:落叶灌木, 高约 1m。**枝条:**茎枝四棱, 分枝密集, 小枝节间长约4mm。**叶:**较小, 长 1~2.5cm, 硬革质; 倒卵形至长倒卵形, 先端微凹或钝圆, 基部宽楔形, 全缘, 叶柄短。**花:**簇生枝顶, 无花瓣; 雄花具 4 萼片, 2 轮, 雄蕊4, 花药纵裂, 花丝粗; 雌花有 1 苞片, 萼片6, 2 轮, 花柱3, 子房3 室。**果:**蒴果卵形, 3 瓣裂。**花果期:**花期3~4 月, 果期8~9月。**分布:**我国中部、北方有栽培。

快速识别要点

落叶灌木, 高约 1m; 叶较小, 长 1~2.5cm, 硬革质, 倒卵形至长倒卵形, 先端微凹或钝圆, 基部宽楔形, 全缘, 叶柄短; 花簇生枝顶。

黄杨（瓜子黄杨） *Buxus sinica* (Rehd. & Wils.) Cheng　黄杨属

叶

花

果

形态:常绿灌木或小乔木, 高达 7m。**树皮:**深灰或灰褐色, 较厚, 深纵裂; 木栓层发达, 内皮鲜黄色。**枝条:**小枝较疏散, 有短柔毛。**叶:**倒卵状椭圆形或倒卵形, 长 1.5~3.5cm, 先端钝或微凹; 叶面深绿色, 叶背绿白色, 仅表面侧脉明显。**花:**花簇生叶腋或枝端。**果:**蒴果, 熟时黄褐色。**花果期:**花期3~4月, 果期5~6月。**分布:**我国浙、赣、皖、等地。

快速识别要点

常绿灌木或小乔木, 高达 7m; 小枝较疏散; 叶倒卵状椭圆形或倒卵形, 长 1.5~3.5cm; 花簇生叶腋或枝端。

雀舌黄杨 *Buxus harlandii* Hanelt　黄杨属

形态:落叶灌木, 高 3~4m。**叶:**较狭长, 倒披针形或倒卵状长椭圆形, 长 2.5~4cm; 叶中脉明显凸起; 侧脉与中脉呈 45 度夹角; 叶背中脉具白色钟乳体。**花:**簇生叶腋。**花果期:**花期 2~4 月, 果期 6~7 月。**分布:**我国中南地区。

快速识别要点

落叶灌木, 高 3~4m; 叶较狭长, 倒披针形或倒卵状长椭圆形, 长 2.5~4cm; 中脉凸起; 背中脉具白色钟乳体。

	相似特征	不同特征	
小叶黄杨	花形  花形	叶 叶长1cm，倒卵形至长倒卵形先端微凹或钝圆，基部楔形	花 花簇生枝顶
黄杨	花形 花形	叶长1.5~3.5cm，倒卵状椭圆形或倒卵形，先端钝或微凹	花簇生叶腋或枝端
雀舌黄杨	花形	叶狭长，倒披针形或倒卵状长椭圆形，长2.5~4cm；中脉凸起，叶背中脉具白色钟乳体	花簇生叶腋

黄杨

无刺枸骨 VS 枸骨

无刺枸骨 *Ilex cornuta* 'Fortunei' 冬青属

树形

树皮

果枝

形态: 常绿灌木,高1~3m。**树皮:** 灰色,具裂纹,无皮孔。**枝条:** 二年生枝褐色。**叶:** 厚革质,矩圆状长圆形,长5~9cm;基部圆或近楔形,先端钝尖;叶面深绿有光泽,叶背淡绿,两面无毛;侧脉5~6对,叶柄长4~8mm,叶缘无刺无齿。**花:** 花序簇生于二年生枝的叶腋内,花淡黄色,4瓣裂。**果:** 球形,直径8~10mm,成熟时深红色,果梗长8~14mm。**花果期:** 花期4~5月,果期10~12月。**分布:** 我国长江流域及以南各地。

快速识别要点

常绿灌木。因叶缘无刺,故名"无刺枸骨"。叶厚革质,矩圆状长圆形,基部圆或近楔形,先端钝尖;果球形,熟时深红色。

枸骨 *Ilex cornuta* Lindl. & Paxt. 冬青属

树形

叶枝

果

叶

形态: 小乔木或呈灌木状,高3~4m。**树皮:** 褐色、平滑。**枝条:** 小枝绿色,具纵脊。**叶:** 厚革质,二型,具尖硬刺齿5枚,叶端向后弯;叶正面深绿有光泽,四方状长圆形,每边具1~5宽三角形刺状硬齿,长4~8cm,宽2~4cm,先端突出,有刺状尖头,基部圆或平截;侧脉5~6对,叶柄长2~8mm。**花:** 簇生于二年生枝叶腋,白色或黄色;雄花梗长约5mm,有1~2三角形苞片,雌花梗长8~9mm。**果:** 核果球形,鲜红色,径约1cm,果梗长约1.5cm,分核4。**花果期:** 花期4~5月,果期9月。**分布:** 我国长江中下游各地及闽、粤、桂等地。

快速识别要点

小乔木。叶厚革质,四方状长圆形,具尖硬刺齿5枚,叶端向后弯;花簇生于二年生枝叶腋;核果球形,鲜红色,径约1cm。

	相似特征	不同特征	
无刺枸骨	 果	 叶矩圆状长圆形,无刺无齿	 树皮灰色,具裂纹
枸骨	 果	 叶四方状长圆形,叶角有硬刺齿	 树皮褐色,平滑

重阳木 VS 秋枫

重阳木 *Bischofia polycarpa* (Levl.) Airy Shaw 重阳木属

树形

叶

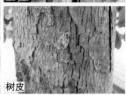
树皮

形态: 落叶乔木,高达15m,胸径50cm以上。**树皮:** 浅棕黄色,老皮暗褐色,浅纵裂或片状裂纹。**枝:** 小枝绿色,较粗壮。**叶:** 三出复叶互生,具长柄;小叶卵形至椭圆形状卵形,长6~13cm,宽5~7cm,先端短渐尖,基部近圆形;叶缘每厘米具细浅齿4~5个,顶生小叶柄长2~3.5cm,侧生小叶柄长约0.5cm。**花:** 总状花序腋生,下垂,花小,无花瓣;雄花序长8~12cm,雌花序疏散,具2花柱。**果:** 浆果状球形,径约6mm,红褐色。**花果期:** 花期4~5月,果期9~10月。**分布:** 我国秦岭、淮河以南至华南北部。

快速识别要点

　　落叶乔木。树皮浅棕黄色,具片状裂纹;三出复叶互生,具长柄,小叶卵形至椭圆状卵形,先端短渐尖,基部圆形,顶生小叶柄长,侧生小叶柄极短。

秋枫 *Bischofia javanica* Bl. 重阳木属

树形

叶枝

树皮

形态: 常绿或半常绿乔木,高达40m,胸径达2m,干通直。**树皮:** 褐色红,平滑,老皮粗糙。**枝:** 绿带褐色,粗壮。**叶:** 三出复叶互生,具长柄,小叶卵状椭圆形至倒卵状长椭圆形,长8~15cm,宽5~9cm,先端渐尖,基部宽楔形;叶缘每厘米具细齿2~3个,顶生小叶柄长3~4cm,侧生小叶柄长1~1.5cm。**花:** 圆锥花序,雄花序长8~13cm,雌花萼边缘白色,具3~4花柱。**果:** 球形,径约1mm,淡红色。**花果期:** 花期4~5月,果期9~10月。**分布:** 我国华南地区及台、滇、川等地。

快速识别要点

　　常绿或半常绿乔木。树皮褐红色,平滑,老皮粗糙;小叶卵状椭圆形至倒卵状长椭圆形,先端渐尖,基部宽楔形,顶生小叶柄长于侧生小叶柄1~2倍。

相似特征	不同特征		
叶形 叶形	树皮 树皮棕黄色,浅纵裂或片状裂纹	叶 小叶稍宽短,基部近圆形,先端短渐尖	枝 小枝绿色
叶形 叶形	树皮褐红色,平滑	小叶稍狭长,基部宽楔形,先端渐尖	小枝绿带褐色

重阳木

秋枫

鼠李 VS 锐齿鼠李

鼠李　*Rhamnus utilis* Decne.　鼠李属

树形

果

花

树皮

叶枝

花枝

形态: 落叶灌木或小乔木, 高达10m, 干多弯曲。**树皮:** 深灰褐色, 纵裂。**枝条:** 小枝粗壮, 褐色, 幼枝具顶芽。**叶:** 单叶近对生, 卵状椭圆形或长圆状椭圆形, 长5~12cm, 宽3~5cm, 先端渐尖、短渐尖或突尖, 基部宽楔形, 缘有细齿; 侧脉4~5对, 叶柄长1.5~3cm; 叶面有光泽, 叶背灰绿色。**花:** 簇生在短枝上, 花萼钟形, 4~5裂, 萼片三角形, 花瓣4~5, 短于萼片, 先端2浅裂, 雄蕊4~5。**果:** 浆果状核果, 圆球形, 径约6mm, 黑褐色。**花果期:** 花期5~6月, 果期7~10月。**分布:** 我国东北、华北地区及川、陕、甘等地。

快速识别要点

　　落叶灌木或小乔木。干多弯曲; 小枝粗壮, 幼枝具顶芽; 单叶近对生, 卵状椭圆形或长圆状椭圆形, 先端渐尖或短渐尖, 缘有细齿。

锐齿鼠李　*Rhamnus arguta* Maxim.　鼠李属

树形

果枝

果

树皮

形态: 落叶灌木或小乔木, 高达3m。**树皮:** 灰褐色, 纵裂。**枝条:** 小枝无毛, 枝顶时有短刺。**叶:** 近对生或在短枝上簇生卵圆形至卵状心形, 长4~6cm, 先端钝或钝尖, 基部圆, 缘具芒状尖齿; 侧脉4~5对, 叶柄长1.5~3cm, 具柔毛。**花:** 单生叶腋或簇生于短枝上, 黄绿色, 具花瓣, 花梗长约1mm。**果:** 黑色, 径6~8mm, 近球形。**花果期:** 花期5~6月, 果期7~9月。**分布:** 我国华北、东北地区及陕、甘等地。

快速识别要点

　　落叶灌木或小乔木。叶近对生或在短枝上簇生, 卵圆形至卵状心形, 先端钝或钝尖, 基部圆, 缘具芒状尖齿, 故名"锐齿鼠李"。

	相似特征	不同特征		
	果枝	叶	树皮	花
鼠李	 果枝	 叶卵状椭圆形或长圆状椭圆形, 长5~12cm	 树皮灰褐色, 鳞片状裂	 花簇生于短枝
锐齿鼠李	 果枝	 叶卵圆形至卵状心形, 长4~6cm	 树皮深灰褐色, 细小裂纹	 花簇生或单生于短枝

鼠李 vs 冻绿

	相似特征		不同特征	

	花枝	果枝	小枝	叶
鼠李	花枝	果枝	小枝端无刺，具顶芽	叶卵状椭圆形或长圆状椭圆形，叶侧脉 4~5 对
冻绿	花枝	果枝	小枝端刺状，无顶芽	叶长圆状椭圆形或倒卵状长椭圆形，叶侧脉 5~6 对

鼠李

冻绿 VS 长叶冻绿

冻绿 *Rhamnus utilis* Decne. 鼠李属

树形

叶

树皮

花

果

形态: 落叶灌木或小乔木, 高达 4m。**树皮**: 灰褐色, 纵裂。**枝条**: 小枝无毛, 灰褐色, 枝顶刺状。**叶**: 叶互生或近对生, 长椭圆形或倒卵状椭圆形, 长 5~12cm, 宽 3~6cm, 先端短渐尖, 或突尖, 基部楔形, 缘具细锯齿; 叶背沿脉有柔毛, 侧脉 5~6 对, 叶柄长 1~1.5cm。**花**: 雌花 2~6 朵簇生, 雄花数十朵簇生。**果**: 近球形, 黑紫色, 二分核, 果柄长约 1cm。**花果期**: 花期 4~6 月, 果期 6~10 月。**分布**: 我国华北、华东、华南、西南地区及陕、甘等地。

快速识别要点

　　落叶灌木或小乔木。小枝端刺状, 叶长椭圆形或倒卵状椭圆形, 先端短渐尖或突尖, 基部楔形; 雌花 2~6 朵簇生, 雄花数十朵簇生。

长叶冻绿 (黄药) *Rhamnus crenata* Sieb. & Zucc. 鼠李属

叶枝

花

果

树皮

形态: 落叶灌木或小乔木, 高达 7m。**枝条**: 幼枝被锈色柔毛, 枝顶无刺, 顶芽无鳞片。**叶**: 单叶互生, 倒卵状长椭圆形, 长 4~14cm, 宽 2.5~5cm, 先端渐尖或急尖, 基部宽楔形, 叶缘具细浅齿或圆浅齿; 侧脉 7~12 对, 叶柄长约 1cm, 秋叶黄色。**花**: 数朵组成腋生聚伞花序, 花瓣 5, 淡绿色, 近圆形; 子房 3 室, 花柱无裂, 萼片三角形, 较长, 花总梗、花梗具柔毛。**果**: 球形或倒卵状球形, 黑色, 径约 7cm。**花果期**: 花期 5~7 月, 果期 8~10 月。**分布**: 华北、华东、华南、西南地区及陕西。

快速识别要点

　　落叶灌木或小乔木。叶倒卵状长椭圆形, 先端渐尖或急尖, 基部宽楔形, 侧脉 7~12 对, 秋叶黄色; 花数朵组成腋生聚伞花序; 果球形或倒卵状球形。

相似特征	不同特征		
冻绿	 花形 花形	 小枝 小枝端刺状	 叶 叶多长椭圆形
长叶冻绿	 花形	 小枝端无刺, 具顶芽	 叶多倒卵状长椭圆形

果
果近球形

果球形或倒卵状球形

枣 VS 酸枣

枣 *Ziziphus jujuba* Mill. 枣属

树形

花

果

叶

树皮

形态: 落叶乔木或小乔木, 高 10~15m。**树皮:** 褐色或灰褐色, 浅纵裂。**枝条:** 叶基部常具 2 枚托叶刺, 一直伸, 一后勾; 枝具长短二型, 呈之字形曲折, 拐端具无芽短枝, 为枣股, 枝紫红色。**叶:** 单叶互生, 卵形至卵状椭圆形, 稀卵状长圆形, 长 4~7cm, 宽 1.5~3.5cm; 先端钝尖, 基部近圆或宽楔形, 叶缘具细钝齿, 三出脉, 叶柄长约 5mm。**花:** 单生或聚伞花序腋生, 花瓣 5, 倒卵状圆形或匙形, 有爪, 与雄蕊近等长, 黄绿色, 花药黄色; 花萼片大于花瓣, 卵状三角形, 2~3 朵簇生叶腋。**果:** 椭圆形或卵圆形, 长 2~4cm, 熟时红色或紫红色, 核果, 果核两端尖。**花果期:** 花期 5~6 月, 果期 9~10 月。**分布:** 原产我国, 分布于东北地区南部至粤、桂、黔、滇及西北地区。

快速识别要点

落叶乔木或小乔木。拐枝、卵叶、黄花、红果为主要特征。枝呈之字形曲折, 拐点具枣股; 叶卵形至卵状椭圆形, 三出脉; 花黄绿色; 果红色或紫红色。

酸枣 (山枣树) *Ziziphus jujuba* var. *spinosa* (Bunge) Hu ex H. F. Chow 枣属

树形

叶

花

果枝

形态: 落叶灌木或乔木, 高 10m。**树皮:** 褐灰色, 纵裂。**枝条:** 小枝具托叶刺, 呈之字形弯曲, 紫褐色, 具毛。**叶:** 较小, 长 1.5~4cm, 宽 1~2cm, 卵形至卵状披针形, 先端钝尖, 基部圆或宽楔形, 叶缘具粗浅锯齿, 三出脉, 侧脉直达顶端, 叶柄长约 5mm。**花:** 2~3 朵簇生叶腋, 较小, 黄绿色, 花药褐色; 花瓣 5, 雄蕊 5, 萼片 5, 大于花瓣数倍; 花盘肉质, 盘状, 子房上位, 柱头二裂。**果:** 核果近球形, 熟时紫红色, 径约 1cm, 果肉薄, 果核两端钝。**花果期:** 花期 5~6 月, 果期 9 月。**分布:** 我国分布于东北地区南部, 黄河流域至淮河流域及新疆。

快速识别要点

落叶灌木或乔木。叶小, 卵形至卵状披针形, 先端钝尖, 基部圆或宽楔形, 叶缘具粗浅锯齿, 三出脉, 侧脉直达顶端; 花 2~3 朵簇生叶腋, 黄绿色; 核果球形, 紫红色。

相似特征	不同特征		
枣  花形	 叶较大, 缘具细齿	 花黄绿色, 花药黄色	 果多椭圆形或卵圆形, 果核两端尖
酸枣  花形	 叶较小, 缘具粗浅齿	 花黄绿色, 花药褐色	果多球形, 果核两端钝

枣 VS 冬枣

	相似特征	不同特征		
	花	叶	枣吊	果
枣	花	叶卵形至卵状椭圆形，两侧平坦不反卷，绿色	枣吊较短	果椭圆形或卵圆形
冬枣	花	叶长圆状椭圆形，两侧向叶面反卷，深绿色	枣吊较长	果近球形

枣

冬枣 VS 青枣

冬枣 *Ziziphus jujuba* 'Dongzao' 枣属

树形

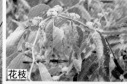

花枝

果 树皮

形态: 落叶乔木, 高达 12m, 树冠卵圆形。**树皮:** 灰褐色, 浅纵裂。**枝条:** 小枝紫褐色, 光滑, 具皮孔, 较粗壮, 之字形弯曲, 节间较长。**叶:** 单叶互生, 长圆状椭圆形, 先端圆钝或钝尖, 基部宽楔形或圆, 稍偏斜, 长 4~7cm; 缘具细钝齿, 三出脉, 两侧脉直达顶端; 叶柄长约 0.5cm, 叶面深绿色, 具光泽, 两侧向叶面反卷。**花:** 雌雄同株, 为不完全伞形花序, 每花序着花 3~7 朵; 花瓣淡黄色, 匙形花瓣与雌蕊各 5 枚, 雌蕊着生在密盘中, 柱头二裂, 子房 2 室, 每室具胚珠 1 个; 花萼片 5 枚, 三角形, 黄绿色, 与花瓣交错排列。**果:** 核果近球形, 熟果褪红色, 径 2~4cm; 果肩平圆, 梗洼平或微凹下, 果核短纺锤形。**花果期:** 花期 5~6 月, 果期期 10 月。**分布:** 我国华北地区。

快速识别要点

　　落叶乔木。卷叶、圆果为主要特征。叶长圆状椭圆形, 深绿色, 有光泽, 革质, 两侧向叶面反卷; 核果近球形, 熟果褪红色, 果径 2~4cm, 果肩平圆, 梗洼平。

青枣 (滇刺枣) *Ziziphus mauritiana* Lam. 枣属

叶枝

叶正面

树皮

叶背面 枝刺

形态: 常绿小乔木, 高达 8m, 树冠较疏散。**树皮:** 灰褐色, 浅纵裂。**枝条:** 小枝灰褐色, 密具皮孔, 具短粗皮刺, 幼枝浅绿色, 被白色柔毛。**叶:** 单叶互生, 卵形或卵状椭圆形, 长 5~8cm, 宽 3~5cm, 先端钝, 基部圆形; 三出主脉, 中间主脉, 两侧具小直脉 18~20 对, 两侧主脉外缘具羽状小侧脉 7~9 条; 叶背密被白色短柔毛, 叶柄长约 5mm。**花:** 花黄绿色, 花瓣、花萼、雄蕊各 5。**果:** 青色, 圆形、椭圆形或橄榄形, 长 4~6cm。**花果期:** 6~7 月第一次开花, 9~10 月第二次开花。**分布:** 我国粤、桂、川、滇、闽、台有栽培。

快速识别要点

　　常绿小乔木。果大而青色, 故名青枣。树皮灰褐色, 浅纵裂; 幼枝浅绿色被柔毛; 叶卵形或卵状椭圆形, 先端钝, 基部圆形, 三出主脉, 上部具小侧脉。

相似特征	不同特征		
叶形	树皮	小枝	叶

	相似特征	不同特征		
冬枣	 叶形	 树皮黑褐色, 纵裂	 小枝紫褐色, 光滑	 叶长圆状椭圆形, 两侧向叶面反卷无毛, 具三出主脉
青枣	 叶形	 树皮灰褐色浅纵裂, 裂缝较直	 小枝灰褐色, 密具皮孔	 叶卵形或卵状椭圆形, 叶三出主脉两侧主脉外缘具羽状小侧脉 7~9 条, 不反卷

葡萄 VS 山葡萄

葡萄 *Vitis vinifera* L. 葡萄属

植株

叶枝

果

茎皮

形态：落叶藤本，长达30m。**树皮：**红褐色，片状剥落。**枝条：**小枝有柔毛，较光滑。**叶：**单叶互生，叶纸质，心状卵圆形，叶基部深心形，长8~15cm，具3~5掌状浅裂，缘有粗齿，具基出脉5，叶柄长5~8cm。**花：**圆锥花序与叶对生，长10cm以上；花杂性，雌雄异株，花淡黄绿色，具盘形花萼，花冠长约2mm。**果实：**浆果椭圆状球形或近球形，果径1.2~1.5m，熟时紫红色或黄白色，果皮有白粉；具种子2~3，卵形。**花果期：**花期4~5月，果期8~9月。**分布：**原产欧洲、西亚。我国东北、西北、华北、西南等地区以黄河流域为集中栽培区。

快速识别要点

　　落叶藤本。叶纸质，心状卵圆形，具3~5掌状浅裂，缘有粗齿；圆锥花序与叶对生，花淡黄绿色；浆果椭圆形或近球形。

山葡萄 *Vitis amurensis* Rupr. 葡萄属

植株

叶枝

叶

果

形态：落叶藤本，长达15m。**枝条：**幼枝红色，被柔毛，渐脱落，卷须二分叉，长20cm。**叶：**单叶互生，纸质，心状五角形或广卵形，长5~18cm，宽4~19cm；基部心形，先端尖，3~5浅裂或不裂，具细锯齿；叶面无毛，叶背具短毛，淡绿色。具基出脉5，叶柄长5~12cm。**花：**雌雄异株，圆锥花序，长7~15cm；花序轴有毛，花较小，具盘形花萼，花冠长2.5mm。**果实：**浆果球形，黑色，径0.8~1m，被白粉。**花果期：**花期5~6月，果期8~9月。**分布：**我国华北及东北地区。

快速识别要点

　　落叶藤本。幼枝红色，卷须二分叉，长20cm；叶心状五角形或广卵形，3~5浅裂，具细锯齿；圆锥花序，长7~15cm；浆果球形，黑色。

	相似特征	不同特征	
葡萄	 叶形	 叶心状卵圆形，具3~5掌状浅裂，叶缘有粗锯齿，叶柄较短	 浆果椭圆形或近球形，紫红色或黄白色，较大
山葡萄	叶形	 叶心状五角形或广卵形，3~5浅裂，叶缘有细锯齿；叶柄较长	 浆果球形，黑色，较小

山葡萄 VS 爬山虎

爬山虎（地锦） *Parthenocissus tricuspidata* (Siebold & Zucc.) Planch.　地锦属

植株

叶枝

叶

形态： 落叶藤木，长达 15m。**树皮：** 栗褐色。**枝：** 枝条粗，无毛，卷须短，分枝多，靠卷须吸盘攀缘。**叶：** 单叶互生，广卵形，长 9~15cm，宽 8~13cm；缘有浅粗齿，3 浅裂，基部深心形；营养枝上的叶多裂成 3 小叶；基出脉 5，侧脉 4~6 对；叶中上部最宽，两面无毛，叶柄长 10~15cm。**花：** 聚伞花序生于短小枝上，长 4~8cm；花小，黄绿色，花瓣长圆形，花萼盘形。**果：** 浆果球形，蓝黑色，径约8mm。**花果期：** 花期 6~7 月，果期 9~10 月。**分布：** 我国东北、华北、华东、华南地区及川、陕等地。

快速识别要点

　　落叶藤木。树皮栗褐色；叶广卵形，3 浅裂，基部深心形，叶中上部最宽，营养枝上的叶多裂成 3 小叶；聚伞花序生短小枝上，花小，黄绿色。

相似特征	不同特征	
叶形	枝条	叶
山葡萄	 叶形	 枝条不靠吸盘攀缘	 叶基部最宽
爬山虎	 叶形	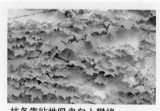 枝条靠粘性吸盘向上攀缘	 叶中部以上最宽

乌头叶蛇葡萄 VS 掌裂草葡萄

乌头叶蛇葡萄 *Ampelopsis aconitifolia* Bunge　蛇葡萄属

植株

花

果

形态: 落叶藤本。**树皮:** 根外皮紫褐色,内皮淡粉红色,具黏性,茎具皮孔。**枝条:** 幼枝具黄毛,细弱光滑,卷须二分叉,与叶对生。**叶:** 掌状复叶互生,小叶5,长4~11cm,宽5~10cm;基部心形,中部小叶菱状卵形,先端渐尖,羽状分裂近中脉,裂片狭长,具1~2尖齿,侧上方小叶近似中部叶,偏斜;最下方小叶小,叶柄长1~5cm。**花:** 聚伞花序无毛,与叶对生,花黄绿色,较小;花萼盘形不分裂,花瓣5,三角状卵形,雄蕊5,花柱细。**果实:** 浆果近球形,径5~6mm,成熟时红色或橙黄色。**花果期:** 花期4~6月,果期7~10月。**分布:** 我国陕、豫、晋、鲁、冀、蒙、辽等地。

快速识别要点

　　落叶藤本。掌状复叶互生,小叶5,中部小叶菱状卵形,羽裂近中脉,侧上方小叶近似中部叶,下方小叶小;聚伞花序与叶对生,花黄绿色;浆果球形,红色或橙黄色。

掌裂草葡萄 *Ampelopsis aconitifolia* var. *palmiloba* (Carr.) Rehd　蛇葡萄属

植株

叶

果

形态: 落叶藤本。**枝条:** 小枝光滑无毛,红褐色。**叶:** 掌状复叶,5全裂,小叶5,小叶具缺刻状浅裂或粗齿;裂片无柄,菱状卵形或卵状披针形;叶背面脉上有疏毛,淡绿色,叶柄长约3cm。**花:** 聚伞花序与叶对生,被短柔毛;花梗长于叶柄,花黄绿色,较小;花萼杯状不分裂,具5花瓣,雄蕊5,花盘边缘较平截。**果实:** 浆果近球形,径4~6mm,黄色至橙黄色。**花果期:** 花期5~6月,果期7~9月。分布:川、鄂、甘、陕、苏、鲁、晋、冀、蒙、辽、吉等地。

快速识别要点

　　落叶藤本。红枝、裂叶、黄花、球果为主要特征。小枝红褐色;掌状复叶,小叶5,缺刻状浅裂,稀有深裂;花黄绿色;浆果近球形。

	相似特征		不同特征	
乌头叶蛇葡萄	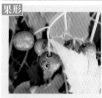 果形 果形	 叶形 叶形	 叶 掌状复叶具5小叶,上3小叶菱状卵形,羽状分裂近中部,裂片狭长,具1~2尖齿	 花 聚伞花序无毛
掌裂草葡萄	 果形	叶形	掌状复叶5全裂,小叶具缺刻状浅裂或深裂,裂片无柄	 聚伞花序,被短柔毛

荆条 VS 掌裂草葡萄

荆条 *Vitex negundo* var. *heterophylla* (Franch.) Rehd. 牡荆属

植株

叶

花

果

形态: 落叶灌木, 高 1~4m。**树皮:** 浅灰褐色, 平滑。**枝条:** 小枝四方形。**叶:** 掌状复叶对生, 小叶 5~7, 长圆状披针形; 叶缘有羽状浅裂、深裂或缺刻状大齿; 叶背密生灰白色绒毛, 先端渐尖, 基部楔形; 上部 3 小叶柄长 1~1.2cm, 基部 2 小叶柄极短, 近无柄, 总叶柄长为叶长的 3/4。**花:** 圆锥花序顶生, 较松散, 花冠蓝紫色; 二唇形, 上唇二裂, 下唇 3 裂, 中裂片较大; 雄蕊 4, 2 长 2 短, 伸出花冠, 花柱丝状, 外伸, 柱头二裂, 花萼钟形, 5 裂, 花冠稍长于萼片。**果实:** 核果近球形, 褐色, 径约 2mm。**花果期:** 花期 7~9 月, 果期 9~10 月。**分布:** 我国东北地区南部、华北、西北、华东、西南等地。

快速识别要点

　　落叶灌木。裂叶、蓝花为主要特征。掌状复叶对生, 具 5~7 小叶, 长圆状披针形, 叶缘有羽状浅裂、深裂或缺刻状大齿; 顶生圆锥花序, 花蓝紫色。

	相似特征	不同特征			
	叶形	树形	叶	花	果
荆条	叶形	落叶灌木	小叶 5~7, 叶缘有羽状浅裂、深裂或缺刻状大齿	圆锥花序顶生, 松散, 花蓝紫色	核果近球形, 褐色, 径约 2mm
掌裂草葡萄	叶形	落叶藤本	小叶 5, 叶缘缺刻状浅裂或深裂, 近无柄	聚伞花序与叶对生, 花黄绿色	浆果近球形, 黄色至橙黄色

省沽油 VS 膀胱果

省沽油 *Staphylea bumalda* DC.　省沽油属

树形

叶

花

果

树皮

形态：落叶灌木，高 3 (~5) m。**树皮：**灰褐色。**枝条：**枝条细长而开展。**叶：**三出复叶对生，小叶椭圆形或卵状椭圆形，长 4~8cm，宽 1~4cm；先端渐尖，基部楔形；侧小叶基有时歪斜，无柄，顶小叶柄长 1cm；缘有细尖齿，叶背青白色，沿脉有毛。**花：**顶生圆锥花序，花白色，芳香，雌蕊由 2 心皮构成。**果实：**蒴果膀胱状，形扁，2 裂，长 1.5~2.5cm；种子扁椭圆形，长约 5mm；黄色有光泽。**花果期：**花期 5~6 月，果期 8~9 月。**分布：**我国东北、华北地区及长江中下游地区。

快速识别要点

落叶灌木。三出复叶对生，小叶卵状椭圆形，侧生小叶基部稀歪斜，近无柄。蒴果膀胱状，形扁，二裂。

膀胱果 *Staphylea holocarpa* Hemsl.　膀胱果属

树形

叶

果

花

形态：落叶小乔木，高达 10m。**树皮：**灰褐色。**叶：**三出复叶对生，小叶近革质，窄卵形或卵状披针形，长 5~11cm，宽 2.5cm，具锐齿；顶生小叶柄长 1.5~4cm，侧生小叶近无柄，先端尾尖；基部楔形或圆，总叶柄长约 10cm。**花：**圆锥状伞房花序顶生，花两性，白色或粉红色；雌蕊由 3 心皮构成，与花瓣互生，花柱 2~3。**果实：**蒴果膀胱状，长 3~5cm，顶端 3 裂；果皮膜质，膜缝纵裂；每室具 1~4 种子，种子球形，种皮骨质，黄灰色，有光泽，种脐白色。**花果期：**花期 4~5 月，果期 9 月。**分布：**我国产于陕、甘以南，鄂、湘、粤、桂、川、黔、滇、藏有分布。

快速识别要点

落叶小乔木。三出复叶对生，小叶近窄卵形或卵状披针形，顶生小叶柄长 1.5~4cm，侧生小叶近无柄；蒴果膀胱状。

相似特征	不同特征			
花形	叶	花雌蕊	树皮	果

	相似特征	不同特征			
省沽油	 花形	 小叶椭圆形，顶生小叶柄长约 1cm	 花雌蕊由 3 心皮构成	 树皮黑褐色，有白色条纹	 顶端 2 裂
膀胱果	 花形	 小叶窄卵形，顶生小叶柄长 1.5~4cm	 花雌蕊由 2 心皮构成	 树皮灰色，有黑色条纹	 顶端 3 裂

榆橘 VS 膀胱果

榆橘 *Ptelea trifoliata* L. 榆橘属

植株

叶 花 果 树皮

形态：落叶小乔木或灌木，高 3~8m。**树皮：**幼树皮光滑，老皮细裂。**叶：**三出复叶互生，小叶卵形或椭圆状长圆形，长 6~12cm，宽 3~5cm；先端渐尖；基部楔形，两侧小叶基部偏斜，具细钝齿或全缘；小叶近无柄，总叶柄长 5~6cm。**花：**伞房状聚伞花序顶生，径 4~8mm，花缘白色，径 1cm，单性或杂性。**果：**翅果扁圆状近圆形，径 1.5~2.5cm，形似榆钱。**花果期：**花期 5 月，果期 7~9 月。**分布：**辽南、华北地区及江苏等地。

快速识别要点

　　落叶小乔木或灌木。三出复叶互生，小叶椭圆状长圆形，两侧小叶基部偏斜，近无柄；翅果扁圆状近圆形，形似榆钱。

	相似特征	不同特征		
榆橘	叶  三出复叶	叶  小叶卵形或椭圆状卵形，两侧小叶基偏斜近无柄，总叶柄长 5~6cm	果  翅果扁圆状近圆形，径 1.5~1.2cm，形似榆钱	树皮  树皮绿褐色，平滑，有白色气孔点
膀胱果	 三出复叶	 小叶窄卵形或卵状披针形，两侧小叶基不偏斜，总叶柄长约 10cm	 蒴果膀胱状或梨形，长 3~5cm，顶端 3 裂	 树皮黑褐色，平滑，有白色条纹

龙眼 VS 荔枝

龙眼（桂圆）*Dimocarpus longan* Lour. 龙眼属

形态：常绿乔木，高15m以上。**树皮：**浅灰褐色，外皮木栓质，粗糙，块片状剥裂。**枝条：**幼枝被毛。**叶：**偶数羽状复叶互生，小叶3~6对，薄革质，长椭圆状披针形，长7~16cm，宽3~5cm，先端钝尖，基部斜圆形；叶两面侧脉明显，叶背粉绿色，小叶柄短，长约5mm，全缘。**花：**顶生或腋生圆锥花序，花小，花瓣5，乳白色；花序及花萼密被星状毛。**果：**近球形，径1.5~2.6cm，幼果面有瘤点，熟果黄褐色，平滑，种子近球形，茶褐色。**花果期：**花期4~5月，果期7~8月。**分布：**我国闽、台、粤、琼、桂等地。

快速识别要点

常绿乔木。偶数羽状复叶，小叶3~6对，薄革质，长椭圆状披针形，先端钝尖或短渐尖，基部斜圆形，叶两面侧脉明显，全缘。

荔枝（丹荔）*Litchi chinensis* Sonn. 荔枝属

形态：常绿乔木，高20m以上。**树皮：**灰色，浅纵裂。**枝条：**小枝褐红色，密被白色皮孔。**叶：**偶数羽状复叶，小叶2~4对，薄革质至革质，长椭圆状披针形，长6~14cm，宽2~4cm，先端渐尖或近尾尖，基部楔形；叶面侧脉不明显，两面无毛，小叶柄长约8mm。**花：**圆锥花序顶生，花小，无花瓣，花盘蝶形；雄蕊8，伸出，花萼杯状，4~5裂，被毛。**果：**球形或卵形，长3~4cm，熟时红色，外皮具凸起小瘤，种子红褐色，具肉质假种皮，白色。**花果期：**花期2~4月，果期5~8月。**分布：**我国分布于闽、台、粤、琼、桂、滇、川。

快速识别要点

常绿乔木。小枝褐红色，密被白色皮孔；偶数羽状复叶，小叶2~4对，薄革质至革质，长椭圆状披针形，先端渐尖或近尾尖，基部楔形，叶面侧脉不明显。

相似特征	不同特征		
龙眼 羽叶形	树皮浅灰褐色，块片状剥裂	羽叶具小叶3~6对，薄革质	小叶先端钝尖，基部斜圆形
荔枝 羽叶形	树皮灰色，纵裂	羽叶具小叶2~4对，薄革质至革质	小叶先端渐尖，基部楔形

荔枝 vs 杨梅

杨梅 *Myrica rubra* (Lour.) S. & Zucc. 杨梅属

树形

树皮

形态: 常绿乔木,高达15m,树冠球形。**树皮:** 灰色,平滑,老时浅纵裂。**枝条:** 小枝较粗,无毛,幼枝被黄色小油腺点。**叶:** 单叶互生,常集生枝顶,长圆状倒卵形或长圆状倒披针形,长6~15cm;先端钝尖或钝圆,基部狭楔形;无毛,全缘或端部有浅齿;叶背具黄色油腺点,叶柄长0.5~1cm。**花:** 雌雄异株,雄花序单生或几个簇生叶腋,雌花序单生叶腋。**果:** 球形核果,径约1.5~3cm,外果皮肉质,深红色,具乳头状突起。**花果期:** 花期3~4月,果期6~7月。**分布:** 我国江南多数地区均有分布,以浙、苏为多。

叶

果

快速识别要点

常绿乔木。单叶互生,常集生枝顶,长圆状倒卵形;球形核果,径约1.5~3cm,外果皮肉质,深红色,具乳头状突起。

	相似特征	不同特征	
荔枝	 果 果	 叶 偶数羽状复叶	 树皮 灰褐色,纵裂
杨梅	 果	 单叶互生,集生枝顶	灰色,光滑

栾树 VS 全缘叶栾树

栾树 *Koelreuteria paniculata* Laxm. 栾树属

树形

叶

花

果

树皮

形态: 落叶乔木,高达15m,树冠圆头形或卵圆形。**树皮:** 灰褐色,浅纵裂,具瘤状凸起。**枝条:** 褐色。**叶:** 一回羽状复叶或小叶裂成不完全二回羽状复叶,小叶7~19,卵状椭圆形或卵形,长4~10cm,宽3~6cm,缘具羽状深裂、浅裂或不规则粗齿;先端渐尖或短渐尖,基部平截或宽楔形,叶背沿脉有毛,叶柄长约5mm。**花:** 圆锥花序顶生,长达40cm,花杂性,左右对称;花瓣4,长约1cm,不整齐,鲜黄色,具爪,内面有二深裂鳞片,紫红色;花盘偏向一侧,雄蕊8,子房3室。**果:** 蒴果三角状卵形,膜质果皮膨大,黄色或淡红色,长4~6cm,顶端尖;种子生膜皮内侧,径约5mm,褐色,球形。**花果期:** 花期6~8月,果期9~10月。**分布:** 我国分布于东北地区南部至长江流域,东至闽,西南至川、滇,西北至甘、陕。

快速识别要点

落叶乔木。裂叶、黄花、膜质蒴果为主要特征,小叶卵状椭圆形或卵形,缘具羽状深裂、浅裂或不规则粗齿;大圆锥花序,长达40cm,具多花,鲜黄色;蒴果三角状卵形,膜质果皮膨大,黄色或淡红色。

全缘叶栾树(山膀胱、黄山栾树) *Koelreuteria bipinnata* var. *integrifoliola* (Merr.) T. Chen 栾树属

树形

叶

花

果

树皮

形态: 落叶乔木,高达18m,树冠卵圆形至长圆形。**树皮:** 灰色,块片状剥裂,幼皮平滑。**枝条:** 褐色。**叶:** 二回羽状复叶互生,羽片2~4对,各羽片具5~6小叶;小叶全缘,椭圆形或卵状椭圆形,长5~11cm,先端尾状渐尖,基部宽楔形,侧脉10~14对,叶柄长约5mm。**花:** 顶生圆锥花序,花金黄色,花瓣4(5),略不等大,内面具1对紫红色深裂鳞片。**果:** 蒴果椭圆形或卵状椭圆形,长4~5cm,膜质果皮紫红色,先端圆钝;种子球形,褐色。**花果期:** 花期8~9月,果期10~11月。**分布:** 我国长江以南地区至粤、桂有分布,华北地区有栽培。

快速识别要点

落叶乔木。二回羽状复叶,小叶椭圆形或卵状椭圆形,全缘,故名全缘叶栾树。顶生圆锥花序,花金黄色;蒴果椭圆形或卵状椭圆形,膜质果皮紫红色,先端圆钝。

	相似特征	不同特征			
	花序	叶	花	果	树皮
栾树	 花序	 一回羽状复叶或小叶裂成不完全二回羽状复叶	 花鲜黄色	 蒴果黄色或淡红色,三角状卵形,顶端尖	 树皮灰褐色,浅纵裂,具瘤状凸起
全缘叶栾树	 花序	 二回羽状复叶,羽片状小枝2~4对,具小叶5~6	 花金黄色	 蒴果椭圆形或卵状椭圆形,紫红色,先端圆钝	 树皮灰色,块片状剥裂,无瘤状凸起

川楝 VS 全缘叶栾树

	相似特征	不同特征		
	叶枝	花	果	树皮
川楝	叶枝	圆锥状聚伞花序腋生，花紫棕色	核果球形至椭圆形，黄绿色，果皮木质	老树皮浅纵裂
全缘叶栾树	叶枝	圆锥花絮顶生，花金黄色	蒴果椭圆形，果皮薄纸质	树皮暗灰色，片块状剥裂

文冠果 VS 金钱槭 *

文冠果（文光果） *Xanthoceras sorbifolium* Bunge　文冠果属

树形

叶

花

果

树皮

形态：落叶小乔木，高5~8m，或呈灌木状。**树皮：**灰褐色。**枝：**小枝有毛。**叶：**奇数羽状复叶，小叶9~19，长椭圆形或披针形，长3~6cm，宽1.5~2cm，先端渐尖，基部楔形，缘有锐齿，叶面亮绿色，叶背疏被星状毛，顶生小叶3深裂。**花：**总状或圆锥花序，顶生，花两性，雄花序腋生，长15~20cm，花叶同放；花整齐，杂性，花瓣5，白色；缘有皱波，基部有黄紫晕斑。**果实：**蒴果近球形，径约5cm，种子黑褐色，径约1cm。**花果期：**花期4~5月，果期7~9月。**分布：**我国黄河流域、淮河流域及陕、甘、宁、辽、吉。

快速识别要点

落叶小乔木。因果实很像古代文官的帽子，故称之文冠果。奇数羽状复叶，小叶9~19，长椭圆形或披针形；花序总状或圆锥状，花白色，基部有黄紫晕斑。

	相似特征	不同特征		
	叶形	树皮	花	果
文冠果	叶形	树皮灰褐色，纵裂	总状花序或圆锥花序，花白色，基部有黄紫晕斑	蒴果椭球形，长约5cm
金钱槭	叶形	树皮灰色有纵裂纹，较平滑	圆锥花序	双翅果圆形，单径约3cm

---

* 金钱槭形态特征见于第58页。

刺楸 VS 色木槭

刺楸 *Kalopanax septemlobus* (Thunb.) Koidz.　刺楸属

树形

叶　花

果　树皮

形态：落叶乔木，高达 30m，干通直。**树皮：**灰黑褐色，具瘤刺。**枝：**小枝淡黄褐色，粗壮，具皮刺。**叶：**单叶在长枝上互生，在短枝上簇生，近圆形，径 9~25cm；掌状，5~7 裂，裂片三角状卵形或长圆状卵形，先端渐尖，具细齿，5~9 掌脉，叶柄长 10~30cm，叶基部心形或圆形。**花：**伞形花序，径约 1.5cm，并组成大圆锥状复花序，顶生；花序梗长约 5cm，较细，花白色或淡黄绿色，花柱先端二裂，花梗长约 5mm，被疏毛。**果：**蓝黑色，径约 4mm，圆形。**花果期：**花期 7~8 月，果期 9~10 月。**分布：**我国分布于辽、冀、鲁及长江流域，南至粤、桂、西南至川、黔、滇。

快速识别要点

　　落叶乔木。裂叶、伞花、蓝果为主要特征。叶掌状 5~7 裂，多呈五角状，具长柄；伞形花序多序组成大圆锥状复花序，顶生；果蓝黑色，圆形，径约 4mm。

	相似特征	不同特征		
	叶形	花	果	树皮
刺楸	　叶形	　伞形花序聚成圆锥复花序顶生，花白色，淡黄褐色	　蓝黑色，球形，径约 4mm	　具皮刺
色木槭	叶形	伞房状圆锥花序顶生，花黄绿色	　翅果长 2~2.5cm	　浅裂，无皮刺

平基槭 VS 色木槭

平基槭（元宝枫） *Acer truncatum* Bunge　槭树属

叶

花

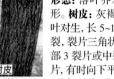

树皮

形态：落叶乔木，高达 10m，树冠广卵形。**树皮**：灰褐至深褐色，纵裂。**叶**：单叶对生，长 5~10cm，宽 8~12cm；掌状 5 裂，裂片三角状卵形，先端渐尖，时有中部 3 裂片或中裂片又 3 裂，最下部 2 裂片，有时向下平展（耷拉角）；基脉 5，叶柄长 3~9cm，基部平截。**花**：聚伞花序顶生，花黄绿色，较小，萼片长圆形，长 4~5mm；花瓣长圆状倒卵形，长 5~6mm，雄蕊 8。**果实**：翅果扁平，翅较宽且略长于果核，呈锐角或稍钝，形似元宝，淡黄或淡褐色，长约 1.5cm。**花果期**：花期 4~5 月，果期 8~10 月。**分布**：我国吉、辽、蒙、冀、晋、鲁、豫、陕、甘、苏等地。

快速识别要点

　　落叶乔木。叶呈五角状，裂片较窄，中部 3 裂片或中裂片有时又 3 裂，基部平截，故称"平基槭"；翅果扁平，果翅较宽且略长于果核，形似元宝，又名"元宝枫"；花序较大，花黄绿色，较繁密。

色木槭（五角枫） *Acer pictum* subsp. *mono* (Maximowicz) H. Ohashi　槭树属

树形

叶

花

树皮

形态：落叶乔木，高达 20m，树冠圆头形。**树皮**：灰褐色，纵裂。**叶**：单叶对生，长 6~8cm，宽 9~11cm；掌状 5 (~7) 裂，裂片卵形较宽，先端渐尖或尾状尖，全缘；基脉 5，叶柄长 4~7cm，基部近心形，最下部 2 裂片不向下平展，但有时会再裂出 2 小裂片。**花**：伞房圆锥花序顶生，萼片黄绿色，长圆形；花瓣淡白色，椭圆形，长约 3mm，雄蕊 8。**果实**：翅果淡黄色，长 2~2.5cm，果翅长为果核的 1.5~2 倍，呈钝角。**花果期**：花期 4~5 月，果期 8~10 月。**分布**：我国东北、华北及西南地区。

快速识别要点

　　落叶乔木。叶片 5 裂，裂片较宽，中裂片不再分 3 裂，最下部 2 裂片有时再裂出 2 小裂片而成为 7 裂；花序稍小，黄绿色；果翅长，为果核的 1.5~2 倍。

相似特征	不同特征		
叶形  叶形	**花** 花冠黄绿色	**果**  果翅较宽而略长于果核或等长，形似元宝，果翅开展成锐角或近直角	**叶** 叶基部多平截，最下部 2 裂片有时向下开展，上 3 裂片有时又 3 裂
平基槭			
色木槭  叶形	 花冠淡白色	 果翅较长，为果核的 1.5~2 倍，果翅开展为钝角	 叶基多心形，最下部 2 裂片不向下开展而有时在裂出 2 个小裂片成 7 裂

色木槭 VS 葛萝槭

	相似特征	不同特征		
	叶形	树皮	叶	果
色木槭	叶形	树皮灰褐色，纵裂	叶长大于宽，叶缘具细尖齿	翅果呈钝角，嫩果绿色
葛萝槭	叶形	树皮绿褐色，光滑	叶宽大于长，全缘	翅果呈钝角或近水平，嫩果淡紫色

色木槭

葛萝槭 VS 长裂葛萝槭

葛萝槭　*Acer grosseri* Pax　槭树属

形态: 落叶乔木，高达 10m。**树皮:** 暗褐色，有绿斑纹，平滑。**枝条:** 枝条较细，无毛。**叶:** 卵形，长 7~9cm，宽 5~6cm，具不明显锐密重齿，5 裂，中裂片三角形，侧裂片三角状卵形，基部 2 裂片小；叶基近心形，嫩叶叶腋基部被黄毛，后脱落；叶柄绿色，长 2~3cm，无毛。**花:** 萼片长圆状卵状，花瓣倒卵形，花黄绿色。**果:** 翅果长 2.5~3cm，嫩时淡紫色，熟时黄褐色，果翅呈钝角或近水平。**花果期:** 花期 4 月，果期 9 月。**分布:** 我国华北地区及陕、甘、川、鄂、湘、皖等地。

快速识别要点

　　落叶乔木。树皮暗褐色，有绿斑纹，平滑，叶卵形，5 裂，呈五角状，中裂叶三角形，侧裂片三角状卵形，基部 2 裂片小，叶基近心形，果翅呈钝角或近水平。

长裂葛萝槭　*Acer grosseri* var. *hersii* (Rehd) Rehd　槭树属

形态: 落叶乔木，高达 12m。**树皮:** 灰褐色，平滑。**枝条:** 较细。**叶:** 叶片阔卵形 3 深裂，裂片较长，卵状披针形，先端尾尖或渐尖；叶基部截形，叶缘具不明显细锐齿，叶柄浅紫色。**花:** 花黄绿色。**果:** 果翅呈钝角。**花果期:** 花期 4 月，果期 9 月。**分布:** 我国豫、鄂、湘、赣、皖、浙等地。

快速识别要点

　　落叶乔木。树皮灰褐色，平滑；叶阔卵形，3 深裂，裂片较长，卵状披针形，先端尾尖或渐尖，叶基部截形，叶缘具不明显细锐齿，叶柄浅紫色。

	相似特征	不同特征		
	花	**树皮**	**叶**	**果**
葛萝槭	 花	 树皮绿褐色，有绿斑纹，平滑	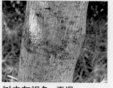 叶卵形 5 裂，叶基近心形，叶柄绿色	 果较瘦
长裂葛萝槭	 花	 树皮灰褐色，平滑	 叶阔卵形 3 深裂，叶基部截形，叶柄浅紫色	 果较肥

扇叶槭 VS 紫花槭

扇叶槭　*Acer japonicum* Thunb.　槭树属

树形

叶

树皮

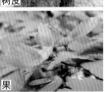
果

形态: 落叶小乔木, 高达 10m。**树皮:** 平滑, 淡灰褐色。**枝条:** 幼枝被柔毛。**叶:** 近圆形, 宽 9~12cm, 基部心形, 掌状 7~11 裂, 裂至中部以上, 裂片卵形, 具重锯齿, 先端渐尖; 侧脉不明显; 叶柄长 3~5cm, 嫩叶被白绢毛, 老叶中脉有毛。**花:** 顶生伞房花序, 下垂, 花较大。萼片花瓣状, 紫红色; 总花梗长 3~5cm; 花瓣白色, 椭圆形; 花期与叶同放。**果实:** 翅果展开成钝角, 翅略内弯, 长 2.5~2.8cm, 脉纹明显。**花果期:** 花期 5 月, 果期 9 月。**分布:** 原产日本北部及朝鲜。我国辽、鲁、沪、杭、京有栽培。

快速识别要点

落叶小乔木。树皮淡灰褐色; 叶近圆形, 基部心形, 掌状 7~11 裂, 裂至中部以上; 顶生伞房花序, 下垂, 花较大, 萼片花瓣状, 紫红色, 花瓣白色。

紫花槭　*Acer pseudosieboldianum* (Pax) Komarov　槭树属

树形

叶

树皮

花

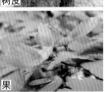
果

形态: 落叶小乔木, 高达 8m。**叶:** 近圆形, 宽 6~10cm, 基部心形, 掌状 9~11 裂, 裂片三角状, 或卵状披针形, 具锐尖重锯齿; 嫩叶两面被白色茸毛, 叶柄及叶脉上更密; 叶柄长 3~4cm。**花:** 顶生伞房花序, 萼片紫色或紫绿色; 花瓣白色或淡黄白色, 倒卵形; 花丝紫色, 花药黄色。**果实:** 翅成钝角, 微外展。翅果长 2~2.5cm, 嫩时鲜红色, 果梗长 1~2cm。**花果期:** 花期 5~6 月, 果期 9 月。**分布:** 产于东北地区, 华北地区也有分布。

快速识别要点

落叶小乔木。叶掌状 9~11 裂, 裂片三角状, 或卵状披针形, 具锐尖重锯齿, 嫩叶两面及叶柄、叶脉均被白色茸毛; 花萼紫色或紫绿色, 花瓣白色或淡黄白色, 翅成钝角, 微外展; 嫩果鲜红色。

相似特征	不同特征	

	叶形	叶	果
扇叶槭	 叶形	 叶裂片卵形, 具重齿	 翅果展开成钝角, 翅略内弯
紫花槭	 叶形	 叶裂片三角状, 或卵状披针形, 具锐尖重锯齿	 翅果成钝角, 翅微外展

糖槭 VS 美国红枫 VS 挪威槭（红王）

糖槭　*Acer negundo* L.　槭树属

树形

叶

树皮

形态：落叶乔木，高达 30m。**树皮：**灰褐色，纵裂。**枝条：**小枝红褐色光滑，较粗壮。**叶：**对生，掌状 3~5 裂，径 10~15cm，基部心形，裂片先端尖，各裂片中再 3 裂或具粗齿，形如加拿大国旗上的图案；叶柄带红色，幼叶浅红色。**花：**伞房花序簇生，下垂，叶前开花，淡黄绿色，无花瓣。**果实：**翅果黄褐色。**花果期：**花期 4 月，果期 6~8 月。**分布：**原产北美洲。我国黑、辽、赣、苏、鄂、京等地有分布。

快速识别要点

落叶乔木。树皮灰色，平滑；叶掌状 3~5 裂，各裂片中再 3 裂或具粗齿，形如加拿大国旗图案，叶柄绿白色；翅果黄褐色，夹角小，果大，长 2.5~4.2cm。

美国红枫（槭）　*Acer rubrum* L.　槭树属

树形

叶

树皮

叶枝

形态：落叶乔木，高达 25m。**树皮：**灰色，平滑，分枝密。**枝条：**小枝红褐色，光滑。**叶：**掌状，3~5 裂，宽 8~15cm，裂片三角状，卵形，裂片再 3 裂或具粗齿，叶柄及叶脉均为鲜红色，秋季叶片由绿转红。**花：**红色。**果实：**嫩时亮红色，两果翅成锐角。**分布：**我国沪、浙、京。

快速识别要点

落叶乔木。树皮灰色，平滑；叶掌状 3~5 裂，裂片三角状，卵形，叶中部裂片再 3 裂或具粗齿，叶柄及叶脉均为鲜红色，秋季叶片由绿转红。

挪威槭（红王）　*Acer platanoides* L.　槭树属

树形

叶

花

树皮

形态：落叶乔木，高达 25m，树冠近球形。**树皮：**灰色，纵裂。**枝条：**乳液多。**叶：**掌状 5~7 裂，裂片先端尖，中裂片稍长，中 3 裂片又有浅裂或粗齿；叶色暗红至暗紫酱色，有光泽。**花：**伞房花序，花多而小，紫红色。**果实：**翅果较大，下垂，长 4~5cm，果翅展开呈钝角或近平角。**花果期：**花期 4 月，果期 7~8 月。**分布：**我国华北地区。

快速识别要点

落叶乔木。树冠近球形；树皮灰色，纵裂；叶掌状 5~7 裂，中裂片稍长于侧 2 裂片，中 3 裂片又有 3 浅裂或粗齿，叶色暗红至暗紫酱色，有光泽。

	相似特征	不同特征	
	叶形	叶	树皮
糖槭	叶形	叶柄红色脉绿色，叶绿色	树皮灰褐色纵裂
美国红枫	叶形	叶柄及叶脉红色，叶绿色，秋季转红	树皮灰色，光滑
挪威槭	叶形	叶柄红色，叶长年紫红色	树皮灰褐色，浅纵裂

糖槭

细裂槭 VS 川甘槭

细裂槭 *Acer pilosum* var. *stenolobum* (Rehder) W. P. Fang   槭树属

树形

叶

花

果

树皮

形态: 落叶小乔木,高达8m。**树皮:** 黑褐色,纵裂。**枝条:** 小枝紫褐色,嫩枝红褐色。**叶:** 长3~5cm,宽3.5~6cm;叶基平截,3深裂;裂片长圆状披针形,狭长,中裂片直伸,侧裂片平展,侧裂片与中裂片呈直角,全缘,稀中上部具2~3粗齿或裂齿;叶背脉腋有丛毛,基脉3,叶柄淡紫色,长4~6cm。**花:** 伞房状花序,萼片卵形,花瓣5,长圆形或条状长圆形,淡黄色。**果:** 翅果长2~2.5cm,翅展开成钝角或近直角,嫩果绿色成熟果淡黄色。**花果期:** 花期4月,果期9月。**分布:** 我国蒙、晋、陕、甘、京、冀等地。

快速识别要点

　　落叶小乔木。叶基平截,三叉状深裂,裂片长圆状披针形,中裂片直伸,侧裂片平展,侧裂片与中裂片呈直角,全缘,稀中上部具2~3粗齿或裂齿。

川甘槭 *Acer yui* Fang   槭树属

树形

叶枝

叶

树皮

形态: 落叶小乔木,高达7m。**树皮:** 灰褐色。**枝条:** 小枝淡紫色或淡紫绿色。**叶:** 宽卵形,基部近圆形,长5.5~7cm,宽3~5.5cm;3裂,中裂片长圆状披针形或椭圆状披针形,侧裂片三角状卵形,平展或稍斜上展;叶脉有柔毛,基脉3,叶柄淡紫或紫绿色,长3~4cm。**花:** 伞房状花序,花淡黄色。**果:** 翅果长2~2.5cm,淡黄褐色,翅张开成钝角。**花果期:** 花期4~5月,果期9月。**分布:** 我国甘、川等地。

快速识别要点

　　落叶小乔木。小枝淡紫色或淡紫绿色;叶宽卵形,基部近圆形,3裂,中裂片直伸,侧裂片平展或稍斜上展,中裂片长圆状披针形或椭圆状披针形,侧裂片三角状卵形。

相似特征	不同特征		
细裂槭  叶形	 树皮黑褐色,深纵裂	 小枝紫褐色,嫩枝红褐色	 叶基平截,叶三叉状深裂,中裂片直伸侧裂片平展,侧裂片与中裂片呈直角
川甘槭  叶形	 树皮深灰色,片状剥落	 小枝淡紫色或淡紫绿色	 叶基部近圆形,叶3裂,中裂片直伸侧裂片稍斜上展

金叶复叶槭 VS 复叶槭

金叶复叶槭 *Acer negundo* 'Auea' 槭树属

树形

叶

果

树皮

形态：落叶乔木，高达20m。**树皮：**黄褐或灰褐色，平滑。**枝条：**小枝无毛，紫红色，被白粉。**叶：**羽状复叶，小叶3~7，金黄色。卵形或椭圆形，长7~11cm，宽2.5~4cm，叶基部楔形，先端渐尖，具3~5粗齿。顶生小叶柄长2~3cm，侧生小叶柄长3~5mm。脉腋具丛毛。总叶柄长5~6.5cm。**花：**花单性，雌雄异株，先叶开放，雌花成下垂总状花序，花丝密而细长，雄花成下垂伞房花序，无花瓣，花梗长约3cm。**果实：**翅果，果核凸起，长约3.5cm，翅向内弯曲呈圈形。**花果期：**花期4~5月，果期9月。**分布：**原产北美，我国华北、东北、华东等地均有栽培。

快速识别要点

　　落叶乔木。树皮黄褐或灰褐色，平滑；羽状复叶，小叶3~7，卵形或椭圆形，具3~5粗齿，雌花序总状下垂，花丝密而细长；翅向内弯曲呈圈形。

复叶槭（羽叶槭） *Acer negundo* L. 槭树属

树形

叶

花

果

形态：落叶乔木，高达20m，冠卵形或阔卵形。**树皮：**灰色，浅纵裂。**枝条：**一年生枝绿色，光滑，常被白粉，无毛。**叶：**奇数羽状复叶对生，小叶3~5（~7），卵状椭圆形，长6-10cm，缘有3~5不规则粗齿，基部楔形。顶生小叶柄长2~3cm，侧生小叶柄短，总叶柄长5.5~7cm。**花：**雌雄异株，雄花序成聚伞状，雌花序总状下垂，雄蕊5~6，具细长花丝，子房红色，无花瓣。**果实：**果翅狭长，3~4cm，两翅呈锐角向内弯曲。**花果期：**花期4~5月，果期9月。**分布：**原产北美，我国华北、东北、华东有栽培。

快速识别要点

　　树皮灰色，浅纵裂；一年生枝绿色，光滑，被白粉；小叶3~5（~7），卵状椭圆形，缘有3~5不规则粗齿；果翅狭长，两翅呈锐角向内弯曲。

	相似特征	不同特征		
金叶复叶槭	 羽叶	 树皮黄褐或灰褐色，平滑	 小叶3~7，叶黄绿色，叶稍短	 果向内弯曲呈圈形
复叶槭	 羽叶	 树皮灰色，具浅纵裂	 小叶3~5，叶绿色，叶稍长	 翅果成锐角，向内弯曲

建始槭 VS 复叶槭

建始槭（三叶槭） *Acer henryi* Pax　槭树属

树形

叶正面

叶背面

果

树皮

形态：落叶乔木，高达 10m，树冠开展。**树皮：**灰褐色，平滑。**枝条：**嫩枝紫绿色，有柔毛。**叶：**三出复叶对生，小叶椭圆形或长圆状椭圆形，长 6~12cm，宽 3~5cm，全缘或近端部具 3~5 疏钝齿；叶先端渐尖，基部楔形，顶生小叶柄长约 1cm，侧生小叶柄短；叶背脉腋被毛，侧脉 11~13 对，总叶柄长 5~8cm。**花：**总状花序下垂，长 7~9cm，具柔毛，花近无梗，单性异株，花瓣短于萼片或不发育，萼片卵形。**果：**翅果嫩时浅紫色，熟时黄褐色，长约 2.5cm，夹角小，果柄短。**花果期：**花期 4 月，果期 9 月。**分布：**我国晋、豫、陕、甘、苏、浙、皖、湘、鄂、川、滇等地。

快速识别要点

　　落叶乔木。三出复叶对生，小叶椭圆形或长圆状椭圆形；总状花序下垂，单性异株；翅果嫩时浅紫色，熟时黄褐色，夹角小。

	相似特征	不同特征			
建始槭	 叶	 树皮灰褐色，平滑	 小枝红褐色	 小叶基部全缘，中上部具 3~5 疏钝大齿	 果翅成钝角，翅淡红色
复叶槭	叶	 树皮灰褐色，浅纵裂	小枝绿色	 叶中上部具缺刻状大齿	果翅呈锐角，内弯狭长，翅绿色

血皮槭 vs 三花槭

血皮槭 *Acer griseum* (Franch.) Pax 槭树属

树形

叶

花

树皮

形态: 落叶乔木, 高达 20m, 树冠卵圆形。**树皮:** 红褐色, 光滑或薄片脱落。**枝条:** 小枝淡紫色, 密被淡黄色长柔毛。**叶:** 三出复叶, 小叶椭圆形或长圆状椭圆形, 长 5.5~8cm, 宽 3~5cm, 先端钝尖, 基部楔形, 顶生小叶柄长约 1cm; 侧生小叶基斜偏, 柄短, 长约 3mm。嫩叶被柔毛, 叶背被黄色疏柔毛, 脉上更密; 侧脉 9~11 对, 总叶柄长 2~4cm, 嫩柄密被白柔毛。**花:** 聚伞花序, 具花 3 朵。萼片长圆状卵形, 花瓣长圆状倒卵形, 总花梗长约 1cm。**果实:** 翅果长约 3.5cm, 翅成直角或近锐角, 果核黄褐色, 凸起, 密被黄色绒毛。**花果期:** 花期 4 月, 果期 9 月。**分布:** 我国豫、陕、鄂、川等地。

快速识别要点

　　落叶乔木。树皮红褐色, 光滑或薄片脱落; 小枝淡紫色, 密被淡黄色长柔毛; 三出复叶, 小叶椭圆形或长圆状椭圆形, 嫩叶、叶柄密被白色长柔毛; 翅果成直角或近锐角, 密被绒毛。

三花槭 (拧筋槭) *Acer triflorum* Komarov 槭树属

树形

叶

果

形态: 落叶乔木, 高达 25m。**树皮:** 褐色, 呈薄片脱落。**枝条:** 小枝紫色或淡紫色, 幼枝疏生毛。**叶:** 三出复叶, 小叶卵状椭圆形, 稀椭圆状倒卵形, 长 7~9cm, 宽 2.5~3.5cm; 中上部有 2~3 钝齿, 稀全缘; 叶先端锐尖, 顶小叶柄长 6~7mm, 侧生小叶柄极短, 长 1~2mm; 背脉有疏毛, 渐脱落, 叶面中脉稍凹, 侧脉 11~13 对, 叶柄长 6~7cm; 淡紫色, 无毛。**花:** 伞房状花序, 具花 3 朵; 花小, 黄绿色, 花梗长约 1cm。**果实:** 翅果有毛, 长约 4.5cm, 翅展开呈锐角或近直角。**花果期:** 花期 4 月, 果期 9 月。**分布:** 我国东北地区, 华北地区有栽培。

树皮

快速识别要点

　　落叶乔木。树皮褐色, 呈薄片爆皮或剥落; 三出复叶, 小叶卵状椭圆形, 中上部有 2~3 钝齿; 无毛或幼叶被疏毛; 翅果有毛, 翅展开呈锐角或近直角。

	相似特征	不同特征			
		树皮	小枝	叶	果
血皮槭	树皮	 树皮红褐色, 光滑或薄片脱落	 小枝密被淡黄色长柔毛	叶稍短, 齿稍大, 叶柄被长柔毛	 果较细瘦
三花槭	树皮	树皮褐色, 呈薄片爆皮或剥落	小枝无毛, 或幼枝疏生毛	叶稍长, 齿稍小, 幼叶无毛或叶柄被疏毛	果较肥大

三角槭 VS 纳雍槭

三角槭（三角枫） *Acer buergerianum* Miq. 槭树属

树形

叶 　 树皮

花 　 果

形态： 落叶乔木，高达 20m，树冠长圆状卵形。**树皮：** 灰褐色或褐色，薄条片状脱落，内皮黄褐色。**枝条：** 小枝近无毛。**叶：** 叶倒卵形至卵形，长 6~10cm，叶基部近圆形或楔形，端部 3 裂，裂片前伸，中裂片三角状卵形，侧裂片三角形；全缘或具不规则钝齿，叶背有白粉，基脉 3，叶柄长 3~5cm，浅紫绿色。**花：** 伞房花序顶生，萼片、花瓣各 5；萼片黄绿色；卵形；花瓣淡黄色，窄披针形或匙状披针形。**果：** 翅果，果翅成钝角或近直立，幼果脊浅粉色，成熟果黄绿色，长 2~3cm。**花果期：** 花期 4 月，果期 8 月。**分布：** 我国鲁、豫、苏、浙、皖、赣、鄂、湘、黔、粤等地。

快速识别要点

　　落叶乔木。叶片 3 裂、裂片三角形，故名三角槭。树皮灰褐色或褐色，薄条片状脱落，内皮黄褐色；叶倒卵形，基部近圆形或楔形，端部 3 裂，裂片前伸，中裂片三角状卵形，侧裂片三角形。

纳雍槭 *Acer nayongense* Fang 槭树属

树形

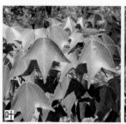

叶 　 花

树皮

形态： 落叶乔木，高达 15m。**树皮：** 深褐色，平滑。**枝条：** 小枝较细，红褐色。**叶：** 叶卵形，叶基部近圆形或平截，长 8~10cm，宽 9~10cm；3 裂，裂片卵形或三角状卵形，先端渐尖或尾状尖；全缘或近端部有浅齿，叶柄长 3.5~7cm。**花：** 圆锥花序顶生，长 5~7cm；萼片黄绿色，卵状长圆形；花瓣白色，长圆形。**果：** 核果卵圆形或卵状长圆形，凸起，具网脉，翅果长 2~3cm，果翅近水平。**花果期：** 花期 4 月，果期 9 月。**分布：** 我国鄂、湘、川、甘、黔、滇、桂、粤等地。

快速识别要点

　　落叶乔木。叶卵形，叶基部近圆形或平截 3 裂，裂片卵形或三角状卵形，先端渐尖或尾状尖，全缘或近端部有浅齿；果翅近水平。

相似特征	不同特征	
叶形	叶	花

三角槭

叶形

叶片 3 裂出现在上部，裂片较小

伞房花序顶生

纳雍槭

叶形

叶片 3 裂出现在中上部，裂片较大

圆锥花序顶生

青楷槭 VS 来苏槭

青楷槭 *Acer tegmentosum* Maxim. 槭树属

树皮

叶

花

果

形态: 落叶乔木, 高达 15m。**树皮:** 灰绿色, 平滑。**枝条:** 大枝黄绿或灰褐色, 小枝绿紫色或紫色。**叶:** 单叶互生, 纸质, 近圆形或卵形, 3~5 掌状浅裂, 裂片阔三角形; 缘有钝尖重锯齿, 脉腋有淡黄色丛毛; 叶长 10~12cm, 宽 7~9cm; 基脉 5, 侧脉 7~8 对, 叶柄长 4~7cm, 托叶披针形, 粉红色。**花:** 总状花序多花, 花杂性, 雄花与两性花异株; 萼片、花瓣各 5, 萼片长圆形, 花瓣倒卵形, 具雄蕊 8; 有花盘, 花黄绿色。**果:** 翅果长 2.5~3cm, 黄褐色; 果翅成钝角或近水平, 长为果体的两倍, 果柄长约 5mm。**花果期:** 花期 4~5 月, 果期 9 月。**分布:** 我国东北地区及冀、鲁等地。

快速识别要点

落叶乔木。树皮灰绿色, 平滑; 叶近圆形或卵形, 3~5 浅裂, 裂片阔三角形, 缘有钝尖重锯齿; 总状花序多花, 花杂性, 异株; 果翅成钝角或近于水平。

来苏槭 *Acer laisuense* Fang & W. K. Hu 槭树属

树形

叶

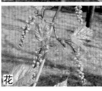

花

树皮

果

形态: 落叶乔木, 高达 12m。**树皮:** 绿褐色至深褐色, 平滑。**枝条:** 小枝较细, 紫绿色。**叶:** 单叶互生, 卵形或近圆形, 叶长 10~12cm, 宽 7~11cm; 叶基心形, 5 浅裂, 中裂片尾尖, 侧裂片较小, 基裂片小或大齿状, 叶缘具不规则钝齿, 脉腋被丛毛; 侧脉 8~9 对, 叶柄长 4~5cm, 红绿色。**花:** 总状花序, 具多花, 有花盘, 淡绿色。**果:** 翅果长 2~2.3cm, 嫩果紫绿色, 熟时淡黄色, 翅展近水平。**花果期:** 花期 4~5 月, 果期 9 月。**分布:** 产于四川, 我国北方有引种。

快速识别要点

落叶乔木。树皮绿褐色至深褐色, 平滑; 叶卵形或近圆形, 5 浅裂, 中裂片尾尖, 侧裂片较小, 基裂片小或大齿状, 叶缘具不规则钝齿; 翅果嫩果紫绿色, 熟时淡黄色。

	相似特征		不同特征		
青楷槭	花序	叶形	 树皮灰绿色, 平滑	 叶近圆形或卵形, 3~5 掌状浅裂	幼果淡绿色, 熟时黄绿色
来苏槭	花序	叶形	树皮绿褐色至深褐色, 平滑	 叶卵形或近圆形5浅裂, 中裂片尾尖侧裂片较小, 基裂片小或大齿状	 幼果紫绿色, 熟时淡黄色

花序　　叶形　　　　　树皮　　　　　叶　　　　　　果

鸡爪槭 VS 红槭 VS 羽毛槭

鸡爪槭　*Acer palmatum* Thunb.　槭树属

树形

叶

果

花

形态: 落叶小乔木,高达10cm,树冠阔卵形。**树皮:** 灰色,浅裂。**枝条:** 小枝紫色较细,光滑。**叶:** 掌状5~9深裂,径5~10cm,近圆形,基部近心形或心形;裂片卵状披针形,先端渐尖或尾尖,缘有重锯齿或紧贴尖齿,叶背脉腋具白毛,叶柄长约5cm。**花:** 伞房花序顶生,花紫色,萼片卵状披针形,花瓣椭圆形或倒卵形。**果:** 翅果幼时紫红色,熟时浅黄色,长2~2.5cm,果翅展开成钝角或近水平。**花果期:** 花期4~5月,果期9~10月。**分布:** 我国鲁、豫、苏、浙、皖、赣、鄂、湘、黔等地。

快速识别要点

　　落叶小乔木。树皮灰色,浅裂;叶掌状5~9深裂,裂片卵状披针形,先端渐尖或尾尖,缘有重锯齿或紧贴尖齿;伞房花序顶生,花紫色。

红槭（红枫）　*Acer palmatum* var. *dissectum* (Thunb.) K. Koch　槭树属

树形

叶

花

形态: 落叶小乔木。**树皮:** 绿褐色。**枝条:** 紫红色,较细。**叶:** 掌状5~7深裂或全裂,径5~10cm,裂片长椭圆形,先端长尾尖,基部狭而下延,缘有紧贴尖锯齿,叶柄鲜红色,长4~5cm,叶片常年红色或紫红色。**分布:** 我国华北及华中、西北地区。

快速识别要点

　　落叶小乔木。叶片及枝条长年紫红色故名红枫。枝条紫红色,较细;叶掌状5~7深裂或全裂,裂片狭椭圆形,先端长尾尖,基部狭而下延,缘有紧贴尖锯齿,叶片常年红色。

羽毛槭（紫红鸡爪枫）　*Acer palmatum* var. *dissectum* (Thunb.) K. Koch

植株

叶枝

叶

形态: 落叶灌木或小乔木。**树皮:** 红褐色。**枝条:** 紫红色,细长略下垂。**叶:** 掌状5~7深裂,达基部,裂片狭长,叶缘具羽状细裂;叶柄红色,长约5cm,叶色常年古铜红色。**分布:** 我国华北及西北地区。

快速识别要点

　　落叶灌木或小乔木。因具羽状细裂,裂片狭长,形似羽毛,故名"羽毛槭"。枝条紫红色,细长略下垂;叶掌状5~7深裂,达基部,叶柄红色,叶色常年古铜红色。

	相似特征	不同特征		
	叶形	**树皮**	**小枝**	**叶**
鸡爪槭	叶形	树皮灰色，浅裂	小枝绿色	叶绿色，裂片卵状披针形先端渐尖或尾尖
红槭	叶形	树皮绿褐色，平滑	小枝红紫色	叶红色，裂片狭椭圆形先端长尾尖，基部狭而下延
羽毛槭	叶形	树皮灰褐色	小枝红色	叶古铜红色，5~7 深裂达基部，叶缘具羽状细裂

鸡爪槭

219

杈叶械 VS 鸡爪械

杈叶械（红色械） *Acer robustum* Pax　械树属

树形　叶正面　叶背面　树皮　果

形态：落叶乔木，高达 10m。**树皮：**灰黑色，平滑。**枝条：**小枝细无毛。**叶：**近圆形，7~9 裂，裂片长圆形或近卵形，先端尾尖，疏具不规则尖齿，基部近心形或平截，叶长 6~8cm，宽 7~12cm；背脉腋被丛毛，叶柄长约 5cm。**花：**顶生伞房花序，萼片紫色，卵形或长圆形，花瓣淡绿色，长圆形，无毛。**果：**果核淡黄绿色，椭圆形，果翅浅红色，翅果长约 4cm，翅近水平。**花果期：**花期 5 月，果期 9 月。**分布：**我国豫、陕、甘、鄂、川、滇等地。

快速识别要点

　　落叶乔木。叶近圆形，7~9 裂，裂片长圆形，疏具不规则尖齿；顶生伞房花序，萼片紫色，花瓣淡绿色；翅果近水平。

	相似特征	不同特征		
	叶	树皮	果	叶
杈叶械	叶	树皮灰黑色，平滑	果翅淡红色较长，呈钝角	叶裂片具不规则尖锯齿
鸡爪械	叶	树皮灰褐色，浅纵裂	果翅黄绿色较短，近水平	叶裂片具重锯齿

欧洲七叶树 VS 日本七叶树

欧洲七叶树 *Aesculus hippocastanum* L. 七叶树属

树形

叶

花

果

树皮

形态: 落叶乔木, 高达 30m, 树冠卵形。**树皮:** 浅灰色, 平滑。**枝条:** 小枝淡绿色或淡紫绿色, 下部枝下垂, 嫩枝被棕色柔毛。**叶:** 掌状复叶, 小叶 5~7, 倒卵形, 长 10~25cm; 先端突尖, 基部楔形, 缘有不整齐重锯齿, 叶背绿色, 近基部被锈色绒毛, 侧脉约 18 对, 近无叶柄。**花:** 圆锥花序顶生, 长 10~25cm, 花径约 2cm; 花瓣 4~5, 白色, 有红色斑纹, 花萼外被绒毛。**果:** 蒴果近球形, 果皮有刺, 刺长 1cm, 径约 6cm, 褐色。**花果期:** 花期 5~6 月, 果期 9 月。**分布:** 原产巴尔干半岛。我国京、杭、沪、鲁等地有栽培。

快速识别要点

落叶乔木。掌状复叶, 小叶 5~7, 倒卵形, 近无叶柄, 侧脉约 18 对; 花序长 10~25cm, 花瓣 4~5, 白色, 有红色斑纹。

日本七叶树 *Aesculus turbinata* Bl. 七叶树属

树形

叶

树皮

花

形态: 落叶乔木, 高达 30m。**树皮:** 灰色, 浅纵裂。**枝条:** 小枝淡绿色, 被柔毛。**叶:** 掌状复叶, 小叶 5~7, 多 5, 长圆状倒卵形, 长 20~25cm; 中间小叶比基部小叶大 2 倍以上, 先端突尖, 基部狭楔形, 缘有不整齐重锯齿; 叶背粉绿色, 稍被白粉, 脉腋有簇生毛; 侧脉约 20 对, 小叶近无柄。**花:** 圆锥花序顶生, 长 15~25cm, 花径约 1.5cm, 花瓣 4~5, 白色或淡黄色, 带红斑, 花萼被毛。**果:** 蒴果倒卵形, 径约 5cm, 深棕色, 被疣状凸起。**花果期:** 花期 5~7 月, 果期 9 月。**分布:** 原产日本。我国鲁、京、沪、苏等地有栽培。

快速识别要点

落叶乔木。掌状复叶, 小叶 5~7, 长圆状倒卵形, 长 20~25cm, 中间小叶比基部小叶大 2 倍以上, 近无柄, 侧脉约 20 对; 花序长 15~25cm。

	相似特征	不同特征		
欧洲七叶树	 复叶 掌状复叶	 树皮 树皮浅灰色, 平滑	 复叶 中间小叶比基部小叶大 1 倍左右	 小叶 小叶倒卵形
日本七叶树	 掌状复叶	 树皮灰色, 浅纵裂	 中间小叶比基部小叶大 2 倍以上	 小叶长圆状倒卵形

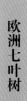

七叶树 VS 天师栗

七叶树（梭椤树） Aesculus turbinata Blume 七叶树属

树形

叶

花

形态：落叶乔木，高达 25m，树冠长圆球形。**树皮：**深褐或灰褐色，纵裂。**枝条：**小枝无毛，粗壮，顶芽发达。**叶：**掌状复叶，小叶 5~7，长圆状倒披针形或倒卵状长椭圆形，长 8~16cm，宽 3~5cm；先端渐尖，基部楔形，缘有细齿；侧脉 13~17 对，叶柄长 10~12cm，中央小叶柄长 1.5cm，两侧小叶柄约 1cm。**花：**顶生圆柱状圆锥花序，长 21~25cm，近无毛，小花序具 5~10 花，长 2~2.5cm，花梗长 2~4mm，花萼管状钟形，先端 5 裂，花瓣 4，白色，雄蕊 6。**果实：**蒴果球形或倒卵形，径 3~4cm，无刺无突尖，果核厚 5~6mm，种子 1~2，近球形，栗褐色，种脐约占种子的 1/2。**花果期：**花期 4~5 月，果期 9~10 月。**分布：**产于我国黄河中下游。

快速识别要点

落叶乔木。树皮灰褐色纵裂；掌状复叶，小叶 5~7 长圆状披针形；圆锥花序长 21~25cm；蒴果球形，端无尖。

天师栗 Aesculus wilsonii Rehd. 七叶树属

树形

叶

花

形态：落叶乔木，高达 20m，树冠椭球形。**树皮：**灰褐色，平滑，呈薄片脱落。**枝条：**小枝紫褐色，嫩时密被长柔毛，后脱落。**叶：**掌状复叶，小叶 5~7(9) 枚，叶柄长 10~15cm；小叶长圆状倒卵形至长圆状倒披针形，长 10~25cm，宽 4~8cm，先端渐尖，基部宽楔形或圆，缘有细齿稍内弯，侧脉 20~25 对；小叶柄长 1.5~2.5cm，微被柔毛。**花：**圆锥花序顶生，较粗长，密被毛，长 22~30cm，基部径 10~12cm；雄花多生于花序上部，两性花生于下部；花萼管状，花瓣 4，白色芳香，雄蕊 7。**果实：**蒴果卵球形，长 3~4cm 果顶有尖头，果壳薄，黄褐色，种子 1(2)，近球形，径 3~3.5cm；栗褐色，种脐约占种子的 1/3 以下。**花果期：**花期 5 月，果期 9~10 月。**分布：**产于我国华中、西南等地。

快速识别要点

落叶乔木。树皮灰褐色，平滑；小枝紫褐色，掌状复叶，小叶 5~7 长圆状倒卵形，圆锥花序长 10~25cm；蒴果球形，端有尖头。

相似特征	不同特征		
七叶树 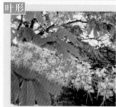 叶形	 树皮 树皮深褐色，纵裂	 花 花序稍短，花冠雄蕊 6	 果 果近球形，果端无尖头
天师栗  叶形	 树皮灰褐色，平滑	 花序稍长，花冠雄蕊 7	 果球形或卵圆形，果顶有突尖

红肤杨 VS 青肤杨

红肤杨（旱倍子） *Rhus punjabensis* var. *sinica* (Diels) Rehd. & Wils. 盐肤木属

叶

花

果

树皮

形态：落叶乔木，高达 15m，树冠圆头形。**树皮：**灰褐色，浅纵裂。**枝条：**较粗短，小枝被微柔毛。**叶：**奇数羽状复叶，小叶 6~13，叶轴上部时具极窄翅，长圆形或长圆状披针形，长 5~12cm，宽 2.5~4cm；无柄，全缘，先端渐尖，基部圆，侧脉 18~20 对。**花：**圆锥花序顶生，花序长 15~20cm；花杂性，白色，花瓣长圆形，长约 2mm，花时先端外卷，花盘紫红色；雌蕊长，白色，花药紫红色。**果：**核果期时红色，球形，径约 4mm。**花果期：**花期 5~6 月，果期 8~9 月。**分布：**我国滇、黔、湘、鄂、陕、甘、川、藏等地。

快速识别要点

落叶乔木。奇数羽状复叶，小叶 6~13，叶轴上部时具极窄翅，长圆形或长圆状披针形，全缘，先端渐尖，基部圆；圆锥花序顶生，花杂性，白色，花瓣长圆形，花药紫红色。

青肤杨 *Rhus potaninii* Maxim. 盐肤木属

树形

果

叶

花

形态：落叶乔木，高达 11m，树冠卵圆形。**树皮：**浅纵裂。**小枝：**无毛。**叶：**奇数羽状复叶，小叶 7~9，卵形至卵状椭圆形，长 6~12cm，宽 3~5cm，先端渐尖，基部近圆，常偏斜，全缘，或幼树叶有粗齿，两面中脉具疏毛，小叶柄短，叶轴上端时有窄翅。**花：**顶生圆锥花序，长 10~20cm，被微柔毛，花小白色，密生柔毛，花瓣卵状长圆形，花时先端外卷。**果实：**核果深红色，近球形，径 3~4mm，密生毛。**花果期：**花期 5~6 月，果期 8~9 月。**分布：**我国华北、西南地区及甘、陕等地。

快速识别要点

落叶乔木。奇数羽状复叶，小叶 7~9，卵形至卵状椭圆形；顶生窄圆锥花絮；核果深红色。

相似特征		不同特征		
		叶	花序	果
红肤杨	羽叶  羽叶	果  果	小叶长圆形或长圆状披针形，侧小叶无柄，叶基稍偏斜	花序稍长  果在枝上留存时间短
青肤杨	羽叶  羽叶	果 果	叶卵形或卵状椭圆形，侧小叶具短柄，叶基偏斜	花序稍短    果在枝上留存时间长

臭檀 VS 青肤杨

臭檀 *Evodia daniellii* (Benn.) Hemsl.　吴茱萸属

树形

叶

花

形态：落叶乔木，高达 18m，胸径 1m，树冠阔卵形。**树皮**：灰色或暗黑色，平滑。**叶**：奇数羽状复叶，小叶 3~11（5~9），宽卵状至卵状椭圆形，长 6~15cm，宽 3~7cm，先端渐尖或短渐尖，基部宽楔形，缘具圆钝齿；叶面无毛，叶背脉具长毛，具稀疏油腺点，叶柄短。**花**：顶生聚伞圆锥花序，花小而多，单性异株，白色，5 基数，有臭味。**果实**：聚合蓇葖果，5 瓣裂，红色或紫红色，径 6~7mm，顶端有喙状尖，每瓣含 2 粒种子，黑色。**花果期**：花期 6~7 月，果期 9~10 月。**分布**：我国华北地区及辽、陕、甘、皖、苏等地。

快速识别要点

落叶乔木。树皮暗灰色，平滑；奇数羽状复叶，小叶 3~9 宽卵至卵状椭圆形；顶生聚伞状圆锥花絮。

	相似特征		不同特征		
	叶形	果	树皮	花	叶
臭檀	叶形	果	树皮暗灰色，平滑	顶生聚伞状圆锥花序	叶缘有钝齿
青肤杨	叶形	果	树皮灰色纵裂	顶生窄圆锥花序	叶全缘

红肤杨 VS 木蜡树

木蜡树 *Toxicodendron sylvestre* (Sieb. & Zucc.) O. Kuntze　漆树属

树形 / 树皮 / 叶 / 花

形态：落叶乔木，高达 10m。**树皮**：灰色，浅裂。**枝条**：枝内无漆液，幼枝被黄褐色绒毛。**叶**：奇数羽状复叶，小叶 7~13；叶轴、叶柄红色，密被黄褐毛；小叶卵状长圆形，长 4~10cm，宽 2~4cm；先端渐尖或尖，基部宽楔形或圆，全缘；侧脉 16~25 对，叶背面密生毛，无柄或近无柄。**花**：圆锥花序腋生，长 8~15cm，密被褐色毛，花黄绿色；花瓣长圆形，长 1.6mm，具暗褐色脉纹。**果**：核果扁斜，径约 7mm，熟时不裂，淡棕黄色。**花果期**：花期 5 月，果期 6~7 月。**分布**：我国秦岭淮河以南地区，以长江以南分布较多。

快速识别要点

落叶乔木。奇数羽状复叶，小叶 7~13，叶轴、叶柄红色，小叶卵状长圆形，全缘；圆锥花序腋生，密被褐色毛，花黄绿色。

	相似特征	不同特征			
	叶	树皮	叶轴	花序	小枝
红肤杨	叶	树皮深灰褐色，块状纵裂	羽叶叶轴绿带褐色，无毛	圆锥花序顶生	小枝红褐色
木蜡树	叶	树皮灰色，浅裂	羽叶叶轴红色，具柔毛	圆锥花序腋生	小枝灰褐色

漆树 VS 青肤杨

漆树 *Toxicodendron verniciifluum* (Stokes) F. A. Barkley　漆树属

树形

树皮

叶

果

形态: 落叶乔木,高达 20m,胸径 80cm,树冠卵形。**树皮:** 灰白色,浅纵裂。**枝条:** 小枝淡黄或灰色,枝内有漆液,嫩枝有棕黄色短柔毛。**叶:** 奇数羽状复叶互生,小叶 7~13,卵形或卵状椭圆形,长 6~13cm,宽 3~6cm,全缘,先端尖,基部斜圆或宽楔形,侧脉 9~15 对,叶背沿中脉有黄色柔毛,叶柄长 4~7mm。**花:** 圆锥花序腋生,花序长 15~25cm,花黄绿色,花瓣长圆形,花时外卷,花盘 5 浅裂。**果:** 核果卵圆形,径 7~8mm,熟时黄色,不裂。**花果期:** 花期5~6 月,果期 7~10 月。**分布:** 我国冀、晋、陕、豫、鲁、苏、浙、闽、皖、湘、鄂、川、黔、滇、桂、粤等地。

快速识别要点

　　落叶乔木。小枝淡黄或灰色,枝内有漆液,嫩枝有黄柔毛;圆锥花序腋生,花黄绿色;核果卵圆形,熟时黄色。

	相似特征	不同特征		
	羽叶	叶	花	果
漆树	 羽叶	 小叶柄稍长	 圆锥花序腋生,花黄绿色	 核果熟时黄色,早落
青肤杨	 羽叶	 小叶柄短	 圆锥花序顶生,花白色	 核果熟时深红色,宿存

火炬树 VS 裂叶火炬树

火炬树（鹿角漆） *Rhus typhina* Linn. 盐肤木属

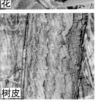

形态： 落叶小乔木，高达 8m，或呈灌木状，干较弯曲。**树皮：** 灰褐色，薄片状浅纵裂。**枝条：** 小枝密生绒毛，分枝较少。**叶：** 奇数羽状复叶互生，小叶 15~31，长椭圆状披针形，长 6~13cm；先端长渐尖，基部圆或宽楔形，缘有锯齿，侧脉 14~16 对，基部稍偏斜，无叶柄，叶轴无翅。**花：** 雌雄异株，顶生圆锥花序，花淡绿色，密生毛，花瓣 5，雄花有 5 雄蕊，雌花子房一室；花柱 3，基部连合，萼片 5。**果：** 聚花状核果，密集成火炬形，熟时深红色，密生毛，核果球形。**花果期：** 花期 7~8 月，果期 9~10 月。**分布：** 原产北美洲。我国引种多年，主要分布于华北地区。

快速识别要点

落叶小乔木。聚花状核果集成圆锥状火炬形，深红色，故名火炬树。分枝较少；奇数羽状复叶，具小叶 15~31，长椭圆状披针形，无叶柄。

裂叶火炬树 *Rhus typhina* 'Dissecta' 盐肤木属

形态： 落叶灌木，茎干弯曲。**树皮：** 灰褐色，粗糙无裂。**枝：** 较粗壮，弯曲。**叶：** 奇数羽状复叶，较长、大，小叶 15~25 对，长披针形，先端渐尖，基部楔形或宽楔形，羽状深裂至浅裂，基部 1~2 对裂片深裂，裂成小叶，披针形中上部中裂至浅裂，叶柄短。**花：** 顶生圆锥花序，花密生毛。**果：** 聚花状核果，熟时紫红色，呈不规则火炬状。**花果期：** 花期 7~8 月，果期 9~10 月。**分布：** 原产北美洲，我国引种栽培。我国主要分布于华北地区。

快速识别要点

落叶灌木。羽叶长、大，小叶为裂叶，故名裂叶火炬树。小叶长披针形，基部 1~2 对裂片深裂或裂成披针形小叶，中上部中裂至浅裂。

相似特征	不同特征		
 火炬树  果序	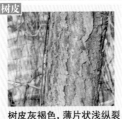 树皮灰褐色，薄片状浅纵裂	 叶较短小，叶缘有锯齿	 果较密集规则
裂叶火炬树 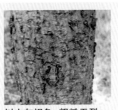 果序	 树皮灰褐色，粗糙无裂	叶长大，浅裂至深裂	果较疏散，不规则

黄栌 VS 毛黄栌

黄栌 *Cotinus coggygria* Scop. 黄栌属

树形

叶

花

树皮

形态: 落叶乔木或灌木状,高达5m,树冠近圆形。**树皮:** 灰褐色,浅纵裂纹。**枝条:** 开展,较细。**叶:** 卵圆形或圆形,长3~8cm,宽2.5~6cm,先端钝或圆,基部圆或宽楔形,全缘;叶背面具柔毛,侧脉7~9对,叶柄长1.5~2cm,带红色。**花:** 顶生圆锥花序,被柔毛,花黄绿色,萼片5;花盘环状,花瓣5,卵形或卵状披针形,不育花梗伸长为羽毛状。**果:** 肾形。**花果期:** 花期6~8月,果期7~9月。**分布:** 我国冀、鲁、豫、鄂、川等地。

快速识别要点

　　落叶乔木或灌木状。树皮灰褐色,浅纵裂纹;叶卵圆形,长3~8cm,宽2.5~6cm,先端钝或圆,基部圆或宽楔形,全缘;顶生圆锥花序,花黄绿色。

毛黄栌 *Cotinus coggygria* var. *pubescens* Engl. 黄栌属

树形

叶枝

形态: 落叶灌木或小乔木,高达5~8m,树冠圆球形。**树皮:** 灰褐色,浅纵裂。**枝条:** 枝红褐色。**叶:** 单叶互生,叶纸质,卵圆形或倒卵形,长3~8cm,宽2.5~7cm;先端圆或微凹,基部圆或宽楔形,全缘,两面被灰色柔毛,羽脉二叉状,叶柄短。**花:** 顶生圆锥花序,花杂性,花梗细长,多数不孕花后花梗增长,呈紫色羽毛状,密布于花序上,种子分散于其间。**果:** 肾形,核果小。**花果期:** 花期4~5月,果期6~7月。**分布:** 我国冀、鲁、豫、鄂、川等地。

快速识别要点

　　落叶灌木或小乔木。灰褐色,浅纵裂,卵圆形或倒卵形,羽脉二叉状7~8;顶生圆锥花序,花杂性。

相似特征	不同特征		
 树皮	叶 	花 	树皮 
黄栌 树皮	叶卵圆形,先端钝或圆	顶生圆锥花序,花黄绿色	树皮灰褐色,浅裂纹
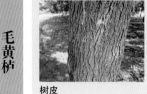 **毛黄栌** 树皮	 叶阔椭圆形或圆形	 顶生圆锥花序,多数不育花梗增长呈紫色羽毛状	 树皮深灰褐色,浅纵裂

连香树 VS 毛黄栌

连香树 *Cercidiphyllum japonicum* Sieb. & Zucc.　黄栌属

树形

叶

花

形态： 落叶乔木，高达 25m，胸径 1m，树冠阔卵形。**树皮：** 淡灰色，老树灰褐色，纵裂，呈薄片脱落。**枝条：** 小枝褐色，皮孔明显，髓心小、圆形，白色。**叶：** 单叶对生，广卵圆形至圆形，长 4~7.5cm；叶正面深绿，叶背面粉绿，5~7 掌状脉，先端圆或钝尖，短枝叶基部心形，长枝叶基部圆或宽楔形，具圆钝齿，叶柄长 1~3cm。**花：** 花单性异株，无花被，簇生叶腋，先叶开放或与叶同放。**果：** 聚合蓇葖果圆柱形，微弯，长 0.8~1.8cm，暗紫褐色，种子连翅长 5~6cm。**花果期：** 花期 4~5月，果期 8月。**分布：** 我国皖、浙、赣、陕、甘、晋、川、鄂等地。

快速识别要点
　　落叶乔木。树皮淡灰色，薄片状脱落；叶广卵圆形至圆形，5~7 掌状脉；花单性异株，无花被。

	相似特征	不同特征	
连香树	 叶形	 树皮浅灰色，纵裂	 花单性腋生，无花瓣，花丝纤细红色
毛黄栌	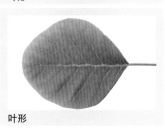 叶形	 树皮褐灰色，细裂	 花杂性，花梗细长，呈紫色羽毛状

229

香椿 VS 黄连木

黄连木 *Pistacia chinensis* Bunge 黄连木属

树形

叶

花

形态： 落叶乔木，高达 25m，胸径 1m。**树皮：** 裂成小方块状。**枝条：** 小枝有柔毛，冬芽红褐色。**叶：** 偶数羽状复叶互生，小叶 5~7 对，卵状披针形至披针形，长 5~10cm，宽 1.5~2.5cm；先端渐尖，基歪斜，一边圆，一边窄楔形；叶柄短，1~2mm，全缘。**花：** 花先叶开放；雄花序紧密，长 6~7cm，成密总状花序；雌花序疏散，长 15~20cm，成腋生圆锥花絮；雄花花被片 2~4，雌花花被片 7~9，花小，单性异株。**果：** 核果球形，径 5~6mm，红、绿两色，红色果均为空粒，绿色果内含成熟种子。**花果期：** 花期 3~4 月，果期 9~11 月。**分布：** 我国分布于冀、鲁、晋、陕、粤、桂、琼、台、川、滇等地。

快速识别要点

落叶乔木。树皮裂成小方块状；偶数羽状复叶互生，小叶 5~7 对，披针形；花先叶开放，花小，单性异株，红色；核果球形，红、绿两色，红色果均为空粒。

	相似特征	不同特征		
香椿	 复叶 羽状复叶	 树皮 树皮条片状剥落	 果 木质蒴果椭圆形	 叶 叶卵状披针形
黄连木	 羽状复叶	 树皮裂成小方块状	 核果球形，红绿两色	 叶披针形

臭椿 VS 香椿

臭椿 *Ailanthus altissima* (Mill.) Swingle 臭椿属

树形

花

幼芽

果

树皮

形态: 落叶乔木, 高达 30m, 树冠阔卵形。**树皮:** 灰白色至灰黑色, 粗糙, 无裂。**枝条:** 无顶芽三叉分枝, 大枝稀疏, 小枝粗壮, 髓心较大, 芽大, 圆形菁葖状。**叶:** 奇数羽状复叶, 互生, 小叶 13~25; 对生, 卵状披针形, 长 7~15cm, 宽 2.5cm; 全缘, 先端渐尖, 基部楔形, 偏斜, 近基处有 2~4 粗齿; 齿端具腺点, 有臭味。**花:** 雌雄同株, 圆锥花序顶生, 花杂性, 黄绿色; 萼及花瓣 5~6, 雄蕊 10, 有花盘, 心皮 5, 柱头 5 裂。**果:** 翅果长约 4cm, 宽约 1cm, 浅黄色或浅红色, 纺锤形, 扁平。**花果期:** 花期 5~7 月, 果期 10 月。**分布:** 原产我国中北部, 现分布于北纬 22°~43° 的广大区域。

快速识别要点

落叶乔木。叶基齿端腺体有臭味, 故名臭椿。芽菁葖形, 顶芽三叉分枝, 小枝粗壮, 羽叶, 翅果。

香椿 *Toona sinensis* (A. Juss.) Roem. 香椿属

树形

叶

幼芽

花

果

形态: 落叶乔木, 高达 25m, 树冠卵圆形。**树皮:** 暗褐色, 长条片状浅纵裂。**枝条:** 小枝粗壮, 被白粉, 叶痕大。**叶:** 偶数羽状复叶, 互生, 小叶 10~20, 广披针形或长椭圆形, 长 8~15cm, 宽 3~4cm; 全缘或有隐钝锯齿, 先端长渐尖, 基部不对称, 搓碎有香味。**花:** 圆锥花序顶生, 较松散, 下垂; 花白色, 芳香, 花瓣 5, 子房 5 室。**果:** 蒴果椭圆形或椭圆状倒卵形, 黄褐色, 长 1.5~2.5cm, 5 裂, 状似子弹头。**花果期:** 花期 5~6 月, 果期 10~11 月。**分布:** 我国分布地域广阔, 自辽南至粤、桂、滇、黔均有栽培, 以华北地区最多。

快速识别要点

落叶乔木。偶数羽状复叶; 圆锥花序下垂; 蒴果状似子弹头; 叶有清香味, 故名香椿。

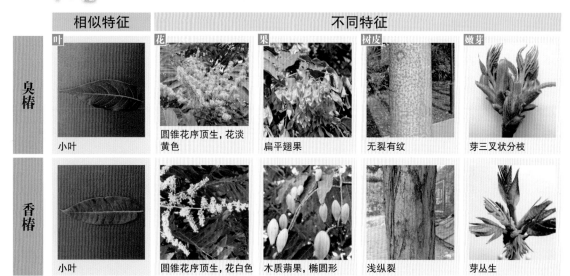

	相似特征	不同特征			
	叶	花	果	树皮	嫩芽
臭椿	小叶	圆锥花序顶生, 花淡黄色	扁平翅果	无裂有纹	芽三叉状分枝
香椿	小叶	圆锥花序顶生, 花白色	木质蒴果, 椭圆形	浅纵裂	芽丛生

千头椿 VS 红叶臭椿 VS 臭椿

千头椿 *Ailanthus altissima* 'Qiantou' 臭椿属

叶枝

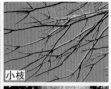

小枝

树皮

形态：落叶乔木，高达 25m，树冠圆球形、伞形或倒三角形。**树皮：**灰褐色，平滑或具裂纹。**枝条：**直立较臭椿稍细，节间长，分枝多，枝条梢部腋芽饱满而密集。**叶：**奇数羽状复叶互生，小叶 13~20，卵状披针形至椭圆状披针形，比臭椿叶略小，腺齿不明显，全缘，多为雄株。**分布：**我国华北、西北、东北南部地区。

快速识别要点

　　落叶乔木。树冠球形、伞形或倒三角形，较臭椿稍细，节间长，分枝多，枝条梢部腋芽饱满而密集。

红叶臭椿 *Ailanthus altissima* 'Purpurata' 臭椿属

树形

叶

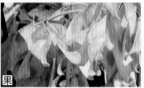

果

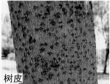

树皮

形态：落叶乔木，高达 15m，树冠宽卵形或半球形。**树皮：**灰褐色，光滑。**枝条：**较粗壮。**叶：**奇数羽状复叶互生，小叶 13~23，卵状披针形，长 7~15cm；叶色自展叶至 7 月份均为红色。**花：**圆锥花序顶生。**果：**翅果扁平，黄色略带红晕。**花果期：**花期 6~7 月，果期 9~10 月。**分布：**我国华北、东北地区。

快速识别要点

　　落叶乔木。树冠宽卵形或半球形；小枝较粗壮；叶色自展叶至 7 月份均为红色。

相似特征	不同特征		
叶	小枝	叶	树冠
千头椿  叶	 小枝稍细，节间长	 叶绿色，腺齿不明显	 树冠球形、伞形或倒三角形
红叶臭椿  叶	 小枝较密集	自展叶至 7 月份均为红色	树冠宽卵形或半球形
臭椿  叶	小枝较粗，节间稍短	叶绿色，基部有腺齿	 树冠阔卵形

瘿椒树 VS 苦木

瘿椒树（银鹊树） *Tapiscia sinensis* Oliv.　银鹊树属

树形

叶

花枝

树皮

形态：落叶乔木，高达 25m，胸径 80cm，树冠卵圆形。**树皮：**幼树皮灰色平滑，老树皮深灰色，浅裂裂。**枝条：**小枝灰褐色，较粗壮，无毛。**叶：**奇数羽状复叶互生，叶轴常带红色，小叶 5~9，对生，卵形，长卵形或卵状披针形，长 7~14cm，宽 3~5cm；有钝齿，先端渐尖，基部圆，侧脉 6~10 对；叶正面无毛，叶背面具白粉点；顶生小叶具长柄，2~3cm，侧生小叶柄长 3~7mm。**花：**雄花与两性花异株，雄花无梗，成柔荑状，再组成圆锥复花序，长 10~20cm，生于叶腋，两性花有短梗，呈圆锥花序，长 4~8cm。**果：**果序长 10cm，核果椭圆形或近球形，长 7~8mm；红色或黑色。**花果期：**花期 5~6 月，果期 8~9 月。**分布：**我国浙、皖、鄂、湘、粤、桂、黔、滇等地。

快速识别要点

落叶乔木。奇数羽状复叶互生，叶轴常带红色，小叶 5~9，对生，卵形，长卵形或卵状披针形；花具芳香。

苦木 *Picrasma quassioides* (D. Don) Benn.　苦木属

树形

叶

树皮

花

形态：落叶小乔木，高达 10m，树冠卵球形，较整齐。**树皮：**紫褐色或黑褐色，浅纵裂，较薄。**枝条：**小枝青褐色，有明显的黄色皮孔。**叶：**奇数羽状复叶互生，小叶 9~15，卵状椭圆形或矩圆状卵形，长 4~10（~12）cm；缘有锯齿，先端渐尖，基部楔形，常不对称；秋叶变红色。**花：**腋生聚伞花序，花杂性异株，黄绿色。**果：**核果椭圆状球形或倒卵形，3~4 并生，蓝至红色。**花果期：**花期 5~6 月，果期 7~9 月。**分布：**产我国黄河流域及以南各地。

快速识别要点

落叶小乔木。树皮紫褐色或黑褐色，浅纵裂；小枝有明显的黄色皮孔；小叶卵状椭圆形，叶缘有锯齿，秋叶变红艳。

相似特征	不同特征		
瘿椒树	 羽叶	 老树皮深灰色，浅纵裂	 小叶基部不偏斜	 雄花柔荑状再组成圆锥复花序
苦木	 羽叶	 树皮紫褐色或黑褐色，浅纵裂纹	 小叶基部偏斜	 腋生聚伞花序，花黄绿色

楝树 VS 川楝

楝树 *Melia azedarach* L. 楝属

树形

花

叶

果

树皮

形态：落叶乔木，高达 20m，胸径 1m，树冠宽阔而平顶。**树皮：**暗褐色，纵裂。**枝条：**幼枝绿色，有星状毛，老枝紫褐色。**叶：**2~3 回奇数羽状复叶，长 20~30cm；小叶 3~7，长 3~7cm，宽 2~3cm，卵形至椭圆形，缘有钝齿；幼叶有星状毛，先端渐尖，基部常偏斜；侧脉 8~12 对。**花：**圆锥花序腋生，长 20~30cm；花淡紫色，芳香，花萼 5~6 瓣裂，花瓣 5~6，离生；雄蕊 10~12，花丝联合成筒状，紫色，顶端有 10~20 齿裂。**果：**核果球形，熟时黄色，径 1~1.5cm，冬季宿存枝上，4~5室，每室有种子 1 枚。**花果期：**花期 4~5 月，果期 10~12 月。**分布：**我国分布于黄河流域以南，晋、冀、鲁、豫、陕、甘及长江流域各地，粤、桂、闽、台也有分布。

快速识别要点

　　落叶乔木。褐皮、卵叶、紫花、圆果为主要特征。树皮暗褐色，纵裂；小叶卵形至椭圆形，基部常偏斜；花呈筒状，紫色；核果球形，径 1~1.5cm。

川楝 *Melia toosendan* Sieb. & Zucc. 楝属

树形

叶

花

果

树皮

形态：落叶乔木，高达 15m，胸径 60cm，树冠卵圆形或半球形。**树皮：**黑褐色，浅纵裂，幼树皮淡褐色，有白色皮孔，较平滑。**枝条：**幼枝密被星状鳞片，后脱落，上部呈红褐色。**叶：**2 回奇数羽状复叶，小叶 7~9，椭圆状披针形或卵形，长 3~10cm，宽 2~4cm；先端渐尖，基部圆形，较偏斜，全缘或部分有疏齿；侧脉 12~14 对。**花：**圆锥状聚伞花序腋生，被白色小鳞片，萼片披针形，外被疏毛；花筒紫色，花药 10，子房 6~8 室。**果：**核果椭圆形或近球形，黄白色，内果皮坚硬，木质，有棱。种子 3~5粒，长椭圆形，黑色。**花果期：**花期 4(~5)月，果期 10~11 月。**分布：**我国西南及华中地区。

快速识别要点

　　落叶乔木。老树皮浅纵裂，黑褐色，幼树皮淡褐色，有白色皮孔，较平滑；小叶椭圆状披针形或卵形，先端渐尖，基部圆形，较偏斜；核果椭圆形或近球形。

相似特征	不同特征		

| 棟树 | 
羽叶 | 
2~3 回奇数羽状复叶，具小叶 3~7 | 
小叶卵形至椭圆形，侧脉 8~12 对 | 
核果球形，径 1~1.5cm |
| 川楝 | 
羽叶 | 
2 回奇数羽状复叶，具小叶 7~9 | 
小叶椭圆状披针形或卵形，侧脉 12~14 对 | 
核果椭圆形或近球形 |

羽叶　　　羽叶　　　小叶　　　果

234

黄檗 VS 川黄柏

黄檗（黄波罗） *Phellodendron amurense* Rupr.　黄檗属

树形

叶

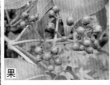
果

树皮

形态：落叶乔木，高达 20m，胸径 50cm，树冠扁球形。**树皮：**深灰或灰褐色，较厚，深纵裂；木栓层发达，内皮鲜黄色。**枝条：**小枝粗壮，棕褐色，无毛，裸芽隐于叶柄基部。**叶：**奇数羽状复叶对生，小叶 5~13，卵形至卵状披针形，长 5~12cm，宽 2.5~4.5cm；揉搓有异味，先端渐尖；基部楔形或圆，具细钝齿，柄短；叶背面中脉基部有毛。**花：**聚伞状圆锥花序顶生，花单性异株，较小，黄绿色。**果：**核果浆果状，近球形，果序疏散，果黑色，径约 1cm，干后具 5 棱。**花果期：**花期 5~6 月，果期 10 月。**分布：**我国东北、华北地区。

快速识别要点

　　落叶乔木。厚皮、羽叶、黄花、圆果为主要特征。树皮深灰或灰褐色，较厚，深纵裂，木栓层发达；奇数羽状复叶对生；聚伞状圆锥花序顶生，花小，黄绿色；核果近球形，径约 1cm。

川黄柏（黄皮树） *Phellodendron chinense* Schneid.　黄檗属

树形

叶枝

叶

树皮

形态：落叶乔木，高达 12m。**树皮：**暗灰棕色，浅纵裂。**枝条：**小枝无毛。**叶：**奇数羽状复叶对生，小叶对生 7~15 枚，长圆状披针形，长 8~13cm，宽 3.5~5cm；先端渐尖，基部楔形或斜圆，全缘或浅波状，中脉有毛，小叶柄较粗。**花：**单性异株，聚伞花序排成圆锥状。**果：**果序密集成团，序轴被毛，核果近球形，果径 1~1.5cm，熟时蓝黑色。**花果期：**花期 5~6 月，果期 10~11 月。**分布：**我国鄂、湘、川、滇等地。

快速识别要点

　　落叶乔木。树皮暗灰棕色，纵裂；小叶 7~15 枚，长圆状披针形，叶基斜楔形或斜圆，全缘或浅波状。

相似特征	不同特征	
黄檗  羽叶	 树皮深灰或灰褐色，较厚，深纵裂	 小叶卵形至卵状披针形，叶基圆，有细钝齿
川黄柏  羽叶	 树皮暗灰棕色，浅纵裂	小叶长圆状披针形，叶基斜楔形或斜圆形，全缘

番石榴 VS 柠檬

番石榴 *Psidium guajava* Linn. 番石榴属

树形

叶

花

果

树皮

形态: 常绿乔木或灌木, 高达 10m。**树皮:** 淡黄褐色, 薄鳞片状剥落后较平滑。**枝条:** 嫩枝四棱形, 有毛, 红褐色。**叶:** 单叶对生, 长椭圆形或长圆形, 长 6~12cm, 宽 4~6cm; 先端钝或急尖, 基部近圆形; 革质, 全缘, 叶正面粗糙, 叶背面有毛; 侧脉 12~15 对, 在叶背面凸出, 叶柄长约 5mm。**花:** 单生或 2~3 朵腋生, 花瓣 4~5, 白色芳香, 雄蕊多数, 离生, 花药椭圆形。**果:** 浆果球形或梨形, 果顶有宿存萼片, 长 4~8cm。**花果期:** 花期 4~6 月, 果期 8~9 月。**分布:** 原产南美洲, 我国闽、台、粤、琼、桂、滇、黔、川等地有栽培。

快速识别要点

常绿乔木或灌木。叶长椭圆形或长圆形, 革质, 全缘, 先端钝或急尖, 基部近圆形, 叶背面脉凸出; 花白色, 芳香, 花瓣 4~5; 浆果球形或梨形, 长 4~8cm。

柠檬 *Citrus limon* (L.) Burm. f. 柑橘属

树形

叶

花

树皮

形态: 常绿灌木或小乔木, 高 3~5 米。**树皮:** 褐灰色, 浅纵裂。**枝条:** 小枝带紫红色, 有枝刺。**叶:** 单叶互生, 卵状椭圆形或长卵形, 长 7~12cm; 先端钝圆基部宽楔形或近圆形, 缘有粗浅齿或近全缘, 侧脉 12~16 对; 叶柄长 3~5mm, 具窄翼, 顶端有关节。**花:** 1~2 朵腋生, 花蕾带紫色, 花瓣 3, 内面白色, 外面淡紫色, 雄蕊多数。**果:** 椭圆形, 黄色, 光滑, 两端尖, 长 5~6cm, 果皮厚, 粗糙。**分布:** 原产亚州南部。我国川、粤、琼、桂、台有栽培。

快速识别要点

常绿灌木或小乔木。叶卵状椭圆形或长卵形, 先端钝圆, 基部宽楔形或近圆形, 缘有粗浅齿或近全缘, 叶背面脉凸出; 花蕾带紫色, 花内面白色, 外面淡紫色; 果椭圆形, 长 5~6cm。

相似特征	不同特征			
叶形	**树皮**	**叶**	**花**	**小枝**

番石榴

叶形

树皮淡黄褐色, 薄鳞片状剥落后平滑

叶先端钝或急尖

花白色, 2~3 朵腋生

小枝无刺

柠檬

叶形

树皮褐灰色, 浅纵裂

叶先端钝圆

花腋生, 花瓣内面白色, 外面淡紫色

小枝有刺

花椒 VS 竹叶椒

花椒　*Zanthoxylum bungeanum* Maxim.　花椒属

树形

叶

花

果

树皮

形态: 落叶小乔木或灌木状,高3~6m。**树皮:** 灰褐色,被三角状皮刺。**枝条:** 具皮刺,较粗壮。**叶:** 奇数羽状复叶互生,小叶5~11,卵状椭圆形,基部小叶近圆形,叶长2~3cm;宽1~3cm;先端尖,基部宽楔形,缘有细齿,齿缝具油点,小叶近无柄。**花:** 聚伞状圆锥花序顶生,花小,单性,黄绿色,花被片6~8,雄蕊5。**果:** 聚合蓇葖果红色,球形,密生疣状腺体,径约5mm。**花果期:** 花期3~5月,果期7~10月。**分布:** 我国华北、西北、西南地区及长江流域均有分布。

快速识别要点

落叶小乔木或灌木。树皮灰褐色,被三角状皮刺;小叶5~11,卵状椭圆形;聚伞状圆锥花序顶生,花黄绿色,花被片6~8。

竹叶椒　*Zanthoxylum armatum* DC.　花椒属

树形

叶

果

形态: 落叶灌木或小乔木,高达5m。**树皮:** 灰褐色,具宽扁尖刺。**枝条:** 具对生皮刺,褐色。**叶:** 奇数羽状复叶,叶具窄翅,小叶3~5,卵状披针形,长5~9cm;先端尖或渐尖,基部楔形,缘具疏齿,齿间有油腺点,稀近全缘,小叶柄极短。**花:** 圆锥花序腋生,长2~5cm,具花约30朵;花黄绿色,花被片6~8,雄蕊5~6。**果:** 聚合蓇葖果紫红色,近球形,径约5mm。**花果期:** 花期4~5月,果期8~10月。**分布:** 我国产秦岭、淮河以南至华南、西南地区。

快速识别要点

落叶灌木或小乔木。因叶片似竹叶,故名"竹叶椒"。羽叶叶轴有齿,小叶卵状披针形,小叶柄极短;聚合蓇葖果紫红色,径约5mm。

相似特征	不同特征		
花椒  果	 小叶 5~11,卵状椭圆形	 叶轴无翅	 小枝绿色
竹叶椒 果	 小叶 3~5,卵状披针形	 叶轴有窄翅	 小枝褐色

五加 VS 无梗五加

五加（五加木）*Eleutherococcus nodiflorus* (Dunn) S. Y. Hu　　五加属

树形

叶

花

树皮

形态：落叶灌木，高达 3m。**枝：**呈蔓生状，较细，多下垂，分长短枝，节上具扁钩刺。**叶：**掌状复叶在长枝上互生，在短枝上簇生。小叶 5，稀 3~4，倒披针形或倒卵形，先端短渐尖；基部楔形，缘有细钝齿，叶长 3~8cm；具长柄，长 3~8cm，小叶近无柄，侧脉 4~5 对。**花：**伞形花序，2~3 生于短枝端或腋生，径 2cm，花序梗长 2~4cm，花黄绿色，子房 2 室，花柱细长；花梗细，长约 1cm。**果：**扁球形，黑色，径约 6mm。**花果期：**花期 4~7 月，果期 7~10 月。**分布：**我国陕、甘、晋、川、滇、苏、浙、闽等地。

快速识别要点

落叶灌木。枝较细，多下垂，且呈蔓生状，具长短枝，节上具扁钩刺；掌状复叶在长枝上互生，在短枝上簇生，具长柄，小叶 5，倒披针形或倒卵形，近无柄。

无梗五加（乌鸦子）*Eleutherococcus sessiliflorus* (Rupr. & Maxim.) S. Y. Hu　　五加属

树形

叶

花

果

树皮

形态：落叶小乔木，高达 5m，或灌木状。**树皮：**暗灰或灰黑色，有纵裂纹。**枝：**小枝无刺或具疏刺，刺较粗，基部宽。**叶：**掌状复叶，小叶 3~5，长 8~15cm，纸质，倒卵形或长圆状披针形，先端渐尖；基部楔形，具不齐锯齿，叶正面较粗糙，两面无毛；叶柄长 4~10cm，小叶柄长 0.3~1cm，侧脉 5~7 对，明显。**花：**头状花序组成圆锥状复花序，花瓣紫色，花柱 2，柱状，基部合生，顶端分离，花萼具 5 小齿，被白毛。花无梗，花序梗长 1~3cm，密被毛。**果：**浆果期时黑色，倒卵球状形，长 1~1.5cm，有棱。**花果期：**花期 8~9 月，果期 9~10 月。**分布：**我国东北、华北地区。

快速识别要点

落叶小乔木。小枝无刺或具疏刺；掌状复叶 3~5，倒卵形或长圆状披针形，具长柄，小叶柄长约 1cm；头状花序组成圆锥状复花序，花瓣紫色。

	相似特征	不同特征		
	复叶	小枝	叶	花序
五加	掌状复叶	小枝较细，多下垂	小叶较小而短	伞形花序
无梗五加	掌状复叶	小枝较粗，直立	小叶较大而长	头状花序组成圆锥状复花序

八角金盘 VS 通脱木

八角金盘（手树）*Fatsia japonica* (Thunb.) Decne. & Planch. 八角金盘属

植株

叶

叶枝

花序

形态：常绿灌木或小乔木，高达 5m。**树皮：**绿色。**枝条：**幼枝茎多生褐色毛，易脱落。**叶：**单叶互生，近圆形，径 13~30cm，掌状 7~9 深裂，基部心形，缘有齿，具长柄 12~30cm，基部膨大，无托叶。**花：**球状伞形花序，径 3~4cm，聚生成顶生圆锥复花序；花乳白色，较小，花瓣 5，花梗长 1~1.5cm，无关节。子房 5 室，花柱 5。**果：**卵形，径约 8mm。**花果期：**夏秋开花。**分布：**原产日本。我国秦岭、淮河以南分布。

快速识别要点

常绿灌木或小乔木。单叶互生，近圆形，掌状 7~9 深裂，基部心形，具长柄；球状伞形花序，径 3~4cm，聚生成顶生圆锥复花序，花乳白色。

通脱木（通草）*Tetrapanax papyrifer* (Hook.) K. Koch 通脱木属

植株

茎皮

叶

形态：常绿灌木或小乔木，高达 6m。**树皮：**幼树皮灰褐色，老树皮深棕色。**枝条：**小枝粗，髓心大，白色，幼枝密生星状毛或褐色绒毛。**叶：**单叶互生，心形，长达 30（~50）cm，掌状 5~7（~11）裂，裂片浅或深达叶片 2/3，缘有锯齿及缺刻，卵状长圆形，具长柄，具 2 托叶。**花：**伞形花序球状，聚成圆锥复花序，较疏散，中轴及总梗密生绒毛；具多花，花白色，花瓣 4，长约 2mm，雄蕊 4。**果：**球形，熟时紫黑色，径约 4mm。**分布：**我国陕西秦岭，南至华东、华南、西南地区。

快速识别要点

常绿灌木或小乔木。叶心卵形，长达 30~50cm，掌状 5~7（~11）裂，裂片浅或深达叶片 2/3，缘有锯齿及缺刻，卵状长圆形；伞形花序球状，聚成圆锥复花序，较疏散。

	相似特征	不同特征		
	叶	茎皮	叶缘	幼枝茎
八角金盘	叶	茎皮绿色	叶缘有锯齿	幼枝茎常生褐色毛
通脱木	叶	幼树皮灰褐色	叶缘有缺刻	幼枝茎常生灰白色毛

239

黄荆 VS 刺五加

黄荆 *Vitex negundo* L. 牧荆属

树形

树皮

花

形态: 落叶灌木或小乔木, 高达5m。**树皮:** 茎皮红褐色, 条片状剥落。**枝条:** 小枝四方形, 密生灰白色绒毛。**叶:** 掌状复叶对生, 小叶常5, 卵状长椭圆形或披针形, 先端渐尖, 基部楔形, 全缘或疏生浅粗齿; 叶背面密生灰白色绒毛, 中间小叶长5~13cm, 当5叶时, 上部3小叶有柄, 下部2小叶无柄或近无柄。**花:** 狭长聚伞圆锥花序顶生, 长10~25cm, 花序柄有毛, 花冠淡紫色, 2唇形, 雄蕊伸出花冠筒。**果:** 核果近球形, 径约2mm, 宿萼与果近等长。**花果期:** 花期4~6月, 果期7~10月。**分布:** 我国分布于秦岭淮河以南。

快速识别要点

　　落叶灌木或小乔木。小叶多5, 卵状长椭圆形或披针形; 狭长聚伞圆锥花序顶生, 花冠淡紫色, 2唇形; 核果近球形, 径约2mm。

刺五加 *Eleutherococcus senticosus* (Rupr. & Maxim.) Maxim. 五加属

树形

树皮

叶

形态: 落叶灌木, 高达3~6m。**茎枝:** 灰褐色, 具茎刺。**枝条:** 枝上多密生细针刺, 稀仅节上有刺或无刺, 在老枝上刺脱后留有圆形刺痕。**叶:** 掌状复叶, 小叶常5, 椭圆状倒卵形或长椭圆形, 长5~13cm, 先端短渐尖或渐尖, 基部宽楔形, 缘具尖锐复锯齿; 叶柄细, 长4~12cm, 有细刺, 小叶柄长0.5~2cm, 侧脉6~7对, 明显。**花:** 伞形花序单生枝顶, 或2~6簇生梗上, 径2~4cm, 雄花黄色, 雌花绿色, 花柱5, 合生。**果:** 浆果黑色, 长约8mm, 卵球形, 具5棱。**花果期:** 花期6~7月, 果期8~10月。**分布:** 我国东北、华北地区。

快速识别要点

　　落叶灌木。掌状复叶, 小叶常5, 椭圆状倒卵形或长椭圆形, 长5~13cm; 伞形花序; 浆果黑色, 卵球形, 具5棱。

	相似特征	不同特征		
黄荆	 叶	 茎皮红褐色, 片块状剥落 树皮	 枝绿带褐色 小枝	 小叶卵状长椭圆形或披针形 小叶
刺五加	 叶	 茎皮灰褐色, 具皮刺	 小枝绿色	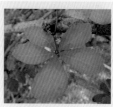 小叶椭圆状倒卵形

夹竹桃 VS 黄花夹竹桃

夹竹桃（红花夹竹桃） *Nerium oleander* L. 夹竹桃属

花枝

叶

快速识别要点

花

形态：常绿灌木或小乔木，高达 5m。**树皮：**浅灰褐色，平滑。**枝：**幼枝具柔毛，渐脱落。**叶：**3 叶轮生，稀对生，狭披针形，革质，长 11~15cm，宽 2~2.5cm；叶缘略反卷，全缘，侧脉平行，纤细而多，叶柄长 5~8mm。**花：**聚伞花序顶生，花冠深红或粉红色，有香味，漏斗形，径 3~5cm；裂片 5，或重瓣，倒卵形且向右扭旋，喉部具 5 枚宽鳞片状副花冠；雄蕊 5，花药箭头状，花丝短。花萼片红色，披针形，花梗长约 1cm。**果：**蓇葖果细长，长 10~18cm，双生，种子长圆形。**花果期：**花期 6~10 月，果期为冬、春季。**分布：**原产伊朗、印度、尼泊尔。我国长江以南有栽培，长江以北温室越冬。

常绿灌木或小乔木。狭叶、红花为主要特征。叶狭披针形，革质，叶缘略反卷，侧脉平行而细多；聚伞花序顶生，花冠深红或粉红色，漏斗状。

黄花夹竹桃 *Thevetia peruviana* (Pers.) K. Schum. 黄花夹竹桃属

树形

叶

树皮

花

快速识别要点

形态：常绿小乔木，高达 5m。**树皮：**棕褐色，皮孔明显，全株无毛，体内具乳汁。**枝：**小枝下垂。**叶：**单叶互生，条形或条状披针形，近革质，长 10~15cm，宽 0.8~1.2cm，叶缘稍反卷，全缘；中脉明显，侧脉不明显，叶正面有光泽，两面无毛，叶柄长 3~5mm。**花：**聚伞花序顶生，长 5~9cm，花冠黄色，有香气，漏斗形，花冠裂片长于花冠筒，花丝丝状，花萼绿色；5 裂，裂片三角形，长 5~9mm，花梗长 2~4mm。**果：**核果扁三角球形，径 2~4cm，内果皮木质。**花果期：**花期 5~12 月，果期 8 月至翌年春季。**分布：**原产热带美洲。我国台、闽、粤、桂、滇等地有分布。

常绿小乔木。单叶互生，条形或条状披针形，近革质，中脉明显，侧脉不明显；聚伞花序顶生，花黄色，花冠裂片长于花冠筒；核果扁三角球形。

相似特征	不同特征	
叶形	叶	花

| 夹竹桃 | 
叶形 | 
3 叶轮生，较宽大，侧脉较明显 | 
花冠深红或粉红色，萼片红色 |
| 黄花夹竹桃 | 
叶形 | 单叶互生，叶较窄小，侧脉不明显 | 
花冠黄色，萼片绿色 |

糖胶树 VS 盆架树

糖胶树(灯台树)　*Alstonia scholaris* (L.) R. Br.　鸡骨常山属

树形

叶

叶枝

树皮

形态:常绿乔木,高达20m。**树皮:**灰白色,浅纵裂。**枝:**小枝粗壮,无毛,侧枝平展,分层轮生。**叶:**叶4~8枚轮生,常从轮生叶中心又长出茎条,生出上一轮叶;叶倒卵状长椭圆形,全缘,长8~20cm,先端圆钝或钝尖,基部楔形,侧脉30~50对,叶柄长约2cm。**花:**聚伞花序顶生,花白色,径1.2cm,高脚碟状;端具5裂,裂片长圆形或卵状长圆形,花冠筒长约1cm,雄蕊生冠筒喉部;总花梗长5~7cm,花梗长1mm。**果:**蓇葖果双生,细长(20~50cm)分离,红色。**花果期:**花期6~10月,果期10月至翌年4月。**分布:**我国桂、滇、台、湘、粤、琼等地。

快速识别要点

常绿乔木。树皮灰白色,浅纵裂;叶4~8枚轮生,常从轮生叶中心又长出茎,生出上一轮叶,叶倒卵状长椭圆形,多侧脉;聚伞花序顶生,花冠白色,径1.2cm。

盆架树　*Alstonia rostrata* C. E. C. Fischer　盆架树属

树形

树皮

叶

形态:常绿乔木,高达30m。**树皮:**淡黄色至灰黄色,具纵裂纹。**枝:**小枝绿色,较粗壮,具乳汁,侧枝略斜展。**叶:**薄革质,3~4(~6)枚轮生或对生,椭圆形,全缘,长6~16cm;先端急渐尖,基部楔形,边缘略卷,叶背面浅绿或灰白色,侧脉细而直,约4~5对,叶柄长1.5~2cm。**花:**聚伞花序顶生,具多花,花冠白色,高脚碟状;端5裂,裂片宽椭圆形,外被微毛,长约5mm,萼片卵形,长2mm;总花梗长1.5~3cm,花冠筒长约6mm,外部具柔毛,喉部密。**果:**蓇葖果长达35cm,径1.2cm。**花果期:**花期4~7月,果期8~12月。**分布:**产于缅甸、印度、印度尼西亚。我国琼、滇有分布。

快速识别要点

常绿乔木。树皮淡黄至灰黄色,纵裂纹;叶3~4(~6)枚轮生或对生,椭圆形,先端急渐尖,基部楔形,边缘略卷;聚伞花序顶生,花冠白色。

相似特征	不同特征			
糖胶树	 轮生叶	 树皮灰白色,浅纵裂	 侧枝平展,分层轮生	 叶4~8枚轮生,常从轮生叶中心又长出茎,生出上一轮叶	 小叶倒卵状长椭圆形,边缘不卷
盆架树	 轮生叶	 树皮淡黄色至灰黄色,具纵裂纹	 侧枝略斜展	 叶3~4(6)枚轮生,小枝常3~4分杈	 小叶椭圆形,边缘略卷

红鸡蛋花 VS 鸡蛋花

红鸡蛋花 *Plumeria rubra* L. 鸡蛋花属

树形

花

树皮

形态: 落叶小乔木,高达5m。**树皮:** 褐色,粗糙无裂,具灰白色纵条纹。**枝:** 粗肥多肉,三叉状分枝,具乳汁。**叶:** 单叶互生,厚纸质,长椭圆形或长圆状倒披针形,长约40cm,无毛;全缘,侧脉30~40对,近水平羽状,在近缘处网结;叶柄长约7cm,基部具腺体。**花:** 2~3歧聚伞花序顶生,长达30cm;径达15cm,花冠漏斗状,5裂,深红色,花冠筒长2cm,径约3mm,裂片窄倒卵形或椭圆形,长约4.5cm,萼片卵形。**果:** 蓇葖果长圆筒形,长约10cm,径1.5cm。**花果期:** 花期5~11月,果期7~12月。**分布:** 原产南美洲。我国粤、桂、滇有分布。

快速识别要点

　　落叶小乔木。树皮褐色,粗糙无裂,具灰白色纵条纹;小枝粗壮,三叉状分枝;2~3歧聚伞花序顶生,花冠漏斗状,5裂,深红色。

鸡蛋花 *Plumeria rubra* L. 'Acutifolia' 鸡蛋花属

树形

树皮

叶枝

花

形态: 落叶小乔木,高达8m。**树皮:** 灰褐色,较平滑,具纵宽裂纹。**枝:** 三叉状分枝,具乳汁。**叶:** 单叶互生,多集生枝顶,长圆状倒披针形或长椭圆形,长20~40cm,宽7~11cm,两端尖,全缘,羽状侧脉在近缘处网结,叶柄长5~7cm。**花:** 聚伞花序顶生,花冠漏斗状,5裂;内面中下部黄色,外面白色,芳香,裂片宽倒卵形。**果:** 蓇葖果圆筒形,双生,长10~13cm,径约1.5cm,极少结果。**花果期:** 花期5~10月,果期8~11月。**分布:** 我国长江流域以南地区。

快速识别要点

　　落叶小乔木。叶多集生枝顶,长圆状倒披针形或长椭圆形,两端尖;花冠漏斗状,5裂,内面中下部黄色,外面白色,芳香。

	相似特征	不同特征		
红鸡蛋花	 叶形	 树皮褐色粗糙无裂,具灰白色纵条纹	 叶上部较宽	 深红色花较大,花瓣椭圆形或窄倒卵形,较长
鸡蛋花	 叶形	 树皮灰褐色,较平滑,具纵宽裂纹	 叶上部较狭,近长椭圆形	 花内面中下部黄色,端及外面白色,花较小,花瓣宽倒卵形,较短

蛋黄果*VS 鸡蛋花

	相似特征	不同特征	
	叶形	叶	树皮
蛋黄果	叶形	叶较短小，叶柄较短	树皮褐色，平滑
鸡蛋花	叶形	叶较长、大，叶柄长	树皮褐灰色，具浅宽裂纹

鸡蛋花

---

* 蛋黄果形态特征见于第 89 页。

枸杞 VS 宁夏枸杞

枸杞 *Lycium chinense* Miller 枸杞属

植株

叶

果

形态: 落叶灌木,高达1.5m。**枝条:** 枝拱形,细长,有棱,枝刺长1~1.5cm,小枝顶常刺状。**叶:** 单叶互生或簇生,卵状披针形或长椭圆形,长2~5cm,宽1~2.5cm,基部楔形。**花:** 单生或双生,紫色,花冠漏斗状,5裂,裂片长于萼筒;花萼3~5裂花梗细,在长枝上生于叶腋,在短枝上与叶簇生。**果:** 浆果卵形或椭圆形,长0.8~1.5cm,熟时深红至橘红色,种子长2.5~3mm。**花果期:** 花期5~9月,果期6~11月。**分布:** 我国产于蒙、辽、冀、晋、陕、甘、宁及华东、华中、华南、西南地区。

快速识别要点

　　落叶灌木。枝条拱形,细长,有棱,具刺;叶卵状披针形或长椭圆形;花单生或双生,紫色,花冠漏斗状;浆果卵形或长椭圆形深红色。

宁夏枸杞 *Lycium barbarum* Linnaeus 枸杞属

树形

果

叶

形态: 落叶灌木,高达2m。**枝条:** 小枝灰白或灰黄色,分枝细密,具纵棱纹,枝刺少。**叶:** 披针形或线状披针形,长2.5~6cm,宽4~6cm,基部楔形。**花:** 长枝花1~2朵生叶腋,短枝花2~6朵与叶簇生;花梗长1~2cm,花冠漏斗形,树冠筒稍长于花冠裂片;花萼2~3裂,钟形。**果:** 浆果卵圆形,长0.8~2cm,熟时红色。**花果期:** 花期5~8月,果期7~10月,边开花边结果。**分布:** 我国产于蒙、辽、冀、晋、陕、甘、宁、青、新、藏、津等地。

快速识别要点

　　落叶灌木。窄叶,紫花,红果为主要特征。叶披针形或线状披针形;花漏斗形,紫色;浆果卵圆形,红色。

	相似特征	不同特征		
枸杞	 花枝	 浆果长椭圆形	 花冠裂片长于筒部,花萼3~5裂	 叶卵状披针形
宁夏枸杞	 花枝	 浆果卵圆形	 花冠裂片短于筒部,花萼2~3裂	 叶披针形至线状披针形

莸 vs 光果莸

莸 *Caryopteris divaricata* Maximowicz 莸属

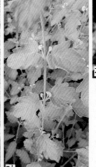

形态: 落叶灌木,高达 1m。
枝条: 幼枝被灰白色柔毛,渐脱落。**叶:** 单叶对生,厚纸质,卵状椭圆形,长 2~7cm,宽 0.8~3.5cm,先端钝或急尖,基部广楔形或近圆形,具粗锯齿,两面被柔毛,叶背面具金黄色腺点。**花:** 聚伞花序腋生或顶生,较紧密;花萼杯状,外被柔毛;花自上而下开放,3~4 次分枝,花冠淡紫或淡蓝色;二唇形,5 裂,花冠筒长约 4mm;下唇中裂片大而有细条裂,雄蕊 4,伸出。**果:** 蒴果,成熟时裂成 4 小坚果,果瓣有宽翅。**花果期:** 7 月~10 月。**分布:** 我国豫、皖、浙、闽、赣、湘、苏、鄂、粤、桂、等地。

快速识别要点

落叶灌木。叶厚纸质,卵状椭圆形,具粗锯齿,叶背面具金黄色腺点;聚伞花序腋生,紧密,花冠淡紫或淡蓝色,二唇形,5 裂。

光果莸 *Caryopteris tangutica* Maximowicz 莸属

形态: 落叶灌木,高 1~1.5m。
枝条: 嫩枝密被灰白色绒毛。**叶:** 叶对生,披针形或卵状披针形,长 2~5.5cm,宽 0.5~2cm,两面被毛,叶正面较疏,侧脉 5~8 对,叶柄长 0.4~1cm,具深锯齿。**花:** 聚伞花序成头状,较紧密,顶生或腋生;无苞片,花萼长 2~3mm,5 裂,裂片披针形,外面密生柔毛;花冠二唇形,蓝紫色,下唇中裂片大,边缘流苏状;花冠筒长约 6mm,雄蕊、花柱伸出筒外。**果:** 蒴果倒卵形,长约 5mm,无毛。**花果期:** 花期 7~9 月,果期 9~10 月。**分布:** 我国陕、甘、冀、豫、鄂、川等地。

快速识别要点

落叶灌木。叶披针形或卵状披针形,具深锯齿;聚伞花序成头状,较紧密,顶生或腋生,花蓝紫色;蒴果倒卵形,无毛。

	相似特征	不同特征	
莸	 花形	 小枝较细长而略拱曲	 叶卵形或卵状椭圆形,具粗锯齿
光果莸	 花形	小枝较粗壮而直立	 叶卵状披针形或披针形,具粗深锯齿

小紫珠 VS 华紫珠

小紫珠（白棠子树） *Callicarpa dichotoma* (Lour.) K.Koch 　紫珠属

形态：落叶灌木，高达 2m。**树皮**：浅灰色，平滑。**枝条**：小枝紫红色，幼枝具星状毛。**叶**：单叶对生，倒卵状长椭圆形或披针形，先端急尖，基部楔形，长 3~6cm，宽 1~3cm；叶正面粗糙，叶背面无毛具黄色腺点，叶中上部具粗齿；叶柄紫红色，长约 0.5mm，侧脉 5~6 对。**花**：聚伞花序着生于叶腋上方，2~3 次分枝，径 1~2.5cm，较细长，柄长为叶柄的 3 倍；花冠紫色，筒状，雄蕊 4，花柱长于雄蕊，花萼杯状。**果**：核果球形，径 2~4mm，熟果亮紫色，具 4 核。**花果期**：花期 5~6 月，果期 7~11 月。**分布**：我国华北至华南部分地区有分布。

快速识别要点

落叶灌木。核果球形，较小，似紫色珍珠，故名小紫珠。单叶对生，倒卵状长椭圆形或披针形，叶正面粗糙，叶柄紫红色；聚伞花序着生于叶腋上方，2~3 次分枝。

华紫珠 *Callicarpa cathayana* H. T. Chang 　紫珠属

形态：落叶灌木，高 1~3m。**树皮**：灰褐色。**枝条**：小枝纤细，紫红色，嫩枝疏被星状毛。**叶**：单叶对生，长椭圆形至卵状披针形，长 4~8cm，先端渐尖，基部窄楔形，缘有锯齿，两面近无毛；叶柄长 5~8mm，侧脉 5~7 对，叶背面具腺点。**花**：聚伞花序，径约 1.5cm，分枝 3~4 次，花淡紫色，花丝与花冠近等长，花序梗与叶柄近等长，花小，整齐。**果**：核果球形，紫色，径 2mm。**花果期**：花期 5~7 月，果期 8~11 月。**分布**：我国豫、苏、皖、浙、赣、鄂、闽、粤、桂、滇等地。

快速识别要点

落叶灌木。小枝纤细，紫红色，单叶对生，长椭圆形至卵状披针形，先端渐尖，基部窄楔形，具齿；聚伞花序，3~4 次分枝。

相似特征	不同特征	
 果形	倒卵状长椭圆形或披针形，先端急尖，基部楔形	 核果亮紫色，较大
 果形	长椭圆形至卵状披针形先端渐尖，基部窄楔形	 核果紫色，较小

大叶醉鱼草 VS 互叶醉鱼草

大叶醉鱼草（白背叶醉鱼草） *Buddleja davidii* Franch. 醉鱼草属

花序

叶枝

花序

形态：落叶灌木，高1~3m。**枝条：**小枝枝条开展，梢四棱形，幼枝被白色星状毛。**叶：**单叶对生，长卵状披针形或披针形，长10~20cm；缘具细锯齿，先端长渐尖，基部楔形；叶正面无毛，叶背面密被白色星状毛，侧脉9~14对。**花：**狭长圆锥花序或总状聚伞花序顶生，花多而密集，花萼钟形，裂片小，花冠高脚碟状；花瓣4，淡蓝紫色或白色；花冠筒直，长约1cm，喉部橙黄色，芳香。**果：**蒴果条状长圆形，长约1cm，径1.5~2mm，种子长椭圆形。**花果期：**花期5~10月，果期9~12月。**分布：**我国陕、甘、藏、滇、川、黔、湘、鄂、豫、苏、浙、赣、粤、桂等地。

快速识别要点

　　落叶灌木。长叶、锥花为主要特征。单叶对生，长卵状披针形或披针形，长10~20cm；狭长圆锥花序顶生，花多而密集，花冠高脚碟状，花瓣4，淡蓝紫色或白色。

互叶醉鱼草（白茇梢） *Buddleja alternifolia* Maximowicz 醉鱼草属

植株

叶

花

形态：落叶灌木，高达3m。**枝条：**细而圆，上部弯曲。**叶：**单叶互生，线状披针形或披针形，长2~9cm，宽约1cm，全缘，叶正面深绿色，叶背面密生灰白色毛。**花：**聚伞花序或圆锥状腋生，花密集，基部具小叶；花冠高脚碟状，裂片4，淡紫蓝色，近圆形；花冠筒直，淡红褐色，喉部橙黄色。**果：**蒴果长圆状卵形。**花果期：**花期5~7月，果期7~9月。**分布：**我国蒙、晋、冀、豫、宁、甘、青、陕、川、藏等地。

快速识别要点

　　落叶灌木。枝细而拱叠，单叶互生，故称互叶醉鱼草。叶线状披针形或披针形，长2~9cm，宽约1cm；聚伞花序或圆锥状，花密集，花冠高脚碟状，花瓣裂片4，淡紫蓝色。

	相似特征	不同特征		
大叶醉鱼草	 花形	 单叶对生，较宽长	 狭长圆锥花序或总状聚伞花序	 小枝顶端稍下垂
互叶醉鱼草	 花形	单叶互生，较狭短	 聚伞花序或呈圆锥状	 小枝细圆，上部拱叠

大叶醉鱼草 VS 皇红醉鱼草

皇红醉鱼草 *Buddleja davidii* 'RoyalRed' 醉鱼草属

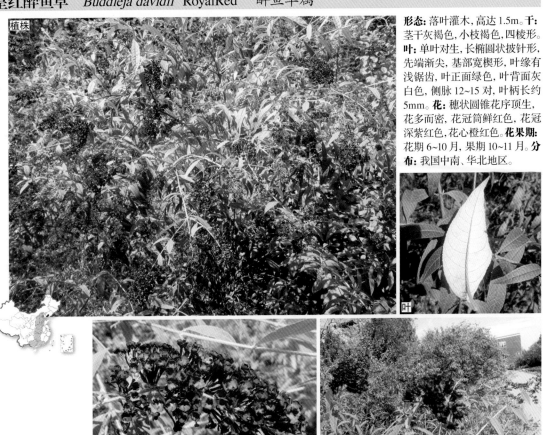

形态：落叶灌木，高达1.5m。**干：**茎干灰褐色，小枝褐色，四棱形。**叶：**单叶对生，长椭圆状披针形，先端渐尖，基部宽楔形，叶缘有浅锯齿，叶正面绿色，叶背面灰白色，侧脉12~15对，叶柄长约5mm。**花：**穗状圆锥花序顶生，花多而密，花冠筒鲜红色，花冠深紫红色，花心橙红色。**花果期：**花期6~10月，果期10~11月。**分布：**我国中南、华北地区。

快速识别要点

　　落叶灌木。长椭圆状披针形，叶正面绿色，叶背面灰白色，穗状圆锥花序，花冠筒鲜红色，花冠深紫红色，多而密。

	相似特征	不同特征	
大叶醉鱼草	叶形	花冠淡蓝紫色或白色	小枝圆形
皇红醉鱼草	叶形	花冠深紫红色	小枝四棱形

大叶醉鱼草 VS 木本香薷

木本香薷（华北香薷） *Elsholtzia stauntonii* Benth.　香薷属

树形

花序

叶枝

树皮

花

形态：落叶灌木，高达 1.5m。**树皮：**褐色，细纵裂。**枝条：**多分枝，小枝略四棱形，带紫红色。**叶：**单叶对生，卵状披针形或菱状披针形，先端长尖，基部楔形渐狭下延成柄，缘有整齐圆锯齿，叶长 10~15cm；叶正面绿色，叶背面灰绿色，叶揉搓后具薄荷香味，叶脉 6~8 对。**花：**轮伞花序具花 5~10 朵，组成总状花序穗状，顶生，长 10~15cm，花小而密，花冠淡紫色，具白花品种；二唇形，二强雄蕊直而长，花冠外侧密被紫毛。**花果期：**花期 8~10 月，果期 10~11 月。**分布：**我国华北及辽、陕、甘等地。

快速识别要点

　　落叶灌木。多分枝，小枝带紫红色，略四棱形；叶卵状披针形或菱状披针形，基部楔形渐狭下延成柄；轮伞花序具花 5~10 朵，组成总状花序穗状，顶生，长 10~15cm，花冠淡紫色，具白花品种，二唇形。

	相似特征	不同特征
大叶醉鱼草	花序	叶基部楔形，不下延，叶侧脉 9~14 对　花冠高脚碟状
木本香薷	花序	叶基部楔形，渐狭下延成柄，叶侧脉 6~8 对　花冠 2 唇形

白蜡 VS 绒毛白蜡

白蜡 *Fraxinus chinensis* Roxburgh 白蜡属

树形

花

果

树皮

形态: 落叶乔木,高达15m。**树皮:** 幼树皮光滑,老树皮灰褐色,细纵裂。**枝:** 小枝扁压状,灰绿色。**叶:** 羽状复叶对生,小叶5~7(~9),卵状椭圆形,长3~10cm;先端尖,基部宽楔形,缘有钝齿;背脉有短绒毛。**花:** 单性异株,圆锥花序,顶生或腋生于当年生枝上;雄花花萼杯状,长约1mm;雌花花序长筒状,长2~3mm,无花瓣。**果:** 翅果倒披针形,长3~4cm。**花果期:** 花期4~5月,果期7~9月。**分布:** 我国东北南部、华北、西北、长江流域至华南等地区。

快速识别要点

落叶乔木。幼树皮光滑,老树皮灰褐色,细纵裂;小枝扁压状,小叶卵状椭圆形;圆锥花序生于当年生枝上。

绒毛白蜡 *Fraxinus velutina* Torr 白蜡属

树形

叶

花

果

形态: 落叶乔木,高达16m,树冠卵圆形。**树皮:** 微红褐色,纵裂。**枝芽:** 小枝有短柔毛,顶芽圆锥形。**叶:** 奇数羽状复叶对生,小叶3~5(~7),椭圆形或卵状披针形,长3~8cm;先端尖,基部楔形,具齿;叶背面脉有绒毛;侧生小叶柄长0.5~1cm。**花:** 圆锥花序,生于去年生枝上,具柔毛;花单性异株,无花瓣;萼钟形,不规则深裂。**果:** 翅果长圆形,长2~3cm,果翅比果体短。**花果期:** 花期4月,果期9~10月。**分布:** 原产北美洲。20世纪引入我国,现多分布于黄河中下游及长江中下游,其中天津栽培较多,又名津白蜡。

快速识别要点

落叶乔木。树皮微红褐色,纵裂;小叶椭圆形或卵状披针形,叶背面脉有绒毛,圆锥花序生于去年生枝上。

相似特征	不同特征		
叶形	树皮	果	花序

白蜡

叶形

幼树皮光滑,老树皮细纵裂

果翅比果体长

圆锥花序生于当年生枝上

绒毛白蜡

叶形

树皮微红褐色,纵裂

果翅比果体短

圆锥花序生于去年生枝上

251

大叶白蜡 VS 美国白蜡

大叶白蜡（花曲柳） *Fraxinus rhynchophylla* Hance　白蜡属

形态：落叶乔木，高达 20m，胸径 1m。**树皮**：幼树皮光滑，老树皮灰褐色有细裂。**枝**：小枝无毛。**叶**：奇数羽状复叶，小叶 3~7，常为 5；宽卵形至椭圆状倒卵形，长 5~15cm；先端尾尖，基部宽楔形或圆，叶缘有粗钝圆齿；顶生小叶较大。**花**：圆锥花序顶生或腋生于当年生枝上；花杂性，无花瓣；花萼钟形，长 1~2mm。**果**：翅果条形。**花果期**：花期 5 月，果期 9~10 月。**分布**：我国东北地区及鲁、冀、陕、甘、滇、川、鄂、豫、皖、苏、浙、闽等地。

快速识别要点

　　落叶乔木。幼树皮光滑，老树皮灰褐色有细裂；小叶 3~7，叶缘有粗钝齿，顶生小叶较大；圆锥花序，顶生或腋生于当年生枝上。

美国白蜡（大叶白蜡） *Fraxinus americana* L.　白蜡属

 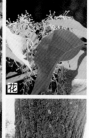

形态：落叶乔木，高达 25~40m。**树皮**：深褐带红色，纵裂。**枝**：小枝粗，无毛。幼时褐绿色，老时灰色，无毛，冬芽褐色。**叶**：奇数羽状复叶，小叶 5~9，多为 7。卵形至卵状披针形，先端长渐尖，基部圆，长 5~15cm，宽 3~6cm，端部有钝齿，叶正面暗绿色，叶背面灰绿色；侧生小叶柄长 1~1.5cm。**花**：圆锥花序，生于上年生枝侧，花单性异株，花萼钟形，雄花花萼 4 浅裂，雌花花萼深裂，叶前开花。**果**：翅果披针形或倒披针形，长 2~5cm。**花果期**：花期 4~5 月，果期 9~10 月。**分布**：原产北美洲。我国京、冀、蒙、鲁、豫等地有栽培。

快速识别要点

　　落叶乔木。树皮深褐带红色，纵裂；小叶 5~9，卵形至卵状披针形，叶正面暗绿色，叶背面灰绿色；圆锥花序，生于去年生枝侧。

	相似特征	不同特征		
大叶白蜡	 叶形	 幼树皮光滑，老树皮有细裂，灰褐色	 小叶宽卵形至椭圆状倒卵形，顶生小叶较大	 圆锥花序，顶生或腋生于当年生枝上
美国白蜡	 叶形	 树皮有纵裂，深褐带红色	 小叶卵形至卵状披针形	 圆锥花序，生于去年生枝侧

水曲柳 VS 洋白腊

水曲柳 *Fraxinus mandshurica* Rupr. 白蜡属

树形

茎

花

叶

树皮

形态：落叶乔木，高达 30m，干通直。**树皮：**灰白色，浅纵裂。**叶：**奇数羽状复叶对生，叶轴具窄翅，被褐色绒毛；小叶 7~13，卵状长椭圆形至卵状披针形，长 8~15cm，宽 3~5cm，先端长渐尖，基部楔形，缘有钝齿；叶背面沿脉具黄毛，近无柄，侧脉 13~15 对。**花：**圆锥花序侧生于去年生小枝上，花单性异株，无花萼、花瓣。**果：**翅果长 2.5~4cm，常扭曲，长圆形。**花果期：**花期 5~6 月，果期 9~10 月。**分布：**我国东北、华北地区及陕、甘、宁等地。

快速识别要点

落叶乔木。树皮灰白色，浅纵裂；羽叶具小叶 7~13，叶轴具窄翅被褐色毛；圆锥花序侧生于去年生小枝；翅果长圆形，常扭曲。

洋白腊 *Fraxinus pennsylvanica* Marshall 白蜡属

树形

叶

果 / 树皮

形态：落叶乔木，高达 20m。**树皮：**微红褐色，纵裂。**枝：**小枝具毛。**叶：**奇数羽状复叶对生，叶轴被柔毛；小叶 5~9，长圆状披针形或卵状披针形，长 6~15cm，宽 2.5~6cm，先端渐尖，基部宽楔形，缘有钝齿；叶背面有柔毛，侧生小叶柄长 4~6mm，侧脉 12~13 对。**花：**圆锥花序侧生于去年生小枝上，花单性异株，无花瓣，叶前开花。**果：**翅果匙形或披针形，长 2.5~4cm。**花果期：**花期 4 月，果期 9~10 月。**分布：**原产北美洲，我国华北地区有分布。

快速识别要点

落叶乔木。原产北美洲，故名洋白腊。树皮微红褐色，纵裂；羽叶具小叶 5~9，长圆状披针形；叶前开花；翅果匙形或披针形。

相似特征	不同特征		
叶形	树皮	叶	果

水曲柳

叶形

树皮灰白色，浅纵裂

小叶 7~13，叶轴具窄翅，被褐色毛

翅果常扭曲，长圆形

洋白腊

叶形

树皮微红褐色，纵裂

小叶 5~9，叶轴无窄翅

翅果匙形或披针形，不扭曲

洋白腊 VS 欧洲白腊

欧洲白腊 *Fraxinus excelsior* L.   白蜡属

叶枝

树皮

叶正面

形态: 落叶乔木,高达35m,树冠开展。**树皮:** 灰褐色,纵裂,幼树皮平滑,老皮纵裂。**枝条:** 小枝无毛,棕色。**叶:** 奇数羽状复叶对生,小叶7~11,卵状披针形或卵形,长5~11cm;先端渐尖,基部宽楔形,缘有不规则钝齿,侧生小叶柄长约1cm,侧脉8~10对。**花:** 圆锥花序生于去年生枝侧,花杂性,无花被。**果:** 翅果椭圆形较宽,先端钝、急尖或微凹,长2.5~4cm。**花果期:** 花期4~5月,果期9月。**分布:** 原产欧洲。我国新疆及北京有栽培。

叶背面

快速识别要点

落叶乔木。原产欧洲,故名欧洲白蜡。翅果较宽,先端钝或急尖;小叶7~11,卵状披针形或卵形,先端渐尖,基部宽楔形;翅果较宽。

	相似特征	不同特征		
	叶形	树皮	叶	果
洋白腊	叶形	树皮微红褐色,纵裂	叶稍短小	翅果匙形,较窄
欧洲白腊	叶形	树皮灰褐色,纵裂,幼皮光滑	叶稍长、大	翅果较宽,倒披针形

暴马丁香 VS 北京丁香

暴马丁香（暴马子） *Syringa reticulata* (Blume) H. Hara 丁香属

花序

叶

树皮

果

形态： 落叶乔木，高达 10（~13）m。**树皮：** 紫灰褐色，具细裂。**枝条：** 小枝绿色稍带紫晕。皮孔明显，无毛，较细。**叶：** 厚纸质，卵圆形，长 4~12cm，宽 1.5~6cm，先端渐尖，基部圆或亚心形；叶正面侧脉凹陷，叶背面侧脉凸起，稍皱缩；叶背面淡黄绿色，稀带褐色；叶柄长 1~2.5cm，较粗。**花：** 圆锥花序顶生，分枝多，长 10~20cm，径 8~20cm，花梗长 2mm，花萼长 1.5~2mm，花冠白色，辐状，长 4~5mm，树冠筒长 1.5mm；裂片卵形，花药黄色；花丝长于花冠裂片。**果：** 蒴果长椭圆形，长 1.5~2.3cm，先端常钝或凸尖。**花果期：** 花期 5~6 月，果期 8~10 月。**分布：** 我国东北地区及蒙、冀、晋、陕、甘。

快速识别要点

　　落叶乔木。树皮紫灰褐色具细裂；叶厚纸质，宽卵形，基部圆或亚心形，叶正面侧脉凹陷，叶背面侧脉突起，稍皱缩；花冠白色或略黄；蒴果先端较钝。

北京丁香 *Syringa reticulata* (Blume) H. Hara subsp. *pekinensis* 丁香属

树形

叶

树皮

花

果

形态： 落叶乔木或灌木状，高达 8m。**树皮：** 褐灰色，纵裂。**枝条：** 小枝细，红褐色，皮孔明显，萌枝被柔毛。**叶：** 单对生，纸质，卵形至卵状披针形，长 3~10cm，宽 2.5~5cm，先端渐尖，基部宽楔形或圆形；叶正面平坦，叶背面平滑无毛，灰褐色，叶脉不隆起；叶柄细，长 1.5~3cm。**花：** 圆锥花序顶生，由多对小花序组成，长 5~20cm，径 3~18cm，花梗长 1mm，花萼长 1~1.5mm；花冠白色略黄，辐状，长 3~4mm；树冠筒与花萼近等长，裂片卵形，长 1.5~2mm；花药黄色；雄蕊短于花冠裂片，有女贞花的香气。**果：** 蒴果长 1.5~2.5cm，先端尖。**花期：** 花期 5~6 月，果期 8~10 月。**分布：** 我国京、辽、蒙、陕、甘、宁、冀、晋、豫、川等地。

快速识别要点

　　落叶乔木或灌木。树皮灰褐色纵裂；叶纸质卵形，基部宽楔形，叶正面平坦，叶背面脉不凹陷；花冠白色略黄；蒴果先端尖。

相似特征	不同特征			
	叶	花	果	小枝
暴马丁香 花序	 叶基部圆或亚心形，叶正面皱折侧脉隆起	 花冠白色，稀略黄	 蒴果先端常钝或凸尖	 小枝绿色稍带紫晕

花序

北京丁香				
花序	叶基部宽楔形，叶正面平坦，叶脉不隆起	花冠白色略黄	蒴果先端尖	小枝红褐色

金园丁香 VS 北京丁香

金园丁香　*Syringa pekinensis* var. *jinyuan*　丁香属

形态: 落叶小乔木或灌木, 高 5~6m。**树皮:** 灰黑色, 有皮孔, 不裂。**枝条:** 小枝绿带红色, 皮孔明显。**叶:** 单叶对生, 卵形、阔卵形或椭圆状卵形; 先端渐尖, 基部圆形至近心形; 两面无毛, 全绿; 侧脉平或略凸起。**花:** 圆锥花序顶生, 花黄色, 花香。**花果期:** 花期 6 月, 果期 9~10 月。**分布:** 我国华北地区。

快速识别要点

落叶小乔木或灌木。干皮灰黑色, 不裂, 有皮孔; 叶卵形或椭圆状卵形; 花黄色, 花香。

	相似特征	不同特征		
金园丁香	叶形 叶形	树皮 树皮灰黑色, 不裂	花 花黄色, 芳香	果 果端钝或凸尖, 较粗短
北京丁香	叶形	树皮灰褐色, 纵裂	花白色略黄	果端尖, 较细长

红丁香 VS 巧玲花

红丁香（香多罗） *Syringa villosa* Vahl 丁香属

树形

花序

花

树皮

形态：落叶灌木, 高达 3~5m。**枝条：**小枝粗壮, 有疣状突起, 无毛。**叶：**卵形或椭圆状卵形, 长 4~10cm; 叶正面暗绿较皱, 叶背面灰绿色, 先端钝尖, 基部楔形, 沿中部有毛; 叶柄长 1~2.5cm。**花：**圆锥花序顶生, 较紧密, 直立, 长 6~16cm, 径 4~10cm; 花紫红至近白色, 花冠筒近圆柱形, 长 1~1.5cm; 4 瓣裂, 裂片卵形, 或长圆形, 近直角外展; 花药着生筒口部, 花序轴茎部有 1~2 对小叶。**果：**蒴果长圆形, 长 1~1.5cm, 先端凸尖。**花果期：**花期 5~6 月, 果期 9 月。**分布：**我国冀、豫、晋、陕等地。

快速识别要点

落叶灌木。小枝粗壮, 有疣状突起; 圆锥花序顶生, 较紧密, 花紫红至近白色, 花冠筒近圆柱形, 裂片 4 瓣裂, 近直角外展; 花序轴茎部有 1~2 对小叶。

巧玲花（毛叶丁香） *Syringa pubescens* Turcz. 丁香属

树形

花

叶

果

形态：落叶灌木, 高达 2~4m。**枝条：**小枝细, 稍 4 棱, 无毛, 无疣。**叶：**椭圆状卵形或菱状卵形, 长 2~8cm; 先端尖, 基部广楔形; 侧脉 3~5 对, 叶缘有硬毛; 叶柄细, 长 1~2cm。**花：**圆锥花序侧生, 稀顶生, 直立, 较紧密, 长 5~15cm, 径 3~5cm; 花序轴、花梗、花萼稍带紫红色; 花梗短, 花冠开时淡紫, 渐变白色, 长 0.9~1.6cm; 花冠筒细圆柱形, 长 0.8~1.8cm, 裂片开展或反折; 花药紫色, 着生冠筒中部稍上。**果：**蒴果长椭圆形, 长 0.8~2cm, 先端尖, 皮孔明显。**花果期：**花期 4~5 月, 果期 8~9 月。**分布：**我国辽、冀、晋、鲁、豫、陕、甘等地。

快速识别要点

落叶灌木。小枝细, 稍 4 棱; 叶椭圆状卵形或菱状卵形, 叶正面无皱; 花冠盛开时淡紫色, 渐变白色, 花裂片 4, 开展或反折, 花药着生冠筒中上部。

	相似特征	不同特征		
红丁香	花  花	小枝  小枝粗壮, 有疣状突起, 无棱	叶  叶较大, 面皱	花  花药着生筒口部, 花序轴茎部有 1~2 对小叶
巧玲花	花  花	 小枝细, 稍 4 棱, 无疣	 叶较小, 无皱	花药着生冠筒中上部, 花序轴茎部无小叶

紫丁香 VS 红丁香

紫丁香 *Syringa oblata* Lindley 丁香属

树形

树皮

叶

花

果

形态：落叶小乔木或灌木，高达 5m。**枝条**：小枝粗壮，无毛。**叶**：单叶对生，广卵形，宽略大于长，长 3~10cm，宽 2.5~11cm；先端渐尖，基部近心形或平截全缘；叶正面深绿，叶背面浅绿色；叶柄长 1~3cm；萌枝叶长卵形；**花**：圆锥花序侧生，直立，较紧密，长 6~16cm，宽 3~7cm，花萼长约 3mm；4 瓣裂；花冠筒圆柱形，花冠紫色，长 1.2~2cm，卵圆形，呈直角开展；花药黄色，着生于冠筒中上部。**果**：蒴果长卵形，长 1~1.5cm，顶端尖，光滑，二裂，种子有翅。**花果期**：花期 4~5 月，果期 7~9 月。**分布**：我国分布于东北、华北、西北地区及川西。

快速识别要点

落叶小乔木或灌木。阔叶，紫花，尖头果为主要特征。叶广卵形，宽大于长；花冠紫色，花冠筒圆柱形，较长；蒴果长圆形，顶端尖。

相似特征	不同特征		
紫丁香			
花	叶	花	果
花	叶广卵形，宽大于长	花冠紫色，花药着生于冠筒中上部，花序轴茎部无小叶	蒴果长卵形
红丁香			
花	叶卵形或椭圆状卵形，长大于宽	花紫红或近白色花药着生冠筒口部，花序轴基部有 1~2 对小叶	蒴果长圆状

白丁香 VS 佛手丁香

白丁香 *Syringa oblata* Lindl. var. *alba* Hort. ex Rehd 丁香属

树形

叶

花

果

形态：落叶小乔木，高4~5m。**枝条：**小枝较粗。**叶：**单叶互生，纸质。广卵圆形，长5~10cm，有微柔毛；先端锐尖，基部微心形或截形；叶正面平坦。**花：**圆锥花序侧生，较松散；花冠白色，花冠筒圆柱形，较长，不下垂，花端4裂。**果：**蒴果圆锥形，二裂，具长尖。种子有翅。**花果期：**花期4~5月，果期9~10月。**分布：**辽南、华北、西北等地。

快速识别要点

落叶小乔木。叶纸质，广卵圆形，基部微心形，叶正面平坦；花序圆锥状，较松散，花冠白色，花冠筒圆柱形，较长，不下垂，花端4裂；蒴果圆锥形，二裂，具长尖。

佛手丁香 *Syringa vulgaris* L. 'Albo-plena' 丁香属

树形

叶

花

果

形态：落叶灌木，高5~6m。**枝条：**较粗。**叶：**广卵形，先端锐尖，基部截形，长6~12cm。**花：**花序较大，串状倒垂，如佛手，萼筒较短，花冠白色，三重花瓣，花瓣张开较大。**果：**扁椭圆形，先端尖，基部楔形。**花果期：**花期5~6月，果期9~10月。**分布：**原产欧洲。我国华北地区有分布。

快速识别要点

落叶灌木。叶广卵形，基部截形；花序较大，串状倒垂，如佛手，萼筒较短，花冠白色，三重花瓣，花瓣张开较大；果扁椭圆形，先端尖，基部楔形。

相似特征	不同特征		

白丁香

叶形

花朵较小萼筒较长，不下垂花序较松散

果圆锥形具长尖

叶广卵圆形，基部楔形或微心形

佛手丁香

叶形

花序较大串状倒垂如佛手，萼筒较短花瓣张开较大

果扁椭圆形，先端渐尖，基部楔形

叶广卵形，基部截形

白丁香 vs 香荚蒾 *

	相似特征	不同特征		
	花冠	叶	花	果
白丁香	花冠	叶广卵形,先端锐尖,基部微心形	花冠筒圆柱形,白色,花瓣4	蒴果圆锥形二裂,具长尖
香荚蒾	花冠	叶椭圆形或菱状倒卵形,先端尖,基部楔形,缘有锐齿	花冠高脚碟状,白色,花瓣5	核果椭圆形,熟时紫红色

香荚蒾

---

* 香荚蒾形态特征见于第 276 页。

金叶女贞 VS 小叶女贞

金叶女贞 *Ligustrum* × *vicaryi* Hort 女贞属

形态: 常绿或半常绿灌木,高达 3m。**枝条:** 幼枝有短柔毛。**叶:** 单叶对生,卵状椭圆形,全缘;长 2~6cm;先端尖,基部宽楔形;叶黄色,新梢叶鲜黄,后渐变为黄绿色,光照差的地方叶黄绿色。**花:** 圆锥花序顶生,花白色,花香。花冠筒比花冠裂片长 2~3 倍。**果:** 核果阔椭圆形,紫黑色。**花果期:** 花期 5~6 月,果期 10 月。**分布:** 本种为金边卵叶女贞与欧洲女贞的杂交变种,1984 年引入我国,分布于华北、华中、西北地区。

快速识别要点

常绿或半常绿灌木。黄叶、白花、黑果为识别要点。叶卵状椭圆形,黄色,新梢叶鲜黄,后渐变为黄绿色;花白色,核果紫黑色。

小叶女贞 *Ligustrum quihoui* Carr. 女贞属

形态: 半常绿至落叶灌木或小乔木,高达 6m。**枝条:** 幼枝具短柔毛,渐脱落。**叶:** 倒卵状椭圆形,长 2~5cm,薄革质;先端钝,基部楔形;叶正面中脉凹下,叶背面中脉有柔毛,侧脉 2~6 对,不明显;叶柄极短。**花:** 圆锥花序顶生,长 5~10cm,径 3~4cm,花萼长约 2mm,萼齿宽卵形;花冠白色,4 瓣裂,裂片与筒部等长;花药黄色,超出裂片;无花梗。**果:** 核果宽椭圆形或倒卵形,长约 10cm,熟时紫黑色。**花果期:** 花期 5~7 月,果期 8~11 月。**分布:** 我国甘、陕、冀、鲁、豫、苏、皖、浙、赣、鄂、湘、桂、川、黔、滇、藏等地。

快速识别要点

半常绿至落叶灌木或小乔木。倒卵叶、白花、黑果为识别要点。叶倒卵状椭圆形,侧脉不明显;花冠白色;核果紫黑色。

	相似特征		不同特征	
金叶女贞	 花	 果	 叶卵状椭圆形,稍大鲜黄色,侧脉明显	 花冠筒比花冠裂片长 2~3 倍
小叶女贞	 花	 果	 叶倒卵状椭圆形,薄革质,稍小,绿色,侧脉不明显	 花冠裂片与花冠筒等长

金叶女贞 vs 黄金榕球

黄金榕球（人参榕、小叶榕） *Ficus microcarpa* 'Golden' Leaves. 榕属

树形

树皮

叶枝

叶

形态： 常绿小灌木，高 3~6m，树冠圆形，树冠幅 2~4m。**树皮：** 灰褐色，不裂，气生根下垂，褐色。**枝条：** 绿色多分枝。**叶：** 单叶互生，倒卵形，稀椭圆形，先端渐尖或钝尖，基部宽楔或楔形，全缘；侧脉 14~16 对，细而不明显，叶长 5~8cm，叶柄长约 1cm；嫩叶金黄色，隐蔽处或老叶则转为绿色。**分布：** 我国华南地区。

快速识别要点

常绿小灌木。高 3~6m，树冠圆形，冠幅 2~4m。单叶互生，多倒卵形，叶长 4~8cm，嫩叶金黄色，隐蔽处或老叶则转为绿色。

	相似特征		不同特征	
金叶女贞	 树冠	 叶	 无气生根	 叶卵状椭圆形，较短小，叶脉少而明显
黄金榕球	 树冠	 叶	具气生根且下垂	 叶多倒卵形，稀椭圆形，较长大，叶脉多而不明显

相似特征：树冠　叶　　不同特征：气生根　叶

小蜡 VS 水蜡

小蜡（黄心柳） *Ligustrum sinense* Loureiro 女贞属

树形

叶

花

果

树皮

形态：落叶小乔木，或呈灌木状，高达6m。**树皮：**灰青色，光滑。**枝条：**小枝圆形，幼枝具淡黄色柔毛。**叶：**叶对生，厚纸质或薄革质，椭圆形或卵状椭圆形，长3~6cm；宽1~3cm；顶端锐尖或钝，基部圆或宽楔形；叶背面沿中脉有柔毛，侧脉4~6对，在叶正面稍下凹；叶柄长约5mm，有柔毛。**花：**圆锥花序顶生或腋生，长8~12cm，径3~6cm；花冠高脚碟状，白色，花药紫色；裂片4，长2~4mm，与花冠筒近等长；花梗细而明显，萼片无毛，花序轴被柔毛。**果：**核果近圆形，黑蓝色，径5~8mm。**花果期：**花期4~6月，果期9~12月。**分布：**我国黄河流域以南多地有栽培。

快速识别要点

　　落叶小乔木。叶对生，椭圆形或卵状椭圆形，顶端锐尖或钝，基部圆或宽楔形；花冠白色，花药紫色；核果蓝黑色，近球形。

水蜡 *Ligustrum obtusifolium* Sieb. & Zucc. 女贞属

树形

花

叶正面　叶背面　花序

形态：落叶灌木，高2~3m。**枝条：**小枝灰白色有柔毛。**叶：**单叶对生，纸质，长椭圆形或长圆状披针形，长3~8cm，宽1.5~3cm，先端钝或尖，基部楔形；叶背面具柔毛，侧脉3~5(~7)对，叶柄极短。**花：**圆锥花序顶生，长2~3.5cm略下垂，花密集；花冠长0.6~1cm，筒部长于裂片，雄蕊伸出。**果：**核果宽椭圆形，长5~8mm，径约5mm，熟时紫黑至黑色。**花果期：**花期5~6月，果期8~10月。**分布：**我国黑、辽、鲁、苏、皖、赣、湘、陕、甘等地。

快速识别要点

　　落叶灌木。单叶对生，长椭圆形或长圆状披针形，叶柄极短；圆锥花序顶生，长2~3.5cm，略下垂，花密集；核果紫黑色，宽椭圆形。

相似特征	不同特征		
花	**叶**	**花序**	**小枝**
 花	 叶椭圆形	 顶生或腋生圆锥花序，大而花分散	 小枝褐绿色，被淡黄色毛，较少
 花	 叶长椭圆形	 顶生圆锥花序，小而花密集	 小枝褐绿色，被灰白色毛，较少

小蜡

水蜡

女贞 VS 日本女贞

女贞 *Ligustrum lucidum* W. T. Aiton 女贞属

树形

果 花

树皮 叶

形态: 落叶乔木, 或呈灌木状, 高达15m。**树皮:** 灰褐色。**枝条:** 小枝无毛。**叶:** 单叶对生, 全缘, 卵形或卵状披针形, 长6~14cm, 先端渐尖, 基部宽楔形, 革质而具光泽; 叶正面中脉凹下, 侧脉5~9对, 叶柄长1.5~3cm。**花:** 宽圆锥花序顶生, 长10~20cm, 径与长近相等; 花冠筒长2~3mm, 裂片长约2.5mm, 反折; 花梗长约1mm。**果:** 核果椭圆形或肾形, 蓝黑色, 被白粉, 长约1cm。**花果期:** 花期5~7月, 果期8~12月。**分布:** 我国华北南部至华南地区, 西北至甘、陕。

快速识别要点

　　落叶乔木。叶卵形或卵状披针形, 先端渐尖, 基部宽楔形; 宽圆锥花序顶生, 花冠白色, 4裂片; 核果椭圆形或肾形, 蓝黑色。

日本女贞 *Ligustrum japonicum* Thunb. 女贞属

树形

叶

花

树皮

形态: 常绿灌木, 或小乔木状, 高达5m。**树皮:** 灰色, 平滑。**枝条:** 幼枝具短毛。**叶:** 单叶对生, 卵形或卵状椭圆形, 革质, 长5~8(~10)cm, 先端短尖或稍钝, 基部宽楔形; 侧脉4~5对不明显, 中脉及叶缘常带红色; 叶柄长0.5~1.3cm, 叶正面中脉凹下。**花:** 圆锥花序, 长5~16cm, 径与长近相等; 花冠筒长3~3.5mm, 裂片长约2.5~3mm, 先端稍内弯, 雄蕊伸出。**果:** 核果长圆形或椭圆形, 长0.8~1cm, 熟时紫黑色, 直立。**花果期:** 花期6月, 果期11月。**分布:** 原产日本。我国华北、西北东部地区有栽培。

快速识别要点

　　常绿灌木。叶卵形或卵状椭圆形, 较小, 先端短尖或稍钝, 基部宽楔形; 圆锥花序, 花白色, 筒部长于裂片, 雄蕊伸出。

相似特征	不同特征		
花	树皮	叶	小枝

女贞

花

树皮灰绿色, 平滑, 皮孔多

叶较长、大, 先端渐尖　　小枝绿色

日本女贞

花

树皮灰白色, 平滑

叶较短小, 先端短尖

小枝红色, 叶柄、主脉浅红色

连翘 VS 金钟花

连翘 *Forsythia suspensa* (Thunberg) Vahl 连翘属

树形

花

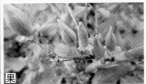

果

形态：落叶灌木，高达 3m。**枝条：**枝平展下垂，小枝细长呈拱形，节间中空，节部有隔板，皮孔多。**叶：**单叶或 3 出复叶或 3 裂，卵形或椭圆状卵形，长 2~10cm，宽 1.5~5cm，先端尖，基部圆或宽楔形；叶缘中、上部有齿，两面无毛，叶柄长 0.8~1.3cm。**花：**多单生，稀簇生，花梗长 5~9mm；花萼绿色，裂片长圆形与花冠筒近等长；花冠亮黄色，雄蕊常短于雌蕊；花瓣 4，深裂达基部。**果：**蒴果卵球形或卵状椭圆形，长 1.5~2.5cm，两端狭长，尖端裂为两瓣，具长喙，疏生疣点状皮孔；果柄长 0.8~1.5cm，种子有翅，长 1.5~2mm，暗褐色。**花果期：**花期 3~4 月，叶前开花，果期 8~9 月。**分布：**我国产于辽、冀、晋、陕、鲁、豫、鄂、川等地。

快速识别要点

　　落叶灌木。枝拱形，下垂；花先叶开放，亮黄色，早春看似黄色花团，花瓣 4 深裂达基部；单叶或 3 出复叶或 3 裂；果卵球形，两端狭长，尖端裂为两瓣。

金钟花 *Forsythia viridissima* Lindl. 连翘属

树形

果

形态：落叶灌木，高达 3m。**枝条：**直立性较强，皮孔明显，节间有片状髓心，节部剖面无隔板。**叶：**长椭圆形或披针形，稀倒卵状椭圆形，中部或中上部最宽，长 5~10cm，宽 1~4cm；基部楔形，全为单叶，不裂，上部具齿，稀全缘；两面无毛，叶正面叶脉凹下，叶柄长 0.6~1.2cm。**花：**1~3 朵生于叶腋，花冠深黄色；花瓣 4，裂至中部，裂片狭长，长圆形，长 0.6~1.8cm；内面基部具橘黄色条纹，反卷。**果：**蒴果卵圆形至宽卵状椭圆形，长 1~1.5cm，先端喙稍短，具果皮孔，果柄长 3~7mm。**花果期：**花期 3~4 月，叶前开花，果期 8~10 月。**分布：**我国产于苏、皖、浙、赣、闽、鄂、湘、陕、黔、滇等地。

快速识别要点

　　落叶灌木。枝较直立，节间有片状髓心；花先叶开放，花瓣 4 裂至中部，裂片狭长，单叶互生，长椭圆形；果宽卵形，先端喙短。

相似特征	不同特征		

	花冠	枝髓	花	叶
连翘	 花冠	 枝拱形下垂，枝内空（无片状髓）	 花 4 瓣裂，裂片较短，顶尖，花期较晚	 叶对生，单叶或 3 小叶，顶小叶大卵形至长圆形，叶缘有粗齿
金钟花	 花冠	 枝直立性较强，老枝有拱，枝内有片状髓	 花 4 瓣裂，裂片较长，顶钝或截，花期较早	 单叶对生，长椭圆形至长圆状披针形，叶中部以上有粗齿

连翘 vs 迎春

迎春 *Jasminum nudiflorum* Lindl. 茉莉属

树形

形态: 落叶灌木,高达3m,多攀缘状。**枝条:** 大枝红褐色,小枝四棱,绿色,细长下垂,无毛。**叶:** 三出复叶对生或单叶,小叶卵形或卵状椭圆形,长1~3cm,顶生小叶较大;叶柄长0.5~1cm,先端短尖头,叶缘反卷,侧脉不明显;单叶卵形长1~2cm。**花:** 花单生叶腋,花萼绿色;裂片5~6,花冠黄色,径2~2.5cm;树冠筒长约1.5cm,高脚碟状,裂片6,长圆形,叶前开花。**果:** 多不结果。**花果期:** 花期2~4月,果期9~10月。**分布:** 我国冀、鲁、豫、皖、闽、黔、滇、川、藏、甘、陕等地。

叶枝

叶

花

快速识别要点

　　落叶灌木。小枝绿色,四棱,细长下垂;三出复叶对生或单叶,小叶卵形或卵状椭圆形,较小;花黄色,裂片6,叶前开花;不结果。

	相似特征	不同特征		
连翘	花 黄花	小枝 小枝淡黄褐色,枝圆无棱,弯曲上拱下垂	叶 3小叶或3裂或单叶	花 花冠4裂
迎春	黄花	小枝绿色,四棱,拱形弯曲,细长	三出复叶对生	花冠常6裂

连翘 VS 卵叶连翘

卵叶连翘 *Forsythia ovata* Nakai 连翘属

树形

小枝

形态: 落叶灌木,高达1.5m。**枝条:** 小枝黄棕色,无毛,老枝暗褐色,具片状髓,枝条较直立。**叶:** 卵形至广卵形,长5~7cm;缘有齿或近全缘,无毛,背脉隆起,先端锐尖;基部宽楔形,叶柄长1~1.2cm,长枝叶常为三出复叶。**花:** 单生叶腋,黄色,先叶开放,花冠长1.5~2cm,花萼长为花冠筒之半。**果:** 卵球形,长1~1.5cm,宽4.6mm,先端具喙状头。**花果期:** 花期4月,果期8月。**分布:** 我国东北至华中地区北部。

叶枝

花

叶

快速识别要点

　　落叶灌木。小枝黄棕色,叶卵形至广卵形,长枝叶常为三出复叶;花单生叶腋,黄色;果卵球形,先端具喙状头。

	相似特征	不同特征		
	花	单叶	叶	果
连翘	花	单叶卵状椭圆形	3叶,中间小叶椭圆形	果较狭长
卵叶连翘	花	单叶卵形至广卵形	3叶,中间小叶卵形	果较宽短

金钟花 VS 朝鲜金钟花

朝鲜金钟花 *Forsythia viridissima* var. *koreana* Rend 连翘属

植株

形态：落叶灌木，高达 2.5m。**树皮：**茎皮浅红色，平滑。**枝条：**开展，枝髓片状，节部具隔板，小枝略带紫色。**叶：**较宽大，长椭圆形，长 8~12cm；先端渐尖，基部楔形或宽楔形，中、下部最宽，全缘，中、上部具锯齿。**花：**较大，深黄色，雄蕊长于雌蕊。**果：**卵形，先端具长喙。**花果期：**花期 4 月，果期 7~8 月。**分布：**原产朝鲜。我国东北、华北地区有栽培。

花

果　　叶枝　　茎皮

快速识别要点

　　落叶灌木。小枝略带紫色；叶较宽大，长椭圆形，先端渐尖，基部楔形，全缘，中、上部具锯齿；花较大，深黄色，雄蕊长于雌蕊。

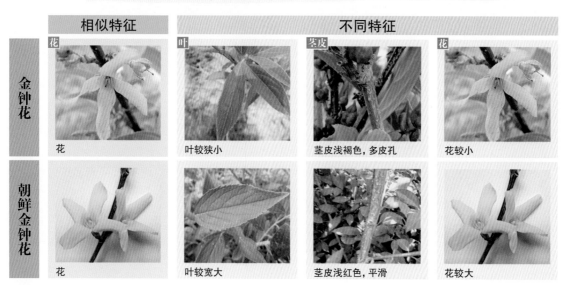

	相似特征	不同特征		
金钟花	花 / 花	叶 / 叶较狭小	茎皮 / 茎皮浅褐色，多皮孔	花 / 花较小
朝鲜金钟花	花	叶较宽大	茎皮浅红色，平滑	花较大

绒叶泡桐 VS 白花泡桐

绒叶泡桐 *Paulownia tomentosa* (Thunb.) Steud. 泡桐属

形态: 落叶乔木,高达 15m,树冠窄圆锥形。**树皮:** 灰褐色,纵裂。**枝:** 枝较粗壮而弯曲,小枝紫褐色。**叶:** 单叶对生,卵形,先端钝尖,基部心形,全缘;叶长 12~20cm;侧脉 4~5 对,叶柄长 8~12cm,两面密被绒毛,绿带黄色。**花:** 窄圆锥花序顶生,花冠漏斗状,二唇形,上唇二裂 稍短,向上反折,下唇 3 裂较长而直伸,白色略带紫晕,卵圆形,具纵纹;花萼 5 裂,黄褐色,宿存。**果:** 蒴果近球形或椭球形。**花果期:** 花期 4~5 月,果期 9 月。**分布:** 北京市。

快速识别要点

　　落叶乔木。叶片密被绒毛,手触感绒状,故名绒叶泡桐。叶较大,绿带黄色;窄圆锥花序顶生,花冠漏斗状,二唇形,白色略带紫晕。

白花泡桐(泡桐) *Paulownia fortunei* (Seemann) Hemsley 泡桐属

形态: 落叶乔木,高达 25m,干通直。**树皮:** 灰褐色或灰黑色,纵裂。**枝:** 幼枝被毛,后脱落,小枝粗壮。**叶:** 单叶对生,近革质,卵形或心状长卵形,椭圆状卵形,长 10~20cm;先端渐尖,基部心形,全缘;叶背面具毛,叶柄长 6~14cm。**花:** 顶生狭圆锥花序,花冠外部白色,内面黄白色,漏斗状,喉部形扁,基部细,向上渐粗;萼倒圆锥状钟形,叶前开花。**果:** 蒴果木质,椭圆形或卵状椭圆形,长 6~10cm,先端具尖头。**花果期:** 花期 3~4 月,果期 8~9 月。**分布:** 我国华北以南广大地区。

快速识别要点

　　落叶乔木。单叶对生,卵形或心状长卵形,较长、大,先端钝尖,基部心形,全缘;狭圆锥花序顶生,花冠外面白色,内面黄白色,漏斗状,喉部形扁。

	相似特征	不同特征		
绒叶泡桐	 花	叶  叶卵形,先端钝尖	花  花冠白色略带紫晕	果  蒴果近球形,稍小
白花泡桐	 花	 叶卵形或心状长卵形,先端钝尖	 花冠外面白色,内面黄白色	 蒴果椭圆形,较长、大

兰考泡桐 VS 毛泡桐

兰考泡桐 *Paulownia elongata* S. Y. Hu　泡桐属

树形

叶

花

果

树皮

形态: 落叶乔木,高达 20m,树冠稀疏圆形。**树皮:** 幼树皮紫褐色,平滑,皮孔黄白色,后变褐灰色,浅纵裂。**枝:** 较粗壮,分枝角度较大。**叶:** 叶卵形或广卵形,长 15~25cm,宽 10~20cm;基部心形,时有 3~5 浅裂;幼叶正面具毛,后脱落,叶背面灰白色,具分枝毛,叶脉 5~6 对,具长柄约 15cm。**花:** 花序窄圆锥形或圆筒形,长 30~40cm;花冠紫色,有香气,漏斗状钟形,长 8~10cm,树冠幅约 5cm,内面具深紫色斑点,花萼倒圆锥形,长约 2cm,径 1.6cm。**果:** 蒴果椭圆状卵形,长约 4cm,径 2.5cm,喙短。**花果期:** 花期 4~5 月,果期 9~10 月。**分布:** 我国冀、晋、豫、陕、鲁、苏、皖、鄂等地。

快速识别要点

　　落叶乔木。幼树皮紫褐色,平滑,皮孔黄白色,后变褐灰色,浅纵裂;叶卵形或广卵形,时有 3~5 浅裂;花序窄圆锥形或圆筒形,花冠紫色,漏斗状钟形。

毛泡桐(紫花泡桐) *Paulownia tomentosa* (Thunberg) Steudel　泡桐属

树形

叶

果

花

树皮

形态: 落叶乔木,高达 18m。**树皮:** 幼树浅灰色,平滑,老皮深灰色,浅纵裂。**枝:** 粗壮,分枝角度大,幼枝密被毛。**叶:** 广卵形至卵形,稀三角状卵形,长 18~30cm,宽 14~28cm;基部心形,全缘,时有 3 浅裂;两面有毛,叶背面尤多,侧脉 4~5 对,叶柄与叶片近等长。**花:** 圆锥花序宽大,具明显总梗,长 10~30cm;花蕾近球形,花冠鲜紫色,管状钟形,筒部稍弯曲,长约 6cm,径约 4cm,具紫斑及紫线;花萼盘状钟形,长约 1.5cm,深裂过半。**果:** 蒴果卵圆形,长约 3~4cm,径约 2.5cm,喙细长。**花果期:** 花期 4~5 月,果期 9 月。**分布:** 我国辽、冀、晋、陕、豫、鲁、苏、皖、浙、赣、鄂、湘等地。

快速识别要点

　　落叶乔木。多器官被毛,故称毛泡桐。叶广卵形至卵形,长宽近相等;圆锥花序宽大,花冠鲜紫色,管状钟形。

相似特征		不同特征			
叶	果	幼树皮	叶	花序	果

兰考泡桐

叶

果

幼树皮紫褐色,平滑,皮孔黄白色后变褐灰色,浅纵裂

叶较窄叶正面无毛,叶背面具分枝毛

花序窄圆锥或圆筒形,花冠漏斗状钟形,筒部不弯曲

蒴果椭圆状卵形

毛泡桐

叶

果

幼树皮浅灰色,平滑,老皮深灰色浅纵裂

叶较宽,叶两面有毛,叶背面尤多

花序宽圆锥形,花冠管状钟形,筒部稍弯曲

蒴果卵圆形

黄金树 VS 兰考泡桐

	相似特征	不同特征		
黄金树	叶形 / 叶形	花序 / 花序稀疏圆锥形	花冠 / 花冠钟形,白色	果 / 蒴果长条形
兰考泡桐	叶形	花序窄圆锥或圆筒形	花冠漏斗状钟形,紫色	蒴果椭圆状卵形

梓树 VS 毛泡桐

	相似特征	不同特征			
梓树	叶形 / 叶形	叶 / 叶两面无毛	花序 / 花序较狭小	花冠 / 花冠钟形,淡黄色	果 / 蒴果长条形
毛泡桐	叶形	两面有毛,叶背面尤多	花序宽大	花冠管状钟形,鲜紫色	蒴果卵圆形

黄金树 　兰考泡桐 　梓树 　毛泡桐

271

梓树 VS 黄金树

梓树（黄花楸） *Catalpa ovata* G. Don　梓树属

树形

叶

果

花

树皮

形态：落叶乔木，高达 18m。**树皮：**灰褐色，浅纵裂。**枝：**枝较粗壮。**叶：**单叶对生或 3 叶轮生，卵圆形或广卵形，长宽近相等（10~25cm）；时有 3~5 浅裂，基部微心形或近圆形，基部脉腋有 4~6 个紫斑；两面无毛，掌状脉 3~5，叶柄长 5~15cm，具疏毛。**花：**圆锥花序顶生，花冠钟状；淡黄色，内有黄色条纹及紫色斑点；上唇二裂，下唇三裂，可育雄蕊 2，内具退化雄蕊 3。**果：**蒴果细长 20~30cm，径 6~8mm，冬季宿存，种子长 3cm。**花果期：**花期 5~6 月，果期 9~10 月。**分布：**我国自东北至华南、西南地区。黄河中下游地区为集中产区。

快速识别要点

落叶乔木。因花冠淡黄色，故又名黄花楸。单叶对生或 3 叶轮生，卵圆形或广卵形，时有 3~5 浅裂，叶柄长约为叶片的 1/2；蒴果较细长。

黄金树 *Catalpa speciosa* (Barney) Engelm　梓树属

树形

叶

果

花

树皮

形态：落叶乔木，高达 20m。**树皮：**灰褐色，浅纵裂或剥裂。**枝：**小枝粗壮。**叶：**卵圆形或卵状长圆形，长 15~30cm；基部截形或圆形，稍偏斜；叶背面密生毛，基部脉腋具透明斑，时有 3 浅裂，掌状脉 5；叶柄带紫色，长 10~15cm。**花：**稀疏圆锥花序顶生，具花 10 余朵；花冠钟状，白色，内面具黄色条纹及紫色小斑点。**果：**蒴果长 25~50cm，径 1~1.5mm，下垂，种子连翅长约 5cm。**花果期：**花期 5~6 月，果期 8~10 月。**分布：**原产北美洲。我国华北至华南地区及新、滇等地有分布。

快速识别要点

落叶乔木。叶卵圆形或卵状长圆形，时有 3 浅裂，掌状脉；花序疏圆锥形，具花 10 余朵，花冠钟状，白色，内面具黄色条纹及紫斑；蒴果较粗长。

	相似特征	不同特征		
梓树	 叶	 叶稍宽短	花 花冠淡黄色	果 蒴果较细
黄金树	叶 叶	叶稍狭长	花冠白色	蒴果较粗

叶 / 叶 / 花 / 果

花冠淡黄色

蒴果较细

花冠白色

蒴果较粗

楸树 VS 灰楸

楸树 *Catalpa bungei* C. A. Meyer 梓树属

树形

花

果

叶

树皮

形态: 落叶乔木,高达 30m,树冠狭长,干通直。**树皮:** 灰褐色,浅纵裂。**枝:** 小枝无毛,较粗壮。**叶:** 单叶对生或轮生,卵状三角形或卵状长圆形,长 6~15cm;先端长渐尖,基部平截或近心形,全缘;幼树叶常浅裂,脉腋有 2 个紫斑,侧脉 4~5 对,叶柄长 3~8cm。**花:** 总状花序顶生,有花 3~12 朵;花冠钟形,上唇二裂,下唇 3 裂,可育雄蕊 2;具退化雄蕊,花白色,稀淡红色,内面有紫斑。**果:** 蒴果细长 25~45cm,径 5mm。**花果期:** 花期 5~6 月,果期 8~10 月。**分布:** 我国黄河流域至淮河流域,及桂、黔、滇。

快速识别要点

落叶乔木。叶卵状三角形或卵状长圆形,先端长渐尖,基部平截或近心形,叶柄长为叶片的 1/2;花冠钟形,白色,内有紫斑;蒴果细长。

灰楸 *Catalpa fargesii* Bureau 梓树属

树形

花

叶

树皮

形态: 落叶乔木,高达 25m。**树皮:** 深灰色,纵裂。**枝:** 小枝灰褐色,分枝上有毛。**叶:** 单叶对生或轮生,厚纸质,卵形或三角状心形,长 8~16cm;先端渐尖,基部微心形或平截,幼树叶多 3 浅裂,嫩叶青铜色,叶背面有黄毛,侧脉 4~6 对,叶柄长 4~10cm。**花:** 聚伞状圆锥花序顶生,具花 7~15 朵;花冠淡红或淡紫色,钟形,长 3.2cm,内面有紫斑及黄条纹;上唇二裂,下唇 3 裂。**果:** 蒴果细长 30~50cm。**花果期:** 花期 4~5 月,果期 6~11 月。**分布:** 我国华北、中南、华南、西南地区及陕、甘有分布。

快速识别要点

落叶乔木。小枝灰褐色,分枝上有毛;叶卵形或三角状心形,先端渐尖,基部微心形或平截;花冠淡红或淡紫色,钟形。

	相似特征	不同特征		
楸树	花冠 花冠	树皮 树皮灰褐色,浅纵裂	花 花白色,稀淡红色	叶 叶卵状三角形或卵状长圆形,先端长渐尖
灰楸	花冠 花冠	树皮深灰色,纵裂	花淡红或淡紫色	叶卵形或三角状心形,先端渐尖

273

杂种凌霄 VS 美国凌霄

杂种凌霄　*Campsis × tagliabuana* Rehder　凌霄属

花序

叶

果

形态: 攀缘落叶藤木,长达9m,借气生根攀缘。**叶:** 羽状复叶对生,小叶7~9,卵形至卵状椭圆形,长3~8cm;先端尾尖,叶缘有粗齿7~8个,侧脉5~6对。**花:** 顶生疏散的聚伞花序或圆锥花序,长15~20cm;花萼黄绿色,花冠唇状漏斗形红色至橙红色,裂片5,大而开展。**果:** 蒴果较粗长,两头尖,种子扁平,有半透明膜质翅。**花果期:** 花期5~8月,果期9~10月。**分布:** 华北地区及陕、闽、粤、桂有栽培。

快速识别要点

攀缘落叶藤木。花萼黄绿带红色,花冠橙红至红色,漏斗状口较大,花瓣唇头翻卷较多;果较弯,两头尖。

美国凌霄　*Campsis radicans* (L.) Seem. ex. Bur.　凌霄属

植株

叶

花

形态: 藤木,长达10m。**叶:** 羽状复叶对生,小叶9~13枚,椭圆形或卵状椭圆,形长3.5~6.5cm;先端尾尖,基部楔形,锯齿粗,叶背面及中脉侧脉被毛。**花:** 花萼棕红色,长约2cm,质地厚,无纵棱;5浅裂,约裂至1/3,裂齿卵状三角形,微外卷;花冠筒细长,漏斗状,橙红至鲜红色,长6~9cm。**果:** 蒴果长圆柱形,长8~12cm,顶端尖。**花果期:** 花期5~8月,果期9~10月。**分布:** 我国华中、华东、华北地区有栽培。

快速识别要点

藤木。花萼棕红色,花冠漏斗状,冠筒细长,橙红色,口较小,花瓣唇口翻卷较短;蒴果圆柱形,顶端尖。

相似特征	不同特征		
 花冠	 花萼黄绿色	 花瓣唇头翻卷较多	 蒴果较大,两头尖
 花冠	 花萼橙红色	 花瓣唇头翻卷较少	 蒴果圆柱形,顶端尖,有棱脊

杂种凌霄

美国凌霄

荚蒾 VS 红蕾荚蒾

荚蒾 *Viburnum dilatatum* Thunberg 荚蒾属

树形

叶

花

果

树皮

形态: 落叶灌木, 高达3m。**树皮:** 黑褐色, 平滑。**枝:** 嫩枝具星状毛。**叶:** 广卵形至倒卵形, 长4~10cm, 先端短渐尖, 基部圆; 缘有三角状齿, 叶背面具透明腺点, 背面脉腋簇生毛, 侧脉6~8对; 叶正面粗糙, 叶柄长约2cm。**花:** 聚伞花序复伞形, 径约10cm, 都为两性白色可育花; 花冠轮状外面有粗毛, 雄蕊突出花冠, 萼筒具红色腺点且被毛。**果:** 核果深红色, 卵形长约8mm。**花果期:** 花期5~6月, 果期9~10月。**分布:** 我国黄河以南至华南地区。

快速识别要点

　　落叶灌木。糙叶、白花、红果为主要特征。叶广卵形至倒卵形, 叶正面粗糙; 聚伞花序复伞形, 都为两性白色可育花; 核果深红色。

红蕾荚蒾 *Viburnum carlesii* Hemsl. 荚蒾属

树形

花

树皮

果

形态: 落叶灌木, 高达2m。**树皮:** 黑褐色, 粗糙。**枝:** 小枝被毛。**叶:** 单叶对生, 近圆形或椭圆形, 先端尖, 基部圆形; 叶缘具不齐尖锯齿, 叶长6~10cm; 叶正面疏具毛, 粗糙, 叶背面密被毛; 侧脉6~8对, 叶柄长约1.5cm。**花:** 聚伞花序顶生, 花蕾粉红色, 开花后呈白色; 花冠高脚碟状, 5瓣裂, 裂片卵形; 花冠筒粉红色, 萼片绿色, 5裂, 花序梗及花梗被毛。**果:** 椭球形, 径约1cm, 熟时紫红色, 后渐变黑色。**花果期:** 花期4~5月, 果期9~10月。**分布:** 北京。

快速识别要点

　　落叶灌木。花蕾粉红色故称"红蕾荚蒾"。聚伞花序顶生, 花冠高脚碟状, 花瓣白色, 花冠筒粉红色; 叶近圆形或椭圆形, 叶缘具锯齿。

相似特征	不同特征		
荚蒾			
叶形  叶形	树皮  树皮黑褐色, 平滑	花序  聚伞花序复伞状, 较大	花  花蕾白色, 花为白色
红蕾荚蒾			
 叶形	 树皮黑褐色, 粗糙	聚伞花序, 较小	花蕾粉红色, 开花后呈白色, 花冠高脚碟状

红蕾荚蒾 VS 香荚蒾

香荚蒾(香探春) *Viburnum farreri* Stearn 荚蒾属

树形

叶

花

果

形态: 落叶灌木,高达3m。**树皮:** 干皮深灰褐色,具纵裂纹。**枝:** 小枝近无毛。**叶:** 卵圆形或菱状倒卵形,先端尖,基部楔形至宽楔形,长4~8cm;缘具牙状锯齿;叶背面脉腋簇生毛,侧脉6~8对,达齿端,叶脉与叶柄稍带红色;叶柄长2~3cm。**花:** 圆锥花序,长约5cm,花冠高脚碟状,白色稍带粉红;花瓣5,雄蕊着生于花冠筒中部以上。**果:** 核果椭圆形,熟时紫红色,长约1cm,核略扁。**花果期:** 花期4月与叶同放。**分布:** 我国甘、豫、青、新等地。

树皮

快速识别要点

　　落叶灌木。花具芳香气味,故名"香荚蒾"。花冠高脚碟状,白色稍带粉红;叶卵圆形或菱状倒卵形,侧脉直达齿端。

	相似特征		不同特征		
	叶形	花冠	树皮	花序	花
红蕾荚蒾	叶形	花冠高脚碟状	树皮黑褐色,粗糙	聚伞花序,较小	花蕾粉红色,开花后白色
香荚蒾	叶形	花冠高脚碟状	树皮暗深灰褐色,具纵裂纹	短圆锥花序	花蕾,花白色

天目琼花 VS 琼花

天目琼花 *Viburnum opulus* subsp. *calvescens* (Rehder) Sugimoto 荚蒾属

树形

花

叶

果

树皮

形态：落叶灌木，高达 4m。**树皮**：暗灰色，浅纵纹，稍具木栓层。**枝**：小枝有棱。**叶**：叶卵形，多 3 裂，枝下部裂叶多，长 6~12cm；缘具不规则粗齿，叶正面无毛，叶背面有黄毛和腺点；叶柄粗壮，顶端具 2~4 个大腺体，掌状三出脉。**花**：聚伞花序复伞形，具大型不育边花 10~12 朵，花冠乳白色辐状雄蕊突出；花药常为紫色，中央的两性花较小。**果**：核果红色半透明，近球形，径约 1cm。**花果期**：花期 5~6 月，果期 9~10 月。**分布**：我国东北南部、华北地区至长江流域有分布。

快速识别要点

落叶灌木。裂叶、二型花为主要特征。叶卵圆形，多 3 裂。花二型，边花为大型不育花，中央两性花较小。

琼花（八仙花） *Viburnum macrocephalum* Fort. f. keteleeri (Carr.) Rehd. 荚蒾属

树形

叶

花

果

形态：落叶或半常绿灌木，高达 4m。**树皮**：灰褐色。**枝**：幼枝被毛，褐色。**叶**：叶近对生，椭圆形或卵形，先端钝尖，基部圆形，叶缘有钝齿，叶长 6~11cm；叶背面中脉腋具毛，叶柄长 10~15mm，侧脉 5~6 对，在叶正面凹下。**花**：顶生聚伞花序，径 10~15cm；花序中央为两性可育花，边缘具大型白色不育花 8 朵；花冠白色，5 瓣裂，裂片倒卵圆形或近圆形，平展。花冠筒短，雌蕊不育，萼片 5，萼筒与萼片近等长。**果**：椭圆形，长约 1cm，熟果由红转黑。**花果期**：花期 4~5 月，果期 9~10 月。**分布**：我国长江流域中下游地区。

快速识别要点

落叶或半常绿灌木。边花多为 8 朵大白色不育花，故又名"八仙花"。花 5 瓣裂，裂片倒卵圆形平展，中央为两性可育花。果椭圆形，熟果由红转黑。

相似特征	不同特征		
天目琼花  花序	 叶卵圆形，多 3 裂	 花序具大型不育边花 10~12 朵	 核果红色半透明，近球形
琼花  花序	 叶椭圆形或卵形	 花序具大型不育边花 8 朵	核果熟时由红转黑，椭圆形

277

金佛山荚蒾 VS 枇杷叶荚蒾

金佛山荚蒾 *Viburnum chinshanense* Graebner 荚蒾属

叶

花序

花

果

形态：落叶灌木，高达 3.5m。**枝：**小枝无毛。**叶：**披针状长圆形或长椭圆形，先端钝尖，基部宽楔形或圆，叶缘疏生小齿，叶长 7~14cm；叶正面较皱，暗绿色，叶背面被疏毛；侧脉 6~10 对，上面凹下，下面凸出，叶柄长 1~1.5cm。**花：**聚伞花序，径达 5cm，花冠白色，径约 5mm。**果：**核果卵球形，长约 1cm，熟时红色，种核扁，腹沟不明显。**花果期：**花期 4~5月，果期 9~10月。**分布：**我国陕、甘、川、黔、滇等地。

快速识别要点

落叶灌木。叶卵状长椭圆形，叶正面暗褐色，聚伞花序，花冠白色，干后呈暗褐色，多宿存于花序上，果紫红色。

枇杷叶荚蒾（皱叶荚蒾）*Viburnum rhytidophyllum* Hemsl. 荚蒾属

树形

花

叶

果

树皮

形态：常绿小乔木或灌木，高达 4m，树冠开展。**树皮：**黑褐色，条片状剥裂。**枝：**幼枝被星状毛。**叶：**厚革质，卵状长椭圆形或长圆状披针形，长 8~20cm，先端钝尖，基部圆或微心形；叶正面深绿色，较皱，叶缘有小齿或全缘；侧脉 8~12 对，在叶正面凹下，叶柄长 2~4cm。**花：**聚伞花序较扁，径约 20cm；花冠黄白色，花瓣与筒近等长，雄蕊突出；花药黄色，花蕾灰绿色，花萼被黄白色毛。**果：**核果卵状圆形，长约 7mm，熟时由红变黑。**花果期：**花期 4~5月，果期 9~10月。**分布：**我国陕、鄂、川、黔等地。

快速识别要点

常绿小乔木或灌木。叶较长、大，状如枇杷叶，故名"枇杷叶荚蒾"。叶正面皱而具光泽，叶脉凹下；聚伞花序扁而大，花冠黄白色，果较小，由红变黑。

	相似特征		不同特征	
金佛山荚蒾	 果形	叶形 叶形	 花冠白色	 核果卵球形，较大
枇杷叶荚蒾	 果形	叶形 叶形	 花冠黄白色	核果近球形，较小

278

枇杷树 VS 枇杷叶荚蒾

枇杷树 *Eriobotrya japonica* (Thunb.) Lindl. 枇杷属

树形

树皮

形态：常绿小乔木，高达 10m。**树皮：**灰褐色，粗糙。**枝条：**小枝较粗，密生锈色绒毛。**叶：**单叶互生，革质，长椭圆状倒披针形，长 12~30cm，先端急尖或短渐尖，基部楔形，全缘，中上部疏生浅齿；叶正面多皱，叶背密被棕色绒毛，侧脉 15~20 对，叶柄长约 1cm。**花：**圆锥花序顶生，花白色，芳香，总梗及花梗密被锈色绒毛；花瓣长圆形，有短爪，被锈色绒毛。**果：**近球形或卵圆形，橙黄色或橙红色，径 2~4cm，被颗粒状突起。**花果期：**花期 11 月，果期 5~6 月。**分布：**我国陕、甘、豫、皖、苏、浙、闽、台、赣、湘、鄂、川、黔、滇、桂、粤等地。

果

叶枝

快速识别要点

常绿小乔木。叶革质，长椭圆状倒披针形，先端急尖或短渐尖，基部楔形；圆锥花序顶生，花梗红色密被绒毛，果近球形，径 2~4cm。

	相似特征	不同特征	
枇杷树	 叶	叶长椭圆状倒披针形	果近球形，橙黄色，径 2~4cm
枇杷叶荚蒾	 叶	 叶长圆状披针形	核果卵圆形，长约 7mm

279

欧洲琼花 VS 欧洲雪球

欧洲琼花 *Viburnum opulus* Linnaeus 荚蒾属

植株

叶正面

叶背面

花序

树皮

形态:落叶灌木,高达4m。**树皮:**浅灰褐色,较薄。**枝:**浅灰色,光滑,小枝绿色。**叶:**近圆形或宽卵形,长6~12cm,3~5裂,叶缘具不规则粗锯齿;叶背面有毛,基出脉3,叶柄具槽,紫红色;近顶端具盘形腺体2~3个,叶柄长约2cm。**花:**聚伞花序略扁平,花二型,具大型白色不育边花10余朵,花瓣5;花药黄色,中央两性花黄白色,较小。**果:**核果近球形,红色,半透明,径约8mm,内含种子1粒。**花果期:**花期5~6月,果期9~10月。**分布:**原产欧洲、北美洲。我国新、鲁、冀、京有栽培。

快速识别要点

　　落叶灌木。裂叶、花二型为主要特征。叶近圆形或宽卵形,3~5裂,叶缘具不规则粗锯齿,叶柄紫红色,顶端有腺体2~3个;聚伞花序略扁平,具大型白色不育边花和中央两性小花。

欧洲雪球 *Viburnum opulus* f. *ro-seom* (L.) Hegt. 荚蒾属

树形

叶

花

花序

叶

树皮

形态:落叶灌木,高达3m。**树皮:**浅灰色,薄片有细裂纹。**枝:**灰色,小枝有皮孔。**叶:**宽卵形,长5~10cm,3裂,裂缘有不规则粗齿,掌状3出脉;叶柄端部具2~4个大腺体,叶柄长约2cm,绿色。**花:**聚伞花序近球形花冠开时黄绿色,盛开时雪白色,全为不育花。**果:**核果近球形,径约1cm,红色。**花果期:**花期4~5月,果期9月。**分布:**原产欧洲。我国华北地区有栽培。

快速识别要点

　　落叶灌木。花序近球形,白色,且原产欧洲,故名"欧洲雪球"。花冠初开时黄绿色,盛开时雪白色,全为不育花;叶宽卵形,3裂;核果近球形,红色。

	相似特征	不同特征		
	叶形	叶	花	树皮
欧洲琼花	叶形	叶柄紫红色	聚伞花序扁平,花二型	树皮浅灰褐色,较薄
欧洲雪球	叶形	叶柄绿色	聚伞花序近球形全为不育花	树皮浅灰色,薄片状细裂纹

绣球花 VS 欧洲雪球

绣球花 *Hoya carnosa* (L. f.) R. Br 荚蒾属

植株

白色花

粉色花

叶

形态：落叶灌木，高达 4m，树冠球形。**树皮：**灰褐色，片状剥落。**枝：**小枝粗，叶痕大，具明显皮孔。**叶：**单叶对生，倒卵形至宽椭圆形，先端尖，基部圆或楔形，缘有粗齿；叶大而具光泽，长 10~20cm；叶背脉腋具毛，叶柄较粗，长 1~5cm，侧脉 6~7 对。**花：**伞房花序近球形，径达 15~20cm，全为大型不育花；花冠由白色渐变为淡红至蓝色；花瓣 4~5，宽卵形，长 1~2cm，萼片 4。**果：**蒴果窄卵形。**花果期：**花期 6~7 月，果期 9 月。**分布：**我国长江流域至华南地区，北方多盆栽或宿根。

快速识别要点

　　落叶灌木。大叶、变色、绣球花为主要特征。叶倒卵形至宽椭圆形，长 10~20cm；伞房花序近球形，全为大型不育花，花冠由白色渐变为淡红至蓝色。

相似特征	不同特征	

绣球花

花序

叶椭圆形或倒卵形，缘有粗锯齿

花冠由白色渐变为淡红色至蓝色

欧洲雪球

花序

叶宽卵形具 3 裂，裂缘具不规则粗齿

花冠初开时黄绿色，盛开时雪白色，花冠较大

海鲜花 VS 锦带花

海鲜花 *Weigela coraeensis* Thunb. 锦带花属

植株

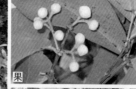

果

花枝

形态：落叶灌木，高达 5m。**树皮：**褐色、纵裂、片状剥落。**枝条：**小枝较粗壮，疏被柔毛或无毛。**叶：**宽椭圆形至倒卵形，长 6~12cm，两面叶脉疏被平伏毛，先端骤尖或尾尖；叶基宽楔形，具细钝齿，侧脉 4~6 对，叶柄长 0.5~1cm。**花：**聚伞花序腋生，花数朵，花冠漏斗状钟形，长 2.5~4cm，基部 1/3 骤狭；花淡红或带黄白色，后变深红或带紫色，花萼线形，花无梗。**果：**蒴果柱形，2 瓣裂，长约 2cm，种子具翅。**花果期：**花期 5~6 月，果期 8~10 月。**分布：**我国华东地区，陕、粤也有分布。

快速识别要点

落叶灌木。叶宽椭圆形至倒卵形，先端骤尖或尾尖，叶基宽楔形，具细钝齿；花冠漏斗状钟形，花淡红或带黄白色，后变深红或带紫色。

锦带花 *Weigela florida* (Bunge) A. DC. 锦带花属

树形

花枝

形态：落叶灌木，高达 3m。**树皮：**灰褐色。**枝条：**幼枝具 4 棱，有两行柔毛。**叶：**椭圆形至卵状长圆形，长 5~10cm，先端渐尖，基部圆或楔形；两面有毛，缘有齿。**花：**3~4 朵成聚伞花序，萼筒长 1.2~1.5cm，萼齿长 0.8~1.2cm；花冠玫瑰色或粉红色，长 3~4cm。**果：**蒴果柱形，长 1.5~2.5cm，种子无翅。**花果期：**花期 4~6 月，果期 9~10 月。**分布：**我国东北南部、华北地区及豫、蒙、赣。

快速识别要点

落叶灌木。叶椭圆形至卵状长圆形，先端渐尖，基部圆或楔形，花冠玫瑰色或粉红色。

	相似特征	不同特征		
海鲜花	 花形 花形	 树皮 树皮褐灰色，浅纵裂	 花 花冠漏斗状钟形，初开时黄白色后渐变紫红色	 叶 叶广椭圆形至倒卵形
锦带花	 花形 花形	 树皮浅灰色，较平滑	 花冠漏斗形，玫瑰红色	 叶椭圆形

锦带花 VS 红王子锦带花

红王子锦带花　*Weigela florida* 'Red Prince'　锦带花属

植株

树皮

叶

花

果

形态: 落叶灌木, 高达 2m。**树皮:** 灰褐色, 平滑。**枝条:** 枝条开展呈拱形, 嫩枝淡红色。**叶:** 单叶对生, 椭圆形, 长 6~9cm, 先端长渐尖, 基部楔形, 具细钝齿; 叶正面粗糙, 侧脉 7~8 对, 叶柄长约 0.5cm。**花:** 聚伞花序生于叶腋或枝顶, 花冠漏斗状狭钟形, 胭脂红色, 树冠筒部较长, 花瓣不展开, 花萼片红色。**果:** 蒴果柱形, 长 2~3cm。**花果期:** 花期 5~7 月, 果期 9~11 月。**分布:** 我国东北南部、华北地区。

快速识别要点

落叶灌木。单叶对生, 椭圆形, 先端长渐尖, 基部楔形, 叶缘有细钝齿; 花冠漏斗状狭钟形, 胭脂红色, 具多花。

	相似特征	不同特征		
锦带花	　叶形	　嫩枝灰褐色较直立	　花冠漏斗状钟形, 冠筒部较短, 花萼片红色, 花瓣展开	　果柱状稍短
红王子锦带花	　叶形	　嫩枝淡红色呈拱曲	　花冠漏斗状狭钟形, 冠筒部较长, 花萼片红色, 花瓣不展开	　果柱状稍长

283

锦带花 VS 毛叶锦带花

毛叶锦带花(旱锦带花) *Weigela praecox* (Lemoine) Bailey 锦带花属

形态: 落叶灌木, 高达 2m。**树皮:** 灰褐色, 有块状裂纹。**枝条:** 枝较粗且直立。**叶:** 卵状椭圆形, 长 6~9cm, 先端渐尖, 基部圆形, 缘有齿, 两面有柔毛, 侧脉 7~8 对。**花:** 3~5 朵着生于侧生小短枝上, 花冠狭钟形, 中部以下骤变细, 外面具毛, 玫瑰红色, 内面浅粉红色, 喉部黄色, 花萼裂片红色多毛, 基部合生。**果:** 蒴果柱形, 种子无翅。**花果期:** 花期 4~6 月, 果期 8~9 月。**分布:** 我国分布于东北地区南部及华北地区。

快速识别要点

落叶灌木。枝较直立;叶卵状椭圆形,先端渐尖,基部圆形,侧脉7~8 对;花冠狭钟形,中部以下骤变细,花萼红色。

	相似特征	不同特征		
	花冠	小枝	花	叶
锦带花	花冠	小枝较细而弯曲	花冠钟形, 筒部较短而粗, 花萼片红色较窄	叶椭圆形, 基部楔形, 羽状侧脉
毛叶锦带花	花冠	小枝较粗而直立	花冠狭钟形, 中部以下骤变细, 花萼片红色较宽	叶卵状椭圆形, 基部圆形, 羽状侧脉

接骨木 VS 西洋接骨木

接骨木（续骨木）　*Sambucus williamsii* Hance　接骨木属

树形

叶

花

果

树皮

形态：落叶小乔木，或呈灌木状，高4~8m。**树皮：**暗灰色，纵裂。**枝条：**小枝无毛，密生气孔，髓心淡黄褐色。**叶：**奇数羽状复叶对生，小叶5~7(~9)，椭圆形或长圆状披针形长5~15cm；缘具细齿，先端渐尖，基部宽楔形，侧脉7~9对，叶柄长约0.5cm。**花：**圆锥花序顶生，微被柔毛，花黄白色，较小，5瓣裂，雄蕊5，花丝、花柱皆短。**果：**浆果状核果，径约5mm，红色或蓝紫色。**花果期：**花期4~5月，果期9~10月。**分布：**我国东北、华北、华中、西北及西南地区。

快速识别要点

落叶小乔木。分枝基部常有一圈瘤状隆起，似移接状，故称"接骨木"。小叶5~7，椭圆形或长圆状披针形，先端渐尖，基部宽楔形；圆锥花序顶生，花白色。

西洋接骨木　*Sambucus nigra* L.　接骨木属

树形

树皮

花

果

形态：落叶小乔木或呈灌木状，高达10m。**树皮：**灰褐色，具纵裂纹。**枝条：**小枝浅棕褐色，具纵纹，皮孔粗大，髓心白色。**叶：**奇数羽状复叶，小叶5(3~7)，椭圆状卵形，长6~10(~12)cm；先端尖，基部楔形，缘具尖锯齿，侧脉7~9对，叶柄长约0.5cm。**花：**花序呈五叉分枝的扁平聚伞状，径15~20cm；花有臭味，柱头3裂，花冠5瓣裂。**果：**核果亮黑色，径约7mm。**花果期：**花期5~6月，果期8~10月。**分布：**原产欧洲南部、非洲北部。我国鲁、苏、沪、京等地有栽培。

快速识别要点

落叶小乔木或呈灌木。原产南欧、北非故称"西洋接骨木"。小叶5，椭圆状卵形，先端尖，基部楔形；花序呈五叉分枝的扁平聚伞状，花白色。

相似特征	不同特征		

接骨木

花

树皮

叶

花序

花

树皮暗灰色，粗糙无裂

叶椭圆形或长圆状披针形

花序圆锥形

西洋接骨木

花

树皮灰褐色，具纵裂纹

叶椭圆状卵形

花序呈五叉分枝的扁平聚伞状

加拿大接骨木 VS 血满草

加拿大接骨木 *Sambucus canadensis* L. 接骨木属

树形

叶

花

果

树皮

形态：落叶灌木，高达 4m。**树皮：**褐灰色，浅纵裂。**枝条：**幼枝绿色。**叶：**奇数羽状复叶，小叶 7，长椭圆形或长圆状披针形，长 12~15cm；先端渐尖或尾尖，基部斜圆形，缘有锯齿；侧脉 11~13 对，近无柄，叶轴紫绿色。**花：**聚伞花序或圆锥花序顶生，具多分枝，径约 25cm；花萼紫红色，花白色，花药浅黄色。**果：**近球形，红色。**花果期：**花期 6~7 月，果期 9 月。**分布：**原产北美洲。我国华北地区有栽培。

快速识别要点

　　落叶灌木。奇数羽状复叶，小叶长椭圆形或长圆状披针形，长达 15cm；聚伞花序扁平，花白色；核果红色。

血满草 *Sambucus adnata* Wallich ex Candolle 接骨木属

植株

叶

花

形态：半灌木，高达 2m。**茎干：**根茎红色，茎有明显棱条。**叶：**羽状复叶，小叶 3~5 对，长圆或矩圆形，长 10~15cm，宽约 2cm；先端渐尖，基部圆形偏斜，缘有锯齿，顶端一对小叶基部沿柄连生，其他叶互生。**花：**聚伞状伞形花序顶生，总花梗长达 15cm；花冠白色，花药黄色，有臭味。**果：**果实红色。**花果期：**花期 5~7 月，果期 9~10 月。**分布：**我国陕、甘、宁、青、川、黔、滇、藏等地。

快速识别要点

　　半灌木。连叶、白花为主要特征。小叶长圆或矩圆形，顶端 1 对小叶基部沿柄连生；聚伞状伞形花序顶生，花冠白色。

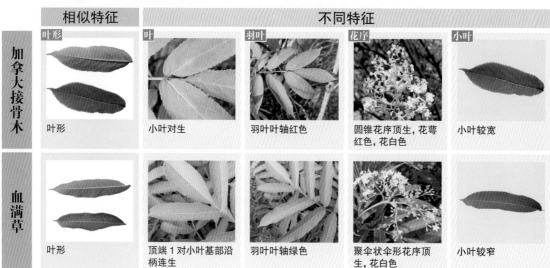

	相似特征	不同特征			
	叶形	叶	羽叶	花序	小叶
加拿大接骨木	叶形	小叶对生	羽叶叶轴红色	圆锥花序顶生，花萼红色，花白色	小叶较宽
血满草	叶形	顶端 1 对小叶基部沿柄连生	羽叶叶轴绿色	聚伞状伞形花序顶生，花白色	小叶较窄

新疆忍冬 VS 华北忍冬 VS 繁果忍冬

新疆忍冬 (鞑靼忍冬) *Lonicera tatarica* Linnaeus　忍冬属

形态: 落叶灌木, 高达 3.5m。**枝条:** 小枝中空, 无毛绿带紫色。**叶:** 卵形或卵状椭圆形, 长 3~6cm, 先端尖, 基部圆形, 两面无毛, 叶正面暗绿, 叶背面苍绿色, 叶柄长约 1cm。**花:** 成对腋生, 具一较长花总梗; 花冠二唇形, 长约 2.5cm, 上唇 4 裂, 中间两片浅裂, 白色或浅粉红色, 外面光滑, 内面有毛。**果:** 浆果红色, 多两果合生。**花果期:** 花期 4~5 月, 果期 7~9 月。**分布:** 产于东欧, 我国新疆及华北及东北地区有栽培。

快速识别要点

　　落叶灌木。幼枝绿带紫色; 叶卵形或卵状椭圆形, 长 3~6cm, 先端尖, 基部圆形; 花成对腋生, 花冠二唇形, 白色。

华北忍冬　*Lonicera tatarinowii* Maximowicz　忍冬属

形态: 落叶灌木, 高 2m。**树皮:** 深灰褐色, 片状剥裂。**枝条:** 小枝褐色光滑, 芽有 4 棱。**叶:** 叶卵状椭圆形, 长 3~7cm, 先端短渐尖, 基部圆; 幼叶背面有毛, 叶正面较皱, 叶柄长 2~5mm, 无毛。**花:** 成对腋生, 花冠暗紫色, 长约 1cm; 二唇形, 唇瓣比冠筒长 2 倍, 上唇 4 裂, 下唇长圆形; 总花梗长约 1.5cm, 苞片长为萼筒之半。**果:** 浆果近球形, 红色, 几个合生, 径约 5mm。**花果期:** 花期 4~5 月, 果期 8~9 月。**分布:** 我国华北地区、东北地区南部。

快速识别要点

　　落叶灌木。小枝褐色; 叶卵状椭圆形或长圆状披针形, 长 3~7cm; 花成对腋生, 花冠二唇形, 暗紫色, 唇瓣较长。

繁果忍冬　*Lonicera tatarica* 'Fanguo'

形态: 落叶灌木, 高 2~3m。**树皮:** 灰褐色, 不规则开裂。**枝条:** 小枝髓中空, 幼枝紫色。**叶:** 卵状椭圆形, 先端短渐尖, 基部圆形, 长 4~7cm, 全缘, 侧脉 4~6 对; 叶柄紫色, 长 0.5~1cm。**花:** 成对腋生, 总花梗长约 2cm, 花为二唇形, 长约 2cm, 浅粉红色, 后变黄色; 花药黄色, 花冠筒短于唇瓣。**果:** 浆果红色, 径 5~6mm, 果较多。**花果期:** 花期 4~5 月, 果期 7~8 月。**分布:** 华北地区、东北地区南部。

快速识别要点

　　落叶灌木。叶椭圆形, 先端短渐尖, 基部圆形, 侧脉 4~6 对, 叶柄紫色; 花成对腋生, 总花梗较长, 浅粉红色, 后变黄色, 花药黄色。

	相似特征	不同特征		
	球果	小枝	花	叶
新疆忍冬	球果	小枝绿带紫色	花冠白色，二唇形	叶卵形
华北忍冬	球果	小枝深褐色	花冠暗紫色，唇瓣长于冠筒2倍	叶卵状椭圆形
繁果忍冬	球果	小枝淡紫色	花冠浅粉红色后变黄色，总花梗较长	叶椭圆形

新疆忍冬

盘叶忍冬 VS 贯叶忍冬

盘叶忍冬 *Lonicera tragophylla* Hemsley 忍冬属

树形

花

花序

叶

花

形态：落叶藤本，长达 5m。**枝条：**小枝无毛，中空。**叶：**叶对生，长圆形或卵状椭圆形，长 4~10cm，先端钝尖，叶正面光滑，花序下部 1~2 对叶片基部连合成盘状。**花：**聚伞花序簇生枝顶呈头状，有花 6~18 朵；花冠黄色或橙黄色，长 6~9cm，长筒状二唇形。**果：**近球形，黄色或红色，径约 1cm。**花果期：**花期 5~6 月，果期 8~10 月。**分布：**我国冀、晋、豫、陕、甘、宁、皖、浙等地。

快速识别要点

落叶藤本。花序下部 1~2 对叶片基部连合成盘状，故名"盘叶忍冬"。聚伞花序簇生枝顶呈头状，花冠黄色或橙黄色，长筒状，二唇形。

贯叶忍冬 *Lonicera sempervisens* L. 忍冬属

花

叶

叶

形态：常绿或半常绿缠绕藤本，长达 6m。**枝条：**小枝无毛。**叶：**对生，卵形至椭圆形，长 3~8cm，先端尖；花序下 1~2 对叶基部合生，两端贯通，呈通叶状，故名。**花：**具花约 18 朵，每 6 朵为一轮，排成顶生短穗状花序；花冠橙红色或深红色，内部黄色，长筒状，长约 7.5cm；花裂片 5，短而齐。**果：**黄色，径约 1cm，近球形。**花果期：**花期 6~7 月。**分布：**原产北美洲。我国沪、杭有栽培。

快速识别要点

常绿藤本。花序下部 1~2 对叶基部连合，两端贯通，故名"贯叶忍冬"。花序具花约 18 朵，每 6 朵为一轮，排成顶生短穗状花序，花冠橙红色或深红色，内部黄色，长筒状，花裂片 5。

	相似特征	不同特征		
盘叶忍冬	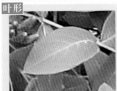 叶形 下部叶形	 花序下部叶 花序下部 1~2 对叶片半圆形，基部连合呈盘状	 花序 聚伞花序簇生枝顶呈头状	 花冠 花冠黄色或橙黄色，长筒状，二唇形
贯叶忍冬	 下部叶形	 花序下部 1~2 对叶片卵形，基部连合呈贯通叶	 短穗状花序有花 3 轮，每轮 6 朵	 花冠橙红色或深红色，长筒状，裂片 5，短而齐

金银忍冬 VS 金花忍冬

金银忍冬（金银木）*Lonicera maackii* (Ruprecht) Maximowicz 忍冬属

树形

叶枝

花

果

树皮

形态：落叶小乔木，高达 5m，胸径 10cm，常呈灌木状。**树皮：**灰褐色，粗糙，常开裂成薄片。**枝条：**小枝髓黑褐色，后变中空，幼枝被柔毛。**叶：**卵状椭圆形或卵状披针形，两面疏生柔毛，长 3~8cm，全缘，先端渐尖，基部宽楔形或圆形，叶柄长 2~8mm。**花：**成对腋生，总花梗长 1~2mm，短于叶柄；花冠二唇形，长 2cm，下唇瓣长为花冠筒的 2~3 倍；花初开时白色，逐渐变黄色。**果：**浆果球形，半透明，红色，2 枚合生，径 5~6mm。**花果期：**花期 4~6 月，果期 9~10 月。**分布：**我国分布于华北、东北、华东地区及陕、甘、川、黔、滇、藏。

快速识别要点

　　落叶小乔木。树皮扭曲，粗糙，裂成薄片，枝条中空。叶卵状椭圆形或卵状披针形；花成对腋生，由银白色变金黄色；红果对生于叶腋。

金花忍冬（黄花忍冬）*Lonicera chrysantha* Turczaninow ex Ledebour 忍冬属

树形

叶

花

果

树皮

形态：落叶灌木，高达 4m。**树皮：**灰褐色，粗糙。**枝条：**小枝髓心黑褐色，后变中空，幼枝有糙毛，芽窄卵形。**叶：**菱状卵形或菱状披针形，长 5~12cm，先端渐尖，基部楔形或圆形；叶背面有毛，叶柄长 3~6mm。**花：**花冠淡黄白色，长 0.7~2cm，疏被柔毛；唇瓣比冠筒长 2~3 倍，总花梗长 1.5~4cm。**果：**浆果球形，红色，径 5~6mm。**花果期：**花期 5~6 月，果期 7~9 月。**分布：**我国分布于华北、东北地区及陕、甘、宁、川、青、鄂、皖。

快速识别要点

　　落叶灌木。枝条中空。叶菱状卵形或菱状披针形；花冠淡黄色，不变色，花唇瓣比冠筒长 2~3 倍；浆果球形，红色，径 5mm。

	相似特征	不同特征		
金银忍冬	 果形 果形	 树形 落叶小乔木常呈灌木状，高达 5m	 叶 叶卵状椭圆形或卵状披针形	 花 花初开时白色，后变黄色
金花忍冬	 果形 果形	 落叶灌木，高达 4m	 叶菱状卵形或菱状披针形	 花冠淡黄白色

猬实 VS 葱皮忍冬

猬实 *Kolkwitzia amabilis* Graebn. 猬实属

树形

叶

花

果

树皮

形态: 落叶灌木,高达3.5m。**树皮:** 薄片状剥落。**枝:** 幼枝疏生长毛。**叶:** 单叶对生,卵状椭圆形,长3~7cm,先端渐尖,基部圆或宽楔形,近全缘或疏生浅齿;两面疏生柔毛,叶背面中脉密生长柔毛;叶柄极短,长约2mm。**花:** 顶生伞房状聚伞花序,花成对,两花萼筒紧贴,密生硬毛;花冠粉红色,钟形,喉部黄色,长1.5~2.5cm,5瓣裂,雄蕊4。**果:** 瘦果状核果,卵形,长约6mm,2个合生,有时有1个不发育;果面密生针刺,形似刺猬。**花果期:** 花期5~6月,果期8~9月。**分布:** 我国陕、晋、甘、豫、鄂、皖等地。

快速识别要点

落叶灌木。瘦果状核果,密生针刺,形似刺猬故名"猬实"。叶卵状椭圆形,叶柄极短;花成对,粉红色,钟形,喉部黄色。

葱皮忍冬 *Lonicera ferdinandi* Franchet 忍冬属

树形

叶

树皮

花 果

形态: 落叶灌木,高达3m。**树皮:** 薄片状剥落,形如葱皮。**枝:** 具顶芽,小枝密被粗毛。**叶:** 卵形至披针形,长3~10cm,先端长渐尖,基部圆或近心形,叶缘具睫毛;叶正面较粗糙,叶背面具平伏毛,叶柄长约0.5cm,侧脉8~10对。**花:** 成对腋生,苞片叶状,长约1cm,合成坛状总苞,包被萼筒;花冠二唇形,鲜黄色,筒茎驼曲,外被腺毛,长约2cm。**果:** 为坛状壳斗所包,熟时开裂,露出红色浆果。**花果期:** 花期4~6月,果期9~10月。**分布:** 我国华北、西北地区、东北地区南部、及四川等地。

快速识别要点

落叶灌木。茎皮薄片状剥落,形如葱皮,故名"葱皮忍冬"。花成对腋生,花萼被坛状叶苞所包被,花冠2唇形,鲜黄色,筒茎驼曲。

相似特征	不同特征	
猬实  树皮	叶  叶卵形至卵状椭圆形	花  花冠钟形粉红色,喉部黄色
葱皮忍冬 树皮	 叶卵形至披针形	 花冠二唇形,鲜黄色

葱皮忍冬 VS 金花忍冬

	相似特征	不同特征		
	花形	树皮	花	果
葱皮忍冬	 花形	茎皮浅灰褐色,薄片状剥落如葱皮	花鲜黄色,花冠筒基驼曲	果为坛状壳斗所包
金花忍冬	花形	树皮灰褐色,纵裂	花浅黄色,花冠筒微弯	裸果红色

猥实

鱼尾葵 VS 短穗鱼尾葵

鱼尾葵 *Caryota maxima* Blume ex Martius 鱼尾葵属

植株

花序

树皮

叶

形态: 乔木, 高达 25m, 茎干通直。**茎干:** 黄绿至灰褐色, 具环节间距, 约 20cm。**叶:** 二回羽状复叶, 集生干端, 长 2~3m, 宽 1.1~1.6m; 每侧具羽叶 14~20, 羽叶两侧各有裂片 11~13, 顶裂片扇形, 先端具缺齿, 侧裂片鱼尾状半菱形, 基部楔形, 长 10~20cm; 内侧边 3/4 以上有齿, 以下及外侧全缘, 先端尾尖。**花:** 圆锥状肉穗花序, 长 1.5~3m, 下垂, 管状; 叶柄、花梗均尤鳞秕, 雄花花蕾卵状长圆形, 花瓣黄色, 雌花花蕾三角状卵形。**果:** 浆果期时淡红色。**花果期:** 花期 5~7 月, 果期 8~11 月。**分布:** 我国闽、粤、琼、桂、滇、黔等地。

快速识别要点

乔木。羽叶顶生裂片扇形, 先端具缺齿, 侧裂片鱼尾状半菱形, 基部楔形, 内侧边 3/4 以上有齿; 花序长 1.5~3m, 下垂。

短穗鱼尾葵 *Caryota mitis* Loureiro 鱼尾葵属

树形

花序

果序

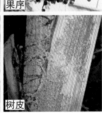

叶

树皮

形态: 小乔木, 高达 12m, 常呈丛生状。**茎干:** 暗黄绿色, 竹节状, 叶鞘常有休眠芽, 距地面有棕褐色肉质根。**叶:** 二回羽状复叶, 长 (1) 3~4m, 宽约 1.5m, 淡绿色; 羽片 20~25, 每羽片有裂片 13~19, 薄而脆; 叶柄长约 50cm; 叶鞘被棕黑色棉毛状鳞秕, 内侧边 1/2 以上弧曲成不规则齿裂, 以下及外侧全缘, 呈鱼尾状, 先端尾尖。**花:** 花序较短, 长约 60cm; 雄花革质, 长圆形; 雌花花瓣卵状三角形。**果:** 浆果球形或扁球形, 1.2cm, 熟时蓝黑色。**花果期:** 花期 4~6 月, 果期 8~11 月。**分布:** 我国分布于琼、桂、等地。

快速识别要点

小乔木。裂片薄而脆, 叶鞘被棕黑色棉毛状鳞秕, 内侧边 1/2 以上弧曲成不规则齿裂; 花序短, 长约 60cm。

	相似特征	不同特征		
鱼尾葵	 裂片 裂片	 裂片 侧裂片内侧边 3/4 以上有齿	 花序 花序较长	 顶裂片 顶裂片扇形
短穗鱼尾葵	 裂片	  侧裂片内侧边 1/2 以上有齿	 花序较短	顶裂片非扇形

293

棕榈 VS 蒲葵

棕榈 *Trachycarpus fortunei* (Hooker) H. Wendland　棕榈属

树形

树皮

花序

叶

形态: 常绿乔木,高达 10m。**树皮:** 茎干直立,具环状叶痕,上部具黑褐色纤维状叶鞘。**叶:** 簇生干端,圆扇形,裂片 30~60,宽 37~62cm;掌状深裂至中部以下,裂片较硬直,但先端常下垂,先端 2 浅裂;叶柄细长,顶具戟突,两边有细齿。**花:** 单性异株,圆锥花序,鲜黄色,较紧凑,生叶丛中;花瓣 3,萼片 3,花瓣比花萼长 1 倍。**果:** 核果肾状球形,径约 1cm;蓝褐色,被白粉。**花果期:** 花期 4~5 月,果期 10~12 月。**分布:** 我国产于秦岭,南达粤、桂,北至陕、甘多地有栽培。

快速识别要点

常绿乔木。圆锥花序,较紧凑,鲜黄色,茎干直立,具环状叶痕;叶圆扇形,裂片较硬直,但先端常下垂,先端 2 浅裂,叶柄两边有细齿。

蒲葵(扇叶葵) *Livistona chinensis* (Jacquin) R. Brown ex Martius　蒲葵属

树形

树皮

花序

叶

形态: 常绿乔木,高 10~20m。**叶:** 宽肾状扇形,掌状浅裂至深裂,裂片先端二裂并柔软下垂;条状披针形叶柄两边有倒刺,叶鞘褐色,纤维质。**花:** 两性,佛焰花序排成圆锥状腋生,具长梗,2~3 回分枝疏散;佛焰苞圆筒形,灰棕褐色;花小,黄绿色,常 4 朵集生;花冠长于萼,花瓣近心形,直立。**果:** 核果椭圆形或梨形,长 1.5~2.5cm,径约 1.3cm,熟时亮紫黑色或蓝绿色,略被白粉。**花果期:** 花期 3~4 月,果期 9~10 月。**分布:** 原产华南地区,滇、湘、赣、川等地有分布。

快速识别要点

常绿乔木。佛焰花序排成圆锥状腋生,灰棕褐色,2~3 回分枝疏散;叶宽肾状扇形,先端 2 裂并柔软下垂。

	相似特征	不同特征	
棕榈	 叶	 叶掌状深裂至中部以下裂片较硬直,端下垂	 圆锥花序,鲜黄色
蒲葵	 叶	 掌状浅裂至深裂,先端二裂并柔软下垂	 佛焰花序排成圆锥状腋生,灰棕褐色

丝兰 vs 凤尾丝兰

丝兰 *Yucca smalliana* Fern. 丝兰属

形态: 常绿木本, 植株近无径, 叶近基部丛生, 硬直。**叶:** 线状披针形, 长 30~60cm, 宽 2~4cm; 先端刺尖, 基部渐狭, 叶缘有白色丝状纤维。**花:** 圆锥花序宽大直立, 高约 1.5m; 花序轴有毛, 花白色, 径 5~7cm, 下垂; 花被片开展, 先端渐尖, 夜间开放。**果:** 蒴果 3 瓣裂, 长约 5cm。花期: 花期 6~8 月。**分布:** 原产北美洲。我国自东北南部至华南、西南地区。

快速识别要点

常绿木本。植株近无茎。叶线状披针形, 叶缘有白色丝状纤维; 花序宽大直立, 花被片开展。

凤尾丝兰 *Yucca gloriosa* Linn. 丝兰属

形态: 常绿木本, 植株有径, 时有分枝, 高达 5m。**叶:** 剑形, 多集生茎端, 微被白粉, 长 60~70cm, 宽 5~7cm; 先端硬刺状, 挺直不下垂; 叶缘无丝状纤维, 较光滑。**花:** 窄圆锥花序, 高约 1~1.3m; 花白色或淡黄白色, 顶端时带紫晕; 花被片 6, 离生或基部合生, 卵状菱形, 长约 5cm, 宽 1.5cm, 2 次开花。多不结果。**果:** 蒴果不开裂, 倒卵状长圆形, 长 5~6cm, 下垂。**花果期:** 花期 6 月和 9 月。**分布:** 原产北美洲。我国黄河以南各地有栽培。

快速识别要点

常绿木本。植株有茎, 高达 5m; 叶剑形, 多集生茎端; 窄圆锥花序, 花白色或淡黄色, 时带紫晕, 花被片多呈闭合状, 2 次开花。

相似特征		不同特征		
花形	叶形	植株	叶	花
丝兰 花形	叶形	植株无茎, 叶近基部丛生	叶稍短, 叶缘有白色丝状纤维	花被片开展, 1 次开花
凤尾丝兰 花形	叶形	植株有茎, 高达 5m	叶稍长, 叶缘无白色丝状纤维	花被片多呈闭合状, 2 次开花

参考文献

陈耀华 . 1996. 中国农业百科全书"观赏树木" [M]. 北京：农业出版社 .

李钱鱼，徐晔春，石雅琴 . 2013. 身边相似植物辨识 [M]. 北京：化学工业出版社 .

汪劲武 . 2010. 常见树木（北方）[M]. 北京：中国林业出版社 .

吴祥春，王永莲 . 2014. 中国北方常见园林植物 [M]. 济南：山东大学出版社 .

臧德奎 . 2012. 园林树木识别与实习教程 [M]. 北京：中国林业出版社 .

张天麟 . 2010. 园林树木 1600 种 [M]. 北京：中国建筑工业出版社 .

郑万钧 . 1983–2004. 中国林木志 [M]. 北京：中国林业出版社 .

中国科学院植物研究所 . 1985–2015. 中国高等植物图鉴 [M]. 北京：科学出版社 .